大数据技术与应用丛书

HBase
基础入门

黑马程序员 编著

清华大学出版社
北京

内容简介

本书基于 HBase 2.x，全面介绍了 HBase 的安装和使用。全书共 9 章，分别讲解了 HBase 简介、HBase 部署、HBase 的 Shell 操作、HBase 的 Java API 操作、HBase 过滤器、HBase 高级应用、HBase 调优、HBase 集成 MapReduce，并完整开发了一个聊天工具存储系统，帮助读者巩固前面所学的内容。

本书附有配套视频、教学 PPT、教学设计、测试题等资源，同时，为了帮助初学者更好地学习本书中的内容，还提供了在线答疑，欢迎读者关注。

本书可以作为高等职业院校及应用型本科院校大数据技术相关专业的教材，也可以作为大数据开发初学者、大数据运维人员以及大数据分析与挖掘自学者的参考书。

本书封面贴有清华大学出版社防伪标签，无标签者不得销售。
版权所有，侵权必究。举报：010-62782989，beiqinquan@tup.tsinghua.edu.cn。

图书在版编目(CIP)数据

HBase 基础入门/黑马程序员编著. —北京：清华大学出版社，2024.2（2024.8重印）
（大数据技术与应用丛书）
ISBN 978-7-302-65498-8

Ⅰ.①H… Ⅱ.①黑… Ⅲ.①计算机网络－信息存贮 Ⅳ.①TP393

中国国家版本馆 CIP 数据核字(2024)第 042478 号

责任编辑：袁勤勇　杨　枫
封面设计：杨玉兰
责任校对：申晓焕
责任印制：刘海龙

出版发行：清华大学出版社
　　　　网　　址：https://www.tup.com.cn，https://www.wqxuetang.com
　　　　地　　址：北京清华大学学研大厦 A 座　　　邮　编：100084
　　　　社 总 机：010-83470000　　　　　　　　　邮　购：010-62786544
　　　　投稿与读者服务：010-62776969，c-service@tup.tsinghua.edu.cn
　　　　质量反馈：010-62772015，zhiliang@tup.tsinghua.edu.cn
　　　　课件下载：https://www.tup.com.cn，010-83470236
印 装 者：三河市铭诚印务有限公司
经　　销：全国新华书店
开　　本：185mm×260mm　　　印　张：18.5　　　字　数：450 千字
版　　次：2024 年 3 月第 1 版　　　　　　　　　印　次：2024 年 8 月第 2 次印刷
定　　价：59.00 元

产品编号：102338-01

序 言

本书的创作公司——江苏传智播客教育科技股份有限公司(简称"传智教育")作为我国第一个实现 A 股 IPO 上市的教育企业,是一家培养高精尖数字化专业人才的公司,主要培养人工智能、大数据、智能制造、软件开发、区块链、数据分析、网络营销、新媒体等领域的人才。传智教育自成立以来贯彻国家科技发展战略,讲授的内容涵盖了各种前沿技术,已向我国高科技企业输送数十万名技术人员,为企业数字化转型、升级提供了强有力的人才支撑。

传智教育的教师团队由一批来自互联网企业或研究机构,且拥有 10 年以上开发经验的 IT 从业人员组成,他们负责研究、开发教学模式和课程内容。传智教育具有完善的课程研发体系,一直走在整个行业的前列,在行业内树立了良好的口碑。传智教育在教育领域有 2 个子品牌:黑马程序员和院校邦。

一、黑马程序员——高端 IT 教育品牌

黑马程序员的学员多为大学毕业后想从事 IT 行业,但各方面的条件还达不到岗位要求的年轻人。黑马程序员的学员筛选制度非常严格,包括严格的技术测试、自学能力测试、性格测试、压力测试、品德测试等。严格的筛选制度确保了学员质量,可在一定程度上降低企业的用人风险。

自黑马程序员成立以来,教学研发团队一直致力于打造精品课程资源,不断在产、学、研 3 个层面创新自己的执教理念与教学方针,并集中黑马程序员的优势力量,有针对性地出版了计算机系列教材百余种,制作教学视频数百套,发表各类技术文章数千篇。

二、院校邦——院校服务品牌

院校邦以"协万千院校育人、助天下英才圆梦"为核心理念,立足于中国职业教育改革,为高校提供健全的校企合作解决方案,通过原创教材、高校教辅平台、师资培训、院校公开课、实习实训、协同育人、专业共建、"传智杯"大赛等,形成了系统的高校合作模式。院校邦旨在帮助高校深化教学改革,实现高校人才培养与企业发展的合作共赢。

(一)为学生提供的配套服务

1. 请同学们登录"传智高校学习平台",免费获取海量学习资源。该平台可以帮助同学们解决各类学习问题。

2. 针对学习过程中存在的压力过大等问题,院校邦为同学们量身打造了 IT 学习小助手——邦小苑,可为同学们提供教材配套学习资源。同学们快来关注"邦小苑"微信公众号。

（二）为教师提供的配套服务

1. 院校邦为其所有教材精心设计了"教案＋授课资源＋考试系统＋题库＋教学辅助案例"的系列教学资源。教师可登录"传智高校教辅平台"免费使用。

2. 针对教学过程中存在的授课压力过大等问题，教师可添加"码大牛"QQ（2770814393），或者添加"码大牛"微信（18910502673），获取最新的教学辅助资源。

前 言

党的二十大指出"加快发展数字经济,促进数字经济和实体经济深度融合,打造具有国际竞争力的数字产业集群"。随着云时代的来临,移动互联网、电子商务、物联网以及社交媒体快速发展,全球的数据正在以几何速度呈爆发性增长,大数据吸引了越来越多的人关注,此时数据已经成为与物质资产和人力资本同样重要的基础生产要素,如何对这些海量的数据进行存储和分析处理成为一个热门的研究课题,基于这种需求,众多分布式系统应运而生。

HBase 是基于 Hadoop 构建的一个分布式、面向列的 NoSQL,被广泛应用于数据存储、分析、实时查询等领域,已经成为一个非常重要的数据存储解决方案,在国内外各企业中得到了广泛应用。本书旨在帮助读者深入了解 HBase 的原理、架构、API、优化等方面的知识,为读者提供了一份全面、系统的学习指南。

本书基于 HBase 2.x,循序渐进地介绍了 HBase 的相关知识,适合有一定 Java 编程基础和 Hadoop 基础的大数据爱好者阅读。本书共 9 章,其中,第 1 章主要介绍 NoSQL 和 HBase 的基本理论知识;第 2 章主要演示如何在 VMware Workstation 安装操作系统为 CentOS Stream 9 的虚拟机,并且分别基于独立模式和分布式模式部署 HBase;第 3、4 章主要讲解 HBase 中命名空间、表和数据的 Shell 和 Java API 操作;第 5 章主要讲解 HBase 的过滤器操作,并利用不同类型的过滤器查询数据;第 6 章主要讲解 HBase 协处理器、Region 拆分和 Region 合并等高级应用;第 7 章主要从不同方面讲解 HBase 的优化;第 8 章主要讲解 HBase 集成 MapReduce 进行数据读写的操作;第 9 章通过一个完整的实战项目,让读者能够灵活地运用 HBase,具备开发简单项目的能力。

在学习过程中,如果读者在理解知识点的过程中遇到困难,建议不要纠结于某个地方,可以先往后学习。通常来讲,通过逐渐深入的学习,前面不懂和有疑惑的知识点也就能够理解了。在学习编程和部署环境的过程中,一定要多动手实践,如果在实践的过程中遇到问题,建议多思考,厘清思路,认真分析问题发生的原因,并在问题解决后总结经验。

致谢

本书的编写和整理工作由传智播客教育科技股份有限公司完成,主要参与人员有张明强、李丹等,全体参编人员在编写过程中付出了许多辛勤的汗水。除此之外,传智播客 600 多名学员也参与了本书的试读工作,他们站在初学者的角度对本书提供了许多宝贵的建议,在此一并表示衷心的感谢。

意见反馈

尽管我们尽了最大的努力，但书中难免会有不妥之处，欢迎各界专家和读者朋友提出宝贵意见。您在阅读本书时，如果发现任何问题或有不认同之处，可以通过电子邮件与我们取得联系。请发送电子邮件至 itcast_book@vip.sina.com。

黑马程序员

2024 年 1 月于北京

目 录

第1章 HBase 简介 ········· 1
  1.1 认识 NoSQL ········· 1
    1.1.1 NoSQL 简介 ········ 1
    1.1.2 NoSQL 特点 ········ 2
    1.1.3 CAP 理论 ········ 2
  1.2 HBase 概述 ········· 3
  1.3 HBase 数据模型 ········ 5
  1.4 HBase 体系结构 ········ 6
  1.5 HBase 读写流程 ········ 9
  1.6 本章小结 ········· 11
  1.7 课后习题 ········· 11

第2章 HBase 部署 ········ 13
  2.1 基础环境搭建 ········ 13
    2.1.1 创建虚拟机 ········ 13
    2.1.2 安装 Linux 操作系统 ········ 22
    2.1.3 克隆虚拟机 ········ 29
    2.1.4 配置虚拟机 ········ 32
    2.1.5 安装 JDK ········ 40
    2.1.6 配置时间同步 ········ 43
  2.2 部署 Hadoop ········ 47
  2.3 部署 ZooKeeper ········ 54
  2.4 HBase 部署之独立模式 ······ 59
  2.5 HBase 部署之分布式模式 ··· 62
    2.5.1 HBase 部署之伪分布式模式 ········ 62
    2.5.2 HBase 部署之完全分布式模式 ········ 64
  2.6 本章小结 ········· 68
  2.7 课后习题 ········· 68

第3章 HBase 的 Shell 操作 ······· 70
  3.1 运行 HBase Shell ······· 70
  3.2 命名空间操作 ········ 71
    3.2.1 查看命名空间 ········ 71
    3.2.2 创建命名空间 ········ 72
    3.2.3 查看命名空间属性 ··· 73
    3.2.4 修改命名空间 ········ 74
    3.2.5 删除命名空间 ········ 75
    3.2.6 查看命名空间的表 ··· 76
  3.3 表操作 ········· 77
    3.3.1 创建表 ········ 77
    3.3.2 查看表信息 ········ 81
    3.3.3 查看表 ········ 81
    3.3.4 停用和启用表 ········ 83
    3.3.5 判断表 ········ 85
    3.3.6 修改表 ········ 87
    3.3.7 删除表 ········ 91
  3.4 数据操作 ········· 93
    3.4.1 插入数据 ········ 93
    3.4.2 查询数据 ········ 95
    3.4.3 条件查询 ········ 97
    3.4.4 删除数据 ········ 101
    3.4.5 追加数据 ········ 103
  3.5 本章小结 ········· 105
  3.6 课后习题 ········· 105

第4章 HBase 的 Java API 操作 ······· 106
  4.1 构建开发环境 ········ 106
  4.2 连接 HBase ········ 111

4.3 命名空间管理 ………………… 113
　4.3.1 查看命名空间 ……… 113
　4.3.2 创建命名空间 ……… 114
　4.3.3 查看命名空间属性 … 115
　4.3.4 修改命名空间 ……… 116
　4.3.5 删除命名空间 ……… 117
　4.3.6 查看命名空间的表 … 118
4.4 表管理 ……………………… 119
　4.4.1 创建表 ………………… 119
　4.4.2 查看表信息 ………… 123
　4.4.3 查看表 ………………… 125
　4.4.4 停用和启用表 ……… 126
　4.4.5 修改表 ………………… 127
　4.4.6 删除表 ………………… 130
4.5 数据管理 …………………… 131
　4.5.1 插入数据 …………… 131
　4.5.2 查询数据 …………… 133
　4.5.3 追加数据 …………… 138
　4.5.4 删除数据 …………… 139
4.6 本章小结 …………………… 141
4.7 课后习题 …………………… 141

第 5 章　HBase 过滤器 …………… 143

5.1 过滤器原理 ………………… 143
5.2 环境准备 …………………… 144
5.3 值过滤器 …………………… 149
5.4 列值过滤器 ………………… 151
5.5 单列值过滤器 ……………… 153
5.6 行过滤器 …………………… 154
5.7 列族过滤器 ………………… 156
5.8 列过滤器 …………………… 158
5.9 时间戳过滤器 ……………… 160
5.10 装饰过滤器 ………………… 161
　5.10.1 跳转过滤器 ………… 161
　5.10.2 全匹配过滤器 ……… 163
5.11 分页过滤器 ………………… 164
5.12 过滤器列表 ………………… 166
5.13 本章小结 …………………… 168
5.14 课后习题 …………………… 169

第 6 章　HBase 高级应用 ………… 170

6.1 协处理器 …………………… 170
　6.1.1 协处理器简介 ……… 170
　6.1.2 加载协处理器 ……… 171
　6.1.3 卸载协处理器 ……… 174
　6.1.4 定义 Observer 类型
　　　　的协处理器 ……… 175
　6.1.5 定义 Endpoint 类型
　　　　的协处理器 ……… 182
6.2 Region 的拆分 ……………… 190
　6.2.1 自动拆分 …………… 191
　6.2.2 使用自动拆分 ……… 192
　6.2.3 预拆分 ………………… 194
6.3 Region 的合并 ……………… 197
6.4 快照 ………………………… 199
6.5 本章小结 …………………… 204
6.6 课后习题 …………………… 204

第 7 章　HBase 调优 ……………… 206

7.1 内存优化 …………………… 206
　7.1.1 HBase 组件的内存
　　　　优化 ……………… 206
　7.1.2 GC 优化 ……………… 208
7.2 操作系统优化 ……………… 209
　7.2.1 关闭 THP …………… 209
　7.2.2 系统保留内存的
　　　　优化 ……………… 211
　7.2.3 Swap 优化 …………… 212
　7.2.4 NUMA 优化 ………… 213
7.3 HDFS 优化 ………………… 214
　7.3.1 开启 Short Circuit
　　　　Local Read ……… 214
　7.3.2 开启 Hedged
　　　　Reads …………… 214
7.4 HBase 优化 ………………… 215
　7.4.1 BlockCache 优化 … 215
　7.4.2 MemStore 优化 …… 217
　7.4.3 StoreFile 优化 …… 219

7.4.4 客户端缓存优化 …… 221
7.4.5 压缩优化 …… 222
7.4.6 ZooKeeper 优化 …… 224
7.5 表设计优化 …… 225
7.6 本章小结 …… 226
7.7 课后习题 …… 227

第 8 章 HBase 集成 MapReduce …… 228

8.1 MapReduce 概述 …… 228
    8.1.1 MapReduce 核心思想 …… 228
    8.1.2 MapReduce 编程模型 …… 229
    8.1.3 实现 MapReduce 程序 …… 231
    8.1.4 案例——词频统计 …… 234
8.2 MapReduce 读取 HBase 数据 …… 238
8.3 MapReduce 写入 HBase 数据 …… 245
    8.3.1 通过 Map 过程向 HBase 写入数据 …… 245
    8.3.2 通过 Reduce 过程向 HBase 写入数据 …… 248
8.4 本章小结 …… 253
8.5 课后习题 …… 253

第 9 章 综合项目——聊天工具存储系统 …… 255

9.1 项目概述 …… 255
    9.1.1 项目背景介绍 …… 255
    9.1.2 原始数据结构 …… 256
    9.1.3 需求分析 …… 256
    9.1.4 表设计 …… 257
9.2 模块开发——构建开发环境 …… 257
9.3 模块开发——构建数据存储服务 …… 259
    9.3.1 构建表 …… 259
    9.3.2 模拟生成用户聊天消息 …… 260
    9.3.3 存储用户聊天消息 …… 266
9.4 模块开发——构建数据查询服务 …… 271
    9.4.1 根据指定日期查询发送消息的内容 …… 271
    9.4.2 根据指定关键字查询发送消息的日期 …… 279
9.5 本章小结 …… 283

第 1 章
HBase 简介

学习目标

- 了解 NoSQL，能够说出 NoSQL 的特点和不同类型。
- 了解 CAP 理论，能够说出 CAP 理论的三大要素。
- 熟悉 HBase 概述，能够举例说出 HBase 的特点。
- 掌握 HBase 数据模型，能够描述 HBase 数据模型的组成。
- 掌握 HBase 体系结构，能够描述 HBase 体系结构中不同组件的作用。
- 熟悉 HBase 读写流程，能够说出 HBase 读操作和写操作的处理流程。

创新是引领科技变革的重要因素，通过不断探索和创新，可以推动技术的进步和应用，为经济发展注入新的动力。随着 Web 2.0 时代的兴起，传统的关系数据库暴露了很多难以克服的问题，如海量数据的高效存储和访问，而 NoSQL 数据库由于其独特的特点，成功地应对了 Web 2.0 时代对于海量数据处理的需求。本书所讲的 HBase 就是常用的 NoSQL 之一。本章主要对 HBase 的基础知识进行讲解，为后续更加深入地学习 HBase 奠定基础。

1.1 认识 NoSQL

1.1.1 NoSQL 简介

NoSQL 泛指非关系数据库，它是对于一系列区别于传统关系数据库的数据库管理系统的统称，通常被解释为 Not Only SQL，表示不仅是 SQL 的意思。相比传统的关系数据库，NoSQL 通常具有更好的扩展性和灵活性，适用于处理大规模和高并发的数据。

与传统的关系数据库不同，NoSQL 通常不使用表格的数据模型来存储数据，而是使用键值对、文档、图形等数据模型来存储数据。根据数据模型的不同，一般可以将 NoSQL 分为以下 4 种类型。

1. 键值数据库（key-value database）

键值数据库以键值对（key-value）的形式组织和存储数据，每个键值对包含一个唯一的键（key）和一个对应的值（value）。在键值数据库中，键和值可以是任何类型的数据，如字符串、数字、二进制数据、JSON 等。常见的键值数据库有 Redis、DynamoDB 等。

2. 文档数据库（document database）

文档数据库以文档的形式组织和存储数据，每个文档可以是 JSON、XML 或其他文本格式的数据对象。在文档数据库中，每个文档可以包含多个属性和对应的值，每个属性可以是一个标识符或者名称,它用于描述文档中的某个方面,如姓名、年龄、地址等。每个属性对应的值可以是任何数据类型,如字符串、数字、日期、数组等。常见的文档数据库有 MongoDB、Couchbase 等。

3. 列族数据库(column-family database)

列族数据库以列族(column family)和列(column)的形式组织和存储数据,每个列族可以包含不同数量的列,每个列用于存储特定的数据。常见的列族数据库有 HBase、Cassandra 等。

4. 图形数据库(graph database)

图形数据库以节点(nodes)和边(edges)的形式组织和存储数据,其中节点代表实体,如人、地点或事件;边代表实体之间的关系,如友谊、关注或工作。在图形数据库中,每个节点和边都可以有属性,用于描述它们的特征和性质。常见的图形数据库有 Neo4j、GraphDB 等。

近年来,随着大数据、物联网、云计算等新兴技术的发展,NoSQL 的应用范围不断扩大,越来越多的企业和组织开始采用 NoSQL 来处理海量数据。NoSQL 已然成为数据库领域的重要分支之一,为处理大规模、高并发、复杂数据提供了有力的支持和解决方案。

1.1.2 NoSQL 特点

NoSQL 之所以能够解决海量数据的高效存储和访问,离不开其具有的以下特点。

1. 灵活的数据模型

NoSQL 支持多种不同的数据模型,如键值对、文档、列族和图形。这种多样性使得 NoSQL 更加适合于不同类型的数据集。

2. 高扩展性

NoSQL 具有良好的横向扩展性,可以在需要时添加更多的节点以扩展性能和容量。

3. 高性能

NoSQL 通常使用内存来提供快速的读取和写入性能,并使用磁盘作为持久化存储。这种存储方式允许 NoSQL 快速地处理大量数据,并提供更好的读写性能。

4. 分布式处理

NoSQL 支持分布式数据处理,允许在多个节点上同时进行处理,从而提高了处理速度。这种分布式处理也使得 NoSQL 更加容错,因为节点之间可以相互替代来避免数据丢失或系统崩溃。

1.1.3 CAP 理论

CAP 理论又称为 CAP 定理,它是分布式系统中常被引用的理论,其主要包括一致性(consistency)、可用性(availability)和分区容错性(partition tolerance)三大要素,具体介绍如下。

1. 一致性

一致性指的是分布式系统中多个节点之间的数据保持一致。在分布式系统中,数据通常会在多个节点上进行复制和存储,这些节点之间需要协调和同步数据的更新,以保证数据的一致。一致性通常可分为强一致性和弱一致性,其中强一致性要求同一时间所有节点之间的数据必须保持完全一致;弱一致性则容许在不同节点上的数据存在一定程度的不一致,但在一定时间范围内,最终仍然可以保证所有节点的数据保持一致,因此也称弱一致性为最终一致性。CAP 理论中的一致性主要强调的是强一致性。

2．可用性

可用性是指分布式系统面对客户端发起的每个请求,都能够在合理的时间内给予响应。

3．分区容错性

分区容错性指的是分布式系统在面临某些节点故障或网络分区时,仍然能够继续运行。网络分区是指由于网络故障、路由错误、拥塞等原因,使一个网络被切分成两个或多个无法互相通信的部分。

CAP 理论强调分布式系统只能同时满足上述两个要素,无法同时满足 3 个要素。这主要是因为满足分区容错性的同时,无法同时满足一致性和可用性,其原因主要有以下两点。

(1) 当发生网络分区时,会导致分布式系统中部分节点之间无法通信,如果要保证分布式系统仍然能够在合理的时间内处理客户端的请求,那么就意味着客户端仍然可以修改数据,这就会导致某一节点的数据发生了变化,无法及时同步到其他节点,而是需要等到各节点之间恢复通信之后同步发生变化的数据,因此无法保证 CAP 理论的一致性要素。

(2) 当发生网络分区时,会导致分布式系统中部分节点之间无法通信,如果要保证数据一致,那么就意味着需要禁止客户端进行修改数据的操作,这就会导致分布式系统无法在合理的时间内响应客户端的修改数据请求,因此无法保证 CAP 理论的可用性要素。

接下来通过图 1-1 来展示 CAP 理论的取舍策略。

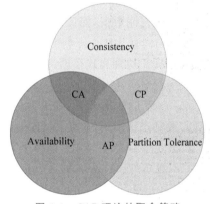

图 1-1　CAP 理论的取舍策略

从图 1-1 可以看出,通过对 CAP 理论中不同要素的两两结合形成 3 种取舍策略,它们分别是 CA、CP 和 AP,其中 CA 意味着舍弃了分区容错性,当分布式系统出现某些节点故障或网络分区时,将导致分布式系统不可用;CP 意味着舍弃了可用性,当分布式系统出现某些节点故障或网络分区时,客户端的一些操作将受到限制;AP 意味着舍弃了一致性,在这种情况下,分布式系统中各节点之间的数据可能会出现不一致的现象。

需要说明的是,舍弃一致性并不意味着分布式系统不会确保多个节点之间的数据保持一致,只是不采用强一致性,转而采用弱一致性。

NoSQL 与 CAP 理论密切相关。大部分 NoSQL 在设计时都会考虑 CAP 理论,本书所讲的 HBase 就是借鉴了 CAP 理论中的 CP 取舍策略。

1.2　HBase 概述

"沉淀"往往是通过对技术实践和经验的总结和提炼,形成深刻的认识和经验,从而提高技术水平和解决实际问题的能力。HBase 起源于 2006 年 Google 发表的名为 $BigTable:A$

Distributed Storage System for Structured Data 的论文,该论文介绍了 Google 的分布式存储系统 BigTable。在 2007 年一家名为 Powerset 的公司实现了 BigTable 的开源版本,命名为 HBase,并将其代码作为 Hadoop 的一个模块提交到 Hadoop 的代码库中。在 2008 年,HBase 成为 Apache 软件基金会中 Hadoop 项目的子项目。目前,HBase 已经成为 Apache 软件基金会的顶级项目之一。

HBase 是基于 Hadoop 构建的一个分布式、面向列的 NoSQL,它的设计目标是能够处理海量数据的同时保持高性能。之所以说 HBase 基于 Hadoop 构建是因为 HBase 通过 Hadoop 的分布式文件系统 HDFS 存储数据,并且可以利用 Hadoop 的分布式计算框架 MapReduce 实现分布式计算。HBase 具有的显著特点如下。

(1) 高性能。HBase 采用了类似于 BigTable 的数据模型,支持快速随机读写操作,同时也支持高吞吐的批量读写操作。

(2) 可扩展性。HBase 基于 HDFS 存储数据,因此可以通过增加更多 HDFS 的节点来扩展存储能力。另外,HBase 的结构是基于分布式设计的,因此也可以通过增加更多 HBase 的节点来扩展数据处理的能力。

(3) 高可靠性。HBase 基于 HDFS 存储数据,因此支持数据的多副本备份,可以在多个节点之间复制数据,保证数据的可靠性和容错能力。

(4) 面向列。HBase 将数据按照列族存储,每个列族包含若干列,每个列可以存储不同类型的数据。这种列式存储方式有利于快速读取指定列的数据,尤其适用于数据分析和数据挖掘等场景。

(5) 灵活的数据模型。HBase 采用非规范化的存储方式,并且支持动态扩展,可以根据实际需要动态添加列,这使得 HBase 能够适应不断变化的数据。

(6) 多版本。HBase 允许每个列存储多个版本的数据,用户可以访问不同版本的数据。

(7) 稀疏性。HBase 的数据存储方式是稀疏的,即某个列没有被赋值时,是不会占用存储空间的,这使得 HBase 可以节省大量的存储空间。相比之下,传统的关系数据库在创建表时需要先定义所有的列,即使这些列在大部分情况下都没有值,也会占用存储空间。

HBase 作为一个高可靠、可扩展的分布式数据库,在很多领域都有着广泛的应用。接下来介绍 HBase 的一些常见的应用场景。

(1) 海量数据存储。HBase 能够支持 PB 级别的数据存储,而且数据可靠性高,可满足很多大型应用的存储需求。

(2) 实时数据分析。HBase 可以支持随机读写,因此在需要快速对实时数据进行分析的场景中被广泛应用,如日志分析、用户行为分析、实时监控、推荐系统等实时数据分析的场景。

(3) 时序数据存储。时序数据是指按时间顺序排列的数据。HBase 支持多版本,能够方便地存储时序数据,并支持快速的时间范围查询。这使得 HBase 在物联网、金融、运维等领域得到广泛应用。

(4) 社交网络、用户画像。HBase 具有灵活的数据模型,可以根据实际需要进行任意的组合,因此在社交网络和用户画像等场景中被广泛应用。例如,将用户信息按照不同的列族和列存储在 HBase,以便进行快速查询和分析。

1.3 HBase 数据模型

HBase 的数据以行为单位存储在表中,每行可以包含多个列,并且由于 HBase 具有灵活的数据模型,所以每行可以包含不同数量的列,如图 1-2 所示。

Table						
RowKey	Timestamp	Column Family		Column Family		
		Qualifier	Qualifier	Qualifier	Qualifier	Qualifier
r1	t1	Value	Value			
r2	t2			Value	Value	Value
r3	t3	Value	Value			
r4	t4	Value	Value	Value	Value	Value
r5	t5	Value	Value			
r6	t6	Value	Value	Value	Value	Value
r7	t7			Value	Value	Value

图 1-2 HBase 数据模型

从图 1-2 可以看出,HBase 的数据模型主要包括 RowKey、Timestamp、Column Family 和 Qualifier,它们分别表示着不同的含义,具体介绍如下。

1. RowKey

RowKey 表示行键,它是表中每个行的唯一标识。在 HBase 中,表的每一行都会根据行键的字典序进行排序。

2. Timestamp

Timestamp 表示时间戳,用于记录数据插入的时间,同时也作为数据版本的标识符。默认情况下,时间戳是根据数据写入时 RegionServer 所在服务器的系统时间生成。

3. Column Family

Column Family 表示列族,它用于将多个相关联的列组织在一起。在 HBase 中,每个表可以包含一个或多个列族,但是在创建表时必须至少定义一个列族。

4. Qualifier

Qualifier 表示列标识,它用于标识列族中不同的列。在 HBase 中,列由列族和列标识两部分组成,两者之间用":"分隔。例如在列族 info 中,通过列标识 name 标识的列为 info：name。在 HBase 中,每个列族可以包含任意数量的列,并且列无须在创建表时进行定义,而是在插入数据时通过指定不同的列标识进行动态添加。

除了上述所讲的内容之外,在 HBase 中还有一个概念非常重要,那就是单元格(cell)。单元格是表存储数据的最小单元,它由行键、列族和列标识组成。除此之外,在 HBase 中每个列可以存储多个版本的数据,多个版本的数据被存储在不同的单元格里,多个版本之间通过时间戳来区分。

为了使读者更好地理解 HBase 的数据模型,这里通过一张表进行说明,假设 HBase 中存在一张表 employee,如图 1-3 所示。

RowKey	Timestamp	employee				
		personal		work		
		name	age	company	position	salary
001	1644545693774	zhangsan	23	Game Inc.	developer	12000
	1519091159000	zhaoliu				
002	1644545694787	wangwu	26	Movie Inc.	producer	
003	1644545695559	lisi	22	Music Inc		

图 1-3 表 employee

接下来，根据 HBase 数据模型的相关概念对表 employee 进行解读，具体内容如下。

（1）表 employee 共包含 personal 和 work 两个列族，其中列族 personal 包含列 personal：name 和 personal：age；列族 work 包含列 work：company、work：position 和 work：salary。

（2）表 employee 共包含 3 行，其中第 1 行包含 5 列，它们分别是 personal：name、personal：age、work：company、work：position 和 work：salary；第 2 行包含 4 列，它们分别是 personal：name、personal：age、work：company 和 work：position；第 3 行包含 3 列，它们分别是 personal：name、personal：age 和 work：company。

（3）列 personal：name 存在两个版本的数据，它们存储在行键、列族和列标识分别为 001、personal 和 name 的单元格中，这两个单元格通过时间戳进行区分。

（4）由于 HBase 的稀疏性导致数据为空的单元格并不会占用存储空间，因此，表 employee 共包含 13 个单元格。

1.4 HBase 体系结构

HBase 的体系结构是典型的主从架构，即一个 HBase 集群由一个主节点和多个从节点组成。除此之外，HBase 的运行还依赖于分布式文件系统 HDFS 和分布式协作框架 ZooKeeper，其中 HDFS 为 HBase 提供了可靠的底层存储支持；ZooKeeper 为 HBase 提供了稳定服务和容错机制。接下来通过图 1-4 来详细介绍 HBase 的体系结构。

从图 1-4 可以看出，HBase 的体系结构中包含多个组件，接下来对这些组件进行详细介绍，具体内容如下。

1. Client

Client 表示 HBase 的客户端，它通过 ZooKeeper 获取 Master 或 RegionServer 的地址信息，并与之建立通信。当 Client 与 Master 建立通信时，主要进行元数据的相关操作，如创建表、删除表等。当 Client 与 RegionServer 建立通信时，主要进行数据的相关操作，如查询数据、插入数据等。

2. Master

Master 是 HBase 集群的管理节点，也称为主节点，它负责整个 HBase 集群的管理和调度，主要体现在以下 4 个方面。

（1）处理客户端的各种管理请求，包括创建表、修改表等。

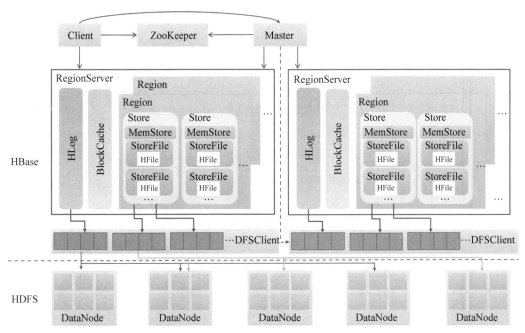

图 1-4　HBase 的体系结构

（2）管理 RegionServer，实现 RegionServer 的故障恢复。

（3）管理 Region，包括 Region 的创建、拆分和合并，以及分配 Region 到不同的 RegionServer 等。

（4）清理过期文件，当客户端进行删除数据的操作时，会将删除标记添加到 HLog 和 StoreFile，并不会直接删除数据，因为其他客户端可能正在读取该数据。Master 会定期扫描 HDFS 并清理标记删除的数据。

3．RegionServer

RegionServer 是 HBase 集群的数据节点，也称为从节点，它主要用于处理客户端的读写请求。在实际应用场景中，RegionServer 通常与 HDFS 的 DataNode 节点部署在同一台服务器，以实现数据本地化。

HBase 集群可以包含多个 RegionServer，每个 RegionServer 由 Region、HLog 和 BlockCache 组成，具体介绍如下。

1) Region

Region 是 HBase 用于存储特定范围数据的区域。在 HBase 中，每张表都会通过行键按照一定的范围划分为多个 Region，每个 Region 存储了表的部分数据，HBase 为了实现数据的负载均衡，会将每张表的多个 Region 分配到不同的 RegionServer 上，如图 1-5 所示。

从图 1-5 可以看出，一个 RegionServer 可以存储多个 Region，但是每个 Region 只能被一个 RegionServer 管理。

Region 通过一个或多个 Store 来存储数据，每个 Store 用于存储当前 Region 中不同列族的数据，因此 Region 中存放的表包含多少个列族就会生成多少个 Store。Store 由 MemStore 和 StoreFile 组成，具体介绍如下。

（1）MemStore。MemStore 是 HBase 的一个内存缓冲区，用于缓存写入的数据，每个

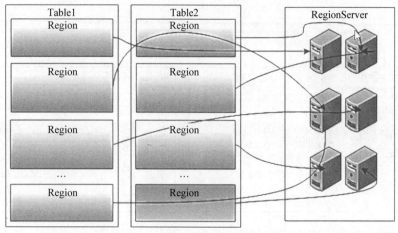

图 1-5　Region

Store 包含一个 MemStore,用来缓存向当前 Store 写入的数据。当客户端向 HBase 写入数据时,数据并不会直接写入 StoreFile,而是先写入 MemStore,一旦 MemStore 缓存数据的大小达到一定阈值(默认为 128MB)时,HBase 便会自动触发 Flush 操作,将 MemStore 缓存的数据写入 StoreFile,并清空 MemStore。这种设计可以减少磁盘 I/O 的占用,提升 HBase 写入数据的效率。

值得一提的是,写入 MemStore 的数据也可以被客户端访问,如果客户端在读取 HBase 的数据时,MemStore 中正好缓存了相应的数据,那么客户端便可以直接从 MemStore 读取这部分数据,从而提升 HBase 读取数据的效率。

(2) StoreFile。StoreFile 是 HBase 实际存储数据的物理文件,其底层是以 HFile 的文件格式将数据保存在 HDFS。每个 Store 包含一个或多个 StoreFile,每个 StoreFile 对应一个 HFile。

2) HLog

HLog 也称为 WAL(Write-Ahead Log),它是 HBase 的预写日志,用于确保写入数据的可靠性,每个 RegionServer 包含一个 HLog,用来记录向当前 RegionServer 中每个 Store 写入的数据。数据在写入 MemStore 之前,HBase 会先将数据写入 HLog,写入 HLog 的数据会持久化到 HDFS,这样即使 RegionServer 出现宕机,造成 MemStore 缓存的数据丢失,也可以在 RegionServer 重新启动之后通过 HLog 恢复数据。

3) BlockCache

BlockCache 是 HBase 的一个内存缓冲区,用于缓存 HBase 存储的特定数据,以提升读取数据的效率,每个 RegionServer 包含一个 BlockCache,用于缓存当前 RegionServer 中每个 Region 存储的特定数据。

BlockCache 在两种情况下会将数据进行缓存,具体介绍如下。

(1) 在 HBase 启动时,会根据列族指定的预定义属性 IN_MEMORY 来缓存对应的数据。

(2) 在 HBase 运行时,会根据热点数据来缓存对应的数据,所谓热点数据是指被频繁访问的数据。

BlockCache 的默认大小为 RegionServer 占用堆内存的 40%,当 BlockCache 的缓存空间接近峰值时,BlockCache 会根据缓存策略淘汰部分数据,以释放缓存空间,默认情况下,BlockCache 会把最近访问较少的缓存数据淘汰。

需要说明的是,客户端进行读取数据的操作时,会优先从 MemStore 缓存的数据中查找是否存在相应的数据,若存在则直接读取数据,否则会从 BlockCache 缓存的数据中查找是否存在相应的数据,若存在则直接读取数据。如果 MemStore 和 BlockCache 缓存的数据中都没有查找到相应的数据,那么从 StoreFile 查找数据。

4. ZooKeeper

ZooKeeper 在 HBase 中扮演着非常重要的角色,主要体现在以下 4 个方面。

(1) 状态管理。HBase 集群在启动时,每个 RegionServer 都会向 ZooKeeper 注册并创建状态节点,RegionServer 在运行过程中,会定期向 ZooKeeper 创建的状态节点更新状态信息,ZooKeeper 会监听这些状态节点,并在某个 RegionServer 的状态出现异常时通知 Master。

(2) 实现高可用。通常情况下,HBase 集群只存在一个 Master,如果 Master 由于网络异常、硬件故障等原因无法使用,那么 HBase 集群的使用将受限。此时更有效的做法是,在 HBase 集群中添加多个 Master,不过多个 Master 同时提供服务会使 HBase 集群出现异常,这时就需要借助 ZooKeeper 提供的选举机制进行协调,确保 HBase 集群中只存在一个提供服务的 Master,并且通过 ZooKeeper 的选举机制还可以确保提供服务的 Master 无法使用时,重新从其他 Master 中选取一个新的 Master 提供服务。

(3) 元数据存储。ZooKeeper 负责存储 HBase 的元数据,包括 RegionServer 地址信息、Master 地址信息、表名称等。

(4) 实现分布式锁。ZooKeeper 为 HBase 提供了分布式锁的实现,以防止多个用户同时对一个表进行操作时,造成表的信息不一致。

1.5 HBase 读写流程

HBase 的读写流程是 HBase 实现数据访问和读取的核心过程,了解 HBase 的读写流程对于理解 HBase 的体系结构和性能优化有着至关重要的作用。在 HBase 中,读操作和写操作都有其特定的处理流程。接下来通过图 1-6 来描述 HBase 读操作的处理流程。

针对图 1-6 中 HBase 读操作的处理流程进行简单说明,具体如下。

① Client 向 ZooKeeper 发送请求获取 meta 表所在 RegionServer 的地址信息,其中 meta 表是 HBase 用于记录表的元数据信息所默认创建的表,其记录的内容包括每个 Region 存储数据的范围、每个 Region 的地址信息等。

② Client 请求 RegionServer 获取 meta 表记录的元数据,从而找到表对应的所有 Region,并根据 Region 存储数据的范围找到具体读取的 Region。

③ Client 根据 Region 的地址信息请求对应的 RegionServer。

④ RegionServer 根据 Client 的读取请求找到相关的 Store,然后检查 MemStore 是否缓存了对应的数据,如果 MemStore 缓存了对应的数据,那么将数据直接返回给客户端,结束读操作的处理流程。

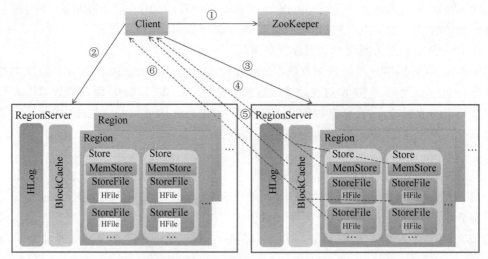

图 1-6　HBase 读操作的处理流程

⑤ 如果 MemStore 没有缓存对应的数据,那么 RegionServer 根据 Client 的读取请求检查 BlockCache 是否缓存了对应的数据,如果 BlockCache 缓存了对应的数据,那么将数据直接返回给客户端,结束读操作的处理流程。

⑥ 如果 BlockCache 和 MemStore 都没有缓存对应的数据,那么 RegionServer 根据 Client 的读取请求找到相关的 Store,检查 Store 的 StoreFile 是否存储了对应的数据,如果 StoreFile 存储了对应的数据,那么将数据直接返回给客户端的同时放到 BlockCache,结束读操作的处理流程。如果 StoreFile 没有存储对应的数据,那么返回客户端的结果为空。

接下来,通过图 1-7 来描述 HBase 写操作的处理流程。

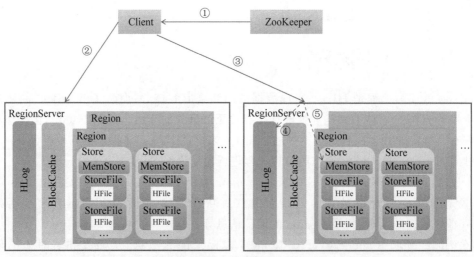

图 1-7　HBase 写操作的处理流程

针对图 1-7 中 HBase 写操作的处理流程进行简单说明,具体如下。

① Client 向 ZooKeeper 发送请求获取 meta 表所在 RegionServer 的地址信息。

② Client 请求 RegionServer 获取 meta 表记录的元数据,从而找到表对应的所有

Region,并根据 Region 存储数据的范围找到具体写入的 Region。

③ Client 根据 Region 的地址信息请求对应的 RegionServer。

④ RegionServer 根据 Client 的写入请求将数据按照顺序追加到 HLog。

⑤ RegionServer 根据 Client 的写入请求来操作对应的 Region,并根据写入请求中指定的列族找到 Region 中对应的 Store,然后将数据写入 Store 的 MemStore 进行缓存。

1.6 本章小结

本章主要讲解了 NoSQL 和 HBase 的相关知识,首先介绍 NoSQL 的相关概念,包括 NoSQL 简介和特点,以及与 NoSQL 息息相关的 CAP 理论。然后介绍 HBase 的相关概念,包括 HBase 概述、数据模型和体系结构。最后介绍 HBase 读写流程,包括 HBase 读操作的处理流程和写操作的处理流程。

1.7 课后习题

一、填空题

1. NoSQL 泛指_____。
2. 列族数据库以_____和列的形式组织和存储数据。
3. _____负责存储 HBase 的元数据。
4. _____是 HBase 用于存储特定范围数据的区域。
5. 在 HBase 中用于缓存写入数据的是_____。

二、判断题

1. NoSQL 通常解释为 Not Only SQL。（   ）
2. NoSQL 通常使用表格的数据模型来存储数据。（   ）
3. CAP 理论中的一致性主要强调的是强一致性。（   ）
4. 在 HBase 的表中没有写入数据的单元格会占用空间。（   ）
5. 可以动态在 HBase 的表中添加列。（   ）

三、选择题

1. 下列选项中,属于键值数据库的是(   )。
   A. Redis　　　　B. MongoDB　　　　C. HBase　　　　D. Neo4j
2. 下列选项中,关于 CAP 理论的取舍策略 CP 描述正确的是(   )。
   A. 舍弃了分区容错性　　　　　　B. 舍弃了可用性
   C. 舍弃了一致性　　　　　　　　D. 舍弃了分区容错性和一致性
3. 下列选项中,不属于 CAP 理论的是(   )。
   A. 一致性　　　　B. 多样性　　　　C. 可用性　　　　D. 分区容错性
4. 在 HBase 读操作的处理流程中,HBase 首先检查(   )组件是否缓存了对应的数据。
   A. BlockCache　　B. MemStore　　C. StoreFile　　D. ZooKeeper
5. 下列选项中,属于 NoSQL 特点的是(   )。（多选）

A. 支持多种不同的数据模型
B. 具有良好的纵向扩展性
C. 使用内存来提供快速的读取和写入性能
D. 支持分布式数据处理

四、简答题

1. 简述 HBase 的特点。
2. 简述 HBase 写操作的处理流程。

第 2 章
HBase部署

学习目标

- 了解虚拟机的创建过程,能够完成虚拟机的创建。
- 熟悉 Linux 操作系统的安装过程,能够在虚拟机中安装 CentOS Stream 9。
- 了解虚拟机的克隆方式,能够使用完整克隆的方式克隆新的虚拟机。
- 熟悉虚拟机的配置,能够配置 Linux 操作系统的主机名、IP 地址、网络参数、免密登录和远程登录。
- 熟悉 JDK 的安装过程,能够在 Linux 操作系统中安装 JDK。
- 掌握 Hadoop 的部署,能够独立完成完全分布式模式部署 Hadoop 的相关操作。
- 掌握 ZooKeeper 的部署,能够独立完成部署 ZooKeeper 的相关操作。
- 了解独立模式部署 HBase,能够完成独立模式部署 HBase 的相关操作。
- 熟悉伪分布式模式部署 HBase,能够完成伪分布式模式部署 HBase 的相关操作。
- 掌握完全分布式模式部署 HBase,能够独立完成完全分布式模式部署 HBase 的相关操作。

真正的智慧源于对事物本质的深入探索。当我们追求更深层次地学习 HBase 时,准备 HBase 环境变得尤为关键。HBase 具备灵活的部署特性,支持独立模式(standalone)和分布式模式(distributed)的部署方式。本章分别介绍在独立模式和分布式模式下部署 HBase。

2.1 基础环境搭建

部署 HBase 之前,需要先搭建运行 HBase 的基础环境,这里指的基础环境包括运行 HBase 的操作系统以及 HBase 运行时依赖的 JDK。HBase 支持在 macOS、Linux 和 Windows 这些主流操作系统中进行部署,考虑到 HBase 在企业中的实际应用场景,本书选用 Linux 操作系统的发行版 CentOS Stream 9 作为运行 HBase 的操作系统,并基于 CentOS Stream 9 部署 JDK。

2.1.1 创建虚拟机

在实际开发应用场景中,HBase 集群的搭建需要涉及多台计算机来实现,这对于想要学习 HBase 的大部分人来说是难以实现的。这里借助 VMware Workstation 软件在一台计算机上创建多台虚拟机,并且在每台虚拟机中安装 Linux 操作系统,从而实现在一台计算机上搭建 HBase 集群。

本书使用的 VMware Workstation 版本是 16 Pro，读者可从 VMware Workstation 官网自行下载对应版本并完成安装。通过 VMware Workstation 创建虚拟机的具体步骤如下。

（1）打开 VMware Workstation，进入 VMware Workstation 的主界面，如图 2-1 所示。

图 2-1　VMware Workstation 主界面

（2）在图 2-1 中，单击"创建新的虚拟机"按钮进入"欢迎使用新建虚拟机向导"界面，在该界面选择使用的配置类型为"自定义（高级）"，如图 2-2 所示。

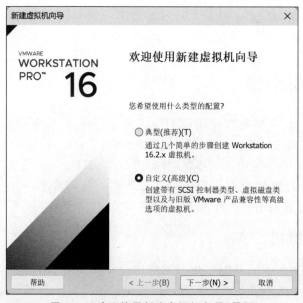

图 2-2　"欢迎使用新建虚拟机向导"界面

(3)在图 2-2 中,单击"下一步"按钮进入"选择虚拟机硬件兼容性"界面,在该界面选择硬件兼容性为 Workstation 16.2.x,如图 2-3 所示。

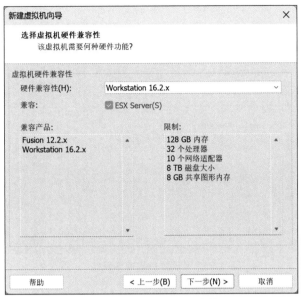

图 2-3 "选择虚拟机硬件兼容性"界面

(4)在图 2-3 中,单击"下一步"按钮进入"安装客户机操作系统"界面,在该界面选择安装来源为"稍后安装操作系统",如图 2-4 所示。

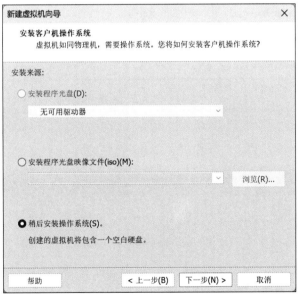

图 2-4 "安装客户机操作系统"界面

(5)在图 2-4 中,单击"下一步"按钮进入"选择客户机操作系统"界面,在该界面选择客户机操作系统为 Linux,以及版本为"其他 Linux 5.x 内核 64 位",如图 2-5 所示。

(6)在图 2-5 中,单击"下一步"按钮进入"命名虚拟机"界面,在该界面填写虚拟机名称

图 2-5 "选择客户机操作系统"界面

为 HBase01,并且指定虚拟机在本地的存储位置为 D:\HBase\HBase01,如图 2-6 所示。

图 2-6 "命名虚拟机"界面

(7) 在图 2-6 中,单击"下一步"按钮进入"处理器配置"界面,在该界面选择处理器数量为 1,并且选择每个处理器的内核数量为 2,如图 2-7 所示。

(8) 在图 2-7 中,单击"下一步"按钮进入"此虚拟机的内存"界面,在该界面选择虚拟机内存为 4096,读者在配置虚拟机内存时可以根据本地计算机的实际内存进行调整,但不建议单台虚拟机的内存低于 4096MB,如图 2-8 所示。

(9) 在图 2-8 中,单击"下一步"按钮进入"网络类型"界面,在该界面选择网络连接为

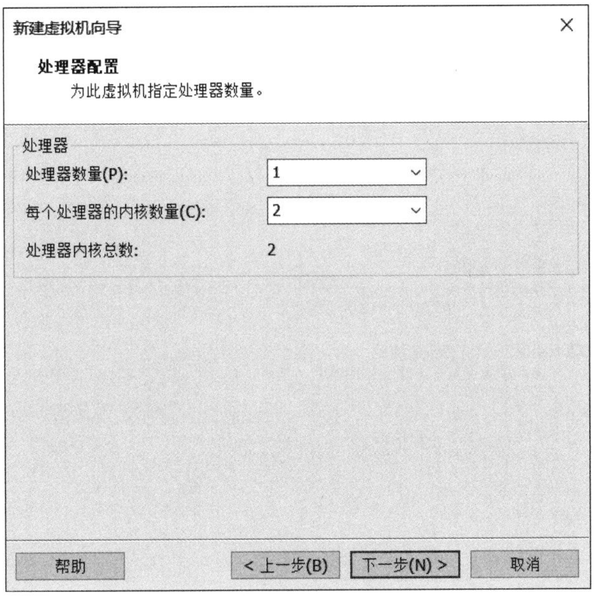

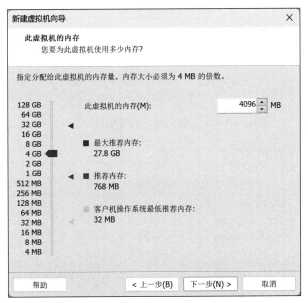

图 2-7 "处理器配置"界面

图 2-8 "此虚拟机的内存"界面

"使用网络地址转换(NAT)",如图 2-9 所示。

(10) 在图 2-9 中,单击"下一步"按钮进入"选择 I/O 控制器类型"界面,在该界面选择 I/O 控制器类型为 LSI Logic,如图 2-10 所示。

(11) 在图 2-10 中,单击"下一步"按钮进入"选择磁盘类型"界面,在该界面选择虚拟磁盘类型为 SCSI,如图 2-11 所示。

(12) 在图 2-11 中,单击"下一步"按钮进入"选择磁盘"界面,在该界面选择磁盘为"创建新虚拟磁盘",如图 2-12 所示。

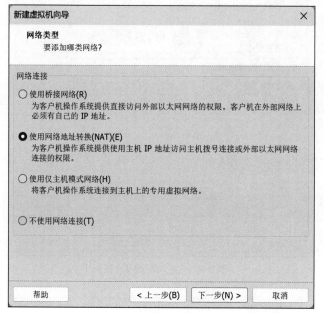

图 2-9 "网络类型"界面

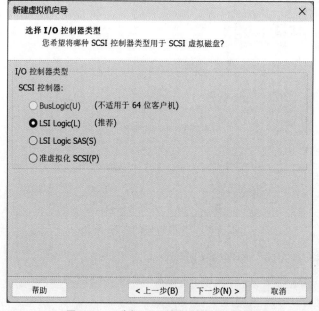

图 2-10 "选择 I/O 控制器类型"界面

图 2-11 "选择磁盘类型"界面

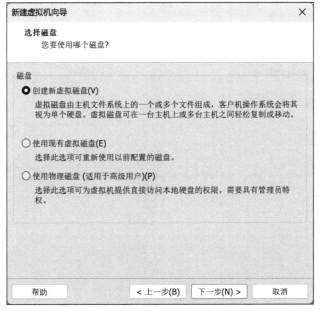

图 2-12 "选择磁盘"界面

(13) 在图 2-12 中,单击"下一步"按钮进入"指定磁盘容量"界面,在该界面选择最大磁盘大小为 20.0,并选择"将虚拟磁盘拆分成多个文件",如图 2-13 所示。

(14) 在图 2-13 中,单击"下一步"按钮进入"指定磁盘文件"界面,在该界面将磁盘文件命名为 HBase01.vmdk,如图 2-14 所示。

(15) 在图 2-14 中,单击"下一步"按钮进入"已准备好创建虚拟机"界面,在该界面可以查看虚拟机的相关配置参数,如图 2-15 所示。

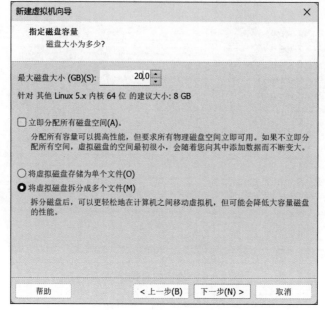

图 2-13 "指定磁盘容量"界面

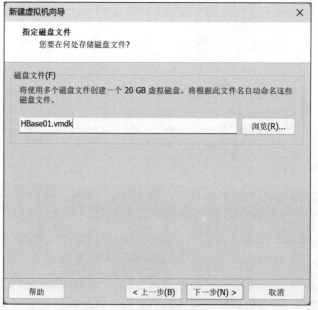

图 2-14 "指定磁盘文件"界面

图 2-15 "已准备好创建虚拟机"界面

（16）在图 2-15 中，通过单击"自定义硬件"按钮修改虚拟机的配置参数，若虚拟机的名称、位置和操作系统等配置信息确认无误，可以单击"完成"按钮创建虚拟机 HBase01，虚拟机 HBase01 创建完成后的效果如图 2-16 所示。

图 2-16 虚拟机 HBase01 创建完成后的效果

至此便完成了虚拟机的创建。

2.1.2 安装 Linux 操作系统

由于虚拟机 HBase01 还没有安装操作系统,所以暂时还无法使用,接下来,在虚拟机 HBase01 安装 Linux 操作系统的发行版 CentOS Stream 9,具体步骤如下。

(1) 为虚拟机 HBase01 挂载 CentOS Stream 9 的 ISO 映像文件。在图 2-16 中,选择 "编辑虚拟机设置"选项,弹出"虚拟机设置"对话框,在该对话框中选择 CD/DVD(IDE)选项,并选中"使用 ISO 映像文件"单选按钮,如图 2-17 所示。

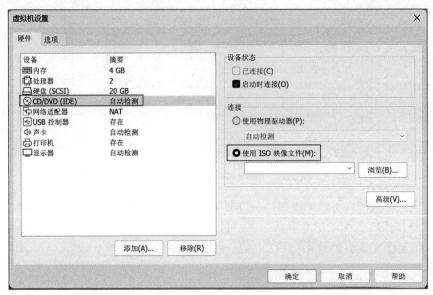

图 2-17 虚拟机设置对话框(1)

(2) 在图 2-17 中,单击"浏览"按钮选择本地存放的 CentOS Stream 9 的 ISO 映像文件,如图 2-18 所示。

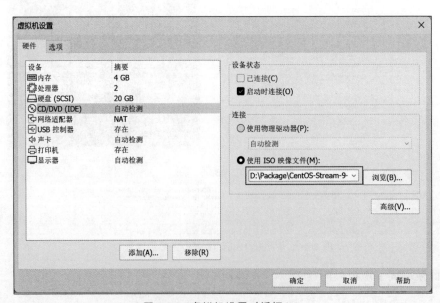

图 2-18 虚拟机设置对话框(2)

(3) 在图 2-18 中,单击"确定"按钮返回至图 2-16 所示界面,此时虚拟机 HBase01 已经成功挂载了 CentOS Stream 9 的 ISO 映像文件,如图 2-19 所示。

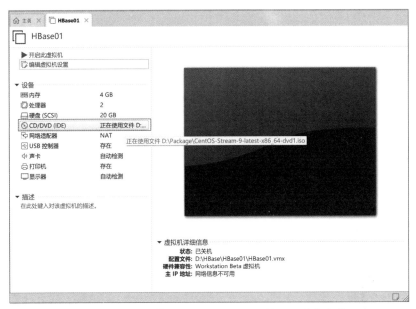

图 2-19　成功挂载了 CentOS Stream 9 的 ISO 映像文件

(4) 在图 2-19 中,单击"开启此虚拟机"按钮启动虚拟机 HBase01,由于虚拟机 HBase01 还没有安装操作系统,所以初次启动时会加载挂载的 ISO 映像文件,进入 CentOS Stream 9 的安装引导界面,如图 2-20 所示。

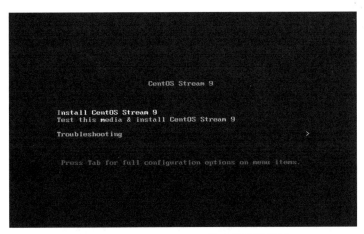

图 2-20　CentOS Stream 9 的安装引导界面

(5) 单击图 2-20 所示界面切换到虚拟机 HBase01。当鼠标指针消失时,便可以操作虚拟机 HBase01,此时通过键盘的 ↑ 键或者 ↓ 键选择 Install CentOS Stream 9,当 Install CentOS Stream 9 的字体变为白色时则为选中状态,然后按下键盘的 Enter 键加载 CentOS Stream 9 的 ISO 映像文件,加载完成后会跳转到"欢迎使用 CENTOS STREAM 9"界面,如图 2-21 所示。

(6) 在图 2-21 中,选择 CentOS Stream 9 操作系统的语言为简体中文(中国),然后单击

图 2-21 "欢迎使用 CENTOS STREAM 9"界面

"继续"按钮进入"安装信息摘要"界面,如图 2-22 所示。

图 2-22 "安装信息摘要"界面

(7) 在图 2-22 中,选择"网络和主机名"选项,进入"网络和主机名"界面,在该界面首先确认以太网(ens33)为打开状态,然后将主机名设置为 hbase01,最后单击"应用"按钮使设置主机名的操作生效,如图 2-23 所示。

从图 2-23 可以看出,将以太网(ens33)调整为打开状态后,此时 VMware Workstation 会为当前虚拟机自动生成 IP 地址、默认路由和 DNS。

需要注意的是,由于不同计算机分配给 VMware Workstation 的网段存在差异,所以 VMware Workstation 为每台虚拟机生成的 IP 地址、默认路由等内容有所不同。

(8) 在图 2-23 中,单击"完成"按钮返回图 2-22 所示界面,在该界面选择"时间和日期"选项进入"时间和日期"界面,确认该界面中"地区"和"城市"下拉框的内容分别为"亚洲"和"上海",以及"网络时间"为打开状态,如图 2-24 所示。

如果在图 2-24 所示"地区"和"城市"下拉框的内容不是"亚洲"和"上海",则需要手动调整"地区"和"城市"的内容。

(9) 在图 2-24 中,单击"完成"按钮返回图 2-22 所示的界面,在该界面选择"安装目的

图 2-23 "网络和主机名"界面

图 2-24 "时间和日期"界面

地"选项进入"安装目标位置"界面配置 CentOS Stream 9 的磁盘分区,在该界面选择存储配置为"自动",如图 2-25 所示。

图 2-25 "安装目标位置"界面

（10）在图 2-25 中，单击"完成"按钮返回图 2-22 所示的界面，在该界面选择"软件选择"选项，进入"软件选择"界面配置 CentOS Stream 9 的基本环境，这里选择基本环境为 Minimal Install，即最小化安装，如图 2-26 所示。

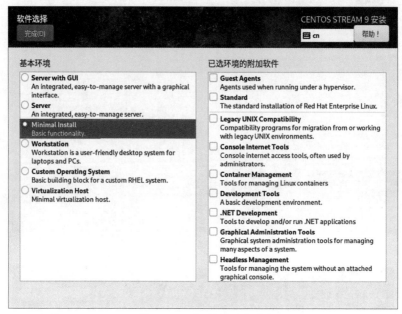

图 2-26 "软件选择"界面

（11）在图 2-26 中，单击"完成"按钮返回图 2-22 所示的界面，在该界面选择"root 密码"选项进入"ROOT 密码"界面，在该界面配置用户 root 的密码，本书在"Root 密码"和"确认"输入框输入的密码是 123456，如图 2-27 所示。

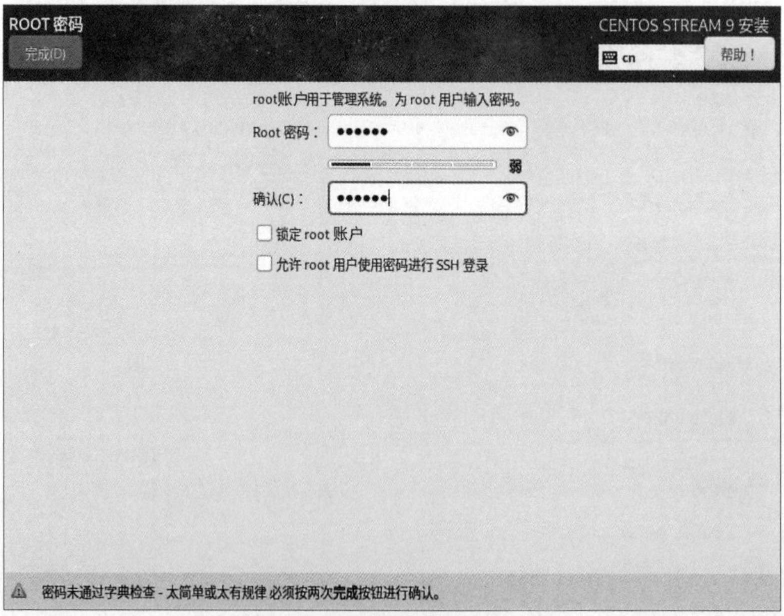

图 2-27 "ROOT 密码"界面

需要注意的是，由于设置的用户 root 的密码过于简单，在"ROOT 密码"界面的下方会出现"密码未通过字典检查-太简单或太有规律 必须按两次完成按钮进行确认。"的提示信息。按照提示信息单击两次"完成"按钮返回图 2-22 所示的界面。此时，便完成了 CentOS Stream 9 安装前的配置，配置完成的"安装信息摘要"界面如图 2-28 所示。

图 2-28　配置完成的"安装信息摘要"界面

（12）在图 2-28 中，确认时间和日期为亚洲/上海，软件选择为 Minimal Install，安装目的地为已选择自动分区，网络和主机名为有线（ens33）已连接，以及 root 密码为已经设置 root 密码，然后单击"开始安装"按钮进入"安装进度"界面开始安装 CentOS Stream 9，如图 2-29 所示。

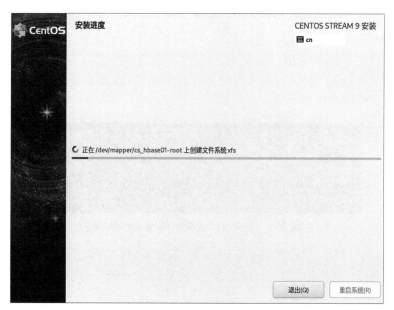

图 2-29　"安装进度"界面

待 CentOS Stream 9 安装完成后的效果如图 2-30 所示。

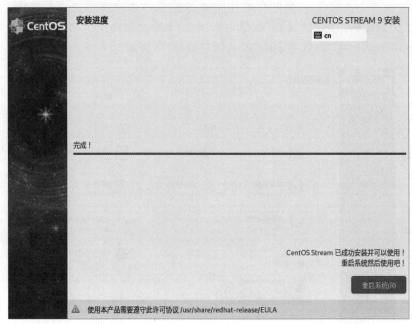

图 2-30　CentOS Stream 9 安装完成后的效果

（13）在图 2-30 中，单击"重启系统"按钮开始使用 CentOS Stream 9，待重启完成后会进入虚拟机 HBase01 的登录界面，如图 2-31 所示。

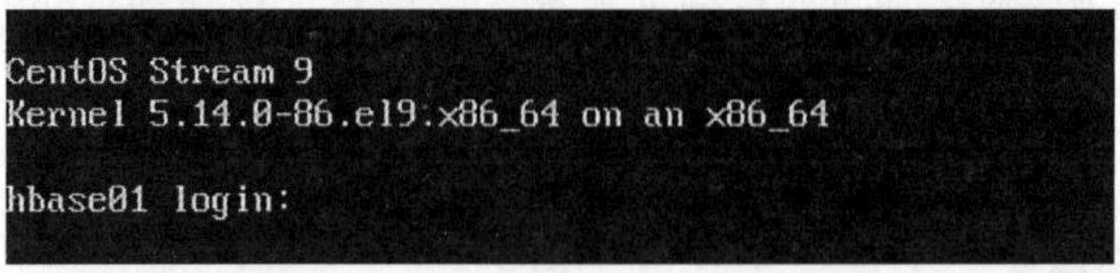

图 2-31　虚拟机 HBase01 的登录界面

（14）在图 2-31 中，输入用户名 root，表示通过系统用户 root 登录虚拟机 HBase01，然后按 Enter 键，在"Password:"位置输入用户 root 的密码 123456；最后按 Enter 键登录虚拟机 HBase01，如图 2-32 所示。

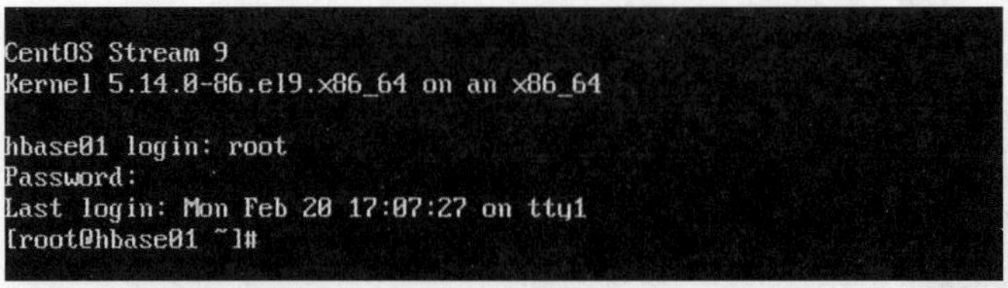

图 2-32　成功登录虚拟机 HBase01 的效果

从图 2-32 可以看出，当出现 root@hbase01 信息时，表示通过用户 root 成功登录虚拟机 HBase01。至此，成功在虚拟机 HBase01 安装了 Linux 操作系统。

2.1.3 克隆虚拟机

目前已经成功创建一台 Linux 操作系统的虚拟机。由于 HBase 集群需要多台虚拟机，如果每台虚拟机都按照 2.1.1 节和 2.1.2 节的方式创建，那么这个过程过于烦琐，因此这里介绍另外一种创建虚拟机的方式——通过克隆虚拟机的方式创建。

VMware Workstation 提供了两种克隆虚拟机的方式，分别是完整克隆和链接克隆，关于这两种克隆方式的介绍如下。

1. 完整克隆

完整克隆通过复制原始虚拟机创建完全独立的新虚拟机，新虚拟机不和原始虚拟机共享任何资源，可以脱离原始虚拟机独立使用。

2. 链接克隆

新虚拟机需要和原始虚拟机共享同一虚拟磁盘文件，不能脱离原始虚拟机独立运行。

在以上两种克隆方式中，通过完整克隆方式创建的虚拟机相对独立，不依赖于原始虚拟机，在实际使用中也较为常用。这提醒着我们，不仅在技术领域，而且在日常生活和工作中，同样需要具备独立解决问题的能力，不盲从、不依赖，从而更好地为自己和社会做出贡献。

本书将以完整克隆方式创建虚拟机 HBase02 和 HBase03，具体操作步骤如下。

（1）克隆虚拟机之前，需要在 VMware Workstation 中关闭原始虚拟机 HBase01。在 VMware Workstation 的主界面选择已开启的虚拟机 HBase01，单击下拉框 ▮▾ 并选择"关闭客户机"选项关闭虚拟机 HBase01，如图 2-33 所示。

图 2-33 关闭虚拟机 HBase01

选择"关闭客户机"选项之后会弹出提示框"确认要关闭'HBase01'的客户机操作系统吗？"，此时单击提示框中的"关机"按钮即可。

（2）在 VMware Workstation 的主界面选择已关闭的虚拟机 HBase01 之后，依次选择

"虚拟机"→"管理"→"克隆"进入"欢迎使用克隆虚拟机向导"界面,如图 2-34 所示。

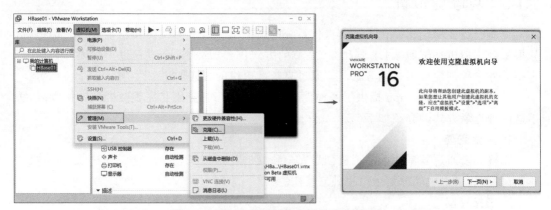

图 2-34 "欢迎使用克隆虚拟机向导"界面

(3) 在图 2-34 所示的界面中,单击"下一页"按钮进入"克隆源"界面,在该界面选择克隆自虚拟机中的当前状态,如图 2-35 所示。

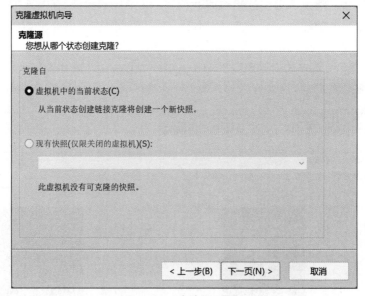

图 2-35 "克隆源"界面

(4) 在图 2-35 中,单击"下一页"按钮进入"克隆类型"界面,在该界面选择克隆方法为"创建完整克隆",如图 2-36 所示。

(5) 在图 2-36 中,单击"下一页"按钮进入"新虚拟机名称"界面,在该界面设置虚拟机名称为 HBase02,配置虚拟机的存储位置为 D:\HBase\HBase02,如图 2-37 所示。

(6) 在图 2-37 中,单击"完成"按钮进入"正在克隆虚拟机"界面,此时 VMware Workstation 通过完整克隆的方式创建虚拟机 HBase02,如图 2-38 所示。

在图 2-38 中,等待虚拟机 HBase02 克隆完成之后,单击"关闭"按钮即可。

重复虚拟机 HBase02 的克隆过程,在 VMware Workstation 中通过完整克隆的方式创建虚拟机 HBase03。

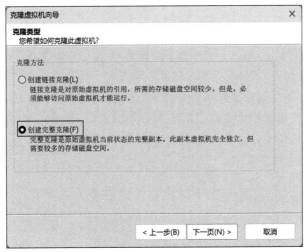

图 2-36 "克隆类型"界面

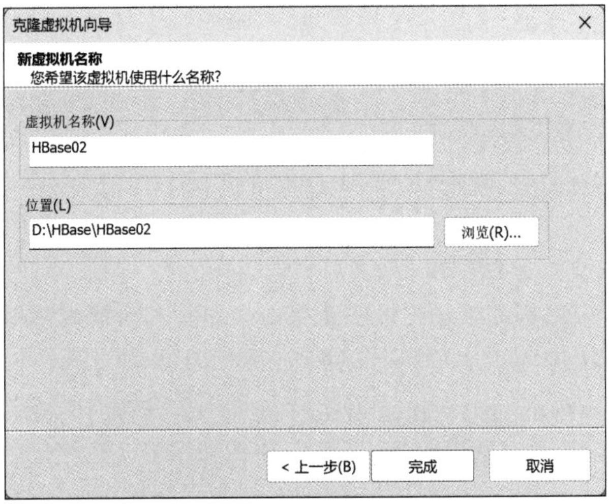

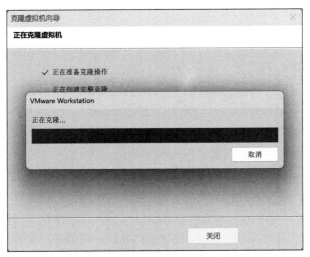

图 2-37 "新虚拟机名称"界面

图 2-38 "正在克隆虚拟机"界面

2.1.4 配置虚拟机

在追求成功的道路上,细致而周密的准备至关重要。虚拟机 HBase01、HBase02 和 HBase03 创建完成后便可以进行基本的使用,不过出于对虚拟机操作的便利性、集群中各虚拟机之间通信的连续性和稳定性等因素考虑,创建好虚拟机后,通常需要对其进行一些基本配置,从而避免在使用虚拟机过程中造成不必要的麻烦,针对本书所搭建的集群环境,需要对虚拟机 HBase01、HBase02 和 HBase03 进行如下配置。

- 配置虚拟机的网络参数;
- 配置虚拟机的主机名和 IP 映射;
- 配置虚拟机 SSH 远程登录;
- 配置虚拟机 SSH 免密登录功能。

接下来,依次完成虚拟机的上述配置,具体内容如下。

1. 配置虚拟机的网络参数

配置虚拟机的网络参数,主要是将虚拟机 HBase01、HBase02 和 HBase03 的网络由默认的动态 IP 修改为静态 IP,因为虚拟机创建完成后默认使用动态 IP,动态 IP 的缺点在于,当虚拟机由于故障、断电等原因需要重启时,虚拟机的 IP 地址可能会发生改变,一旦集群中某台虚拟机的 IP 地址发生改变,那么集群中的其他虚拟机便无法访问这台虚拟机,这会对集群的稳定性造成不良影响,因此为了防止虚拟机重启后 IP 地址发生变化,通常将虚拟机配置为静态 IP。

将虚拟机的网络修改为静态 IP 时,需要指定固定的 IP 地址,并且还要确保集群中每台虚拟机的 IP 地址不一致,因此最好的做法是提前规划每台虚拟机使用的 IP 地址,避免 IP 地址冲突。虚拟机 HBase01、HBase02 和 HBase03 的 IP 地址如表 2-1 所示。

表 2-1 虚拟机 HBase01、HBase02 和 HBase03 的 IP 地址

虚 拟 机	IP 地址
HBase01	192.168.121.138
HBase02	192.168.121.139
HBase03	192.168.121.140

接下来,根据表 2-1 规划的 IP 地址,配置虚拟机 HBase01、HBase02 和 HBase03 的网络参数,这里以配置虚拟机 HBase02 的网络参数为例进行演示,具体操作步骤如下。

(1) 配置 VMware Workstation 网络。

由于不同计算机分配给 VMware Workstation 的网卡存在差异,所以 VMware Workstation 默认的 IP 网段可能存在不同。本书中虚拟机使用的 IP 网段为 192.168.121.x,为了使读者和本书中虚拟机使用的 IP 网段一致,通过配置 VMware Workstation 网络来修改其默认的 IP 网段,具体内容如下。

① 在 VMware Workstation 主界面,依次选择"编辑"→"虚拟网络编辑器..."选项,配置 VMware Workstation 网络,在弹出的"虚拟网络编辑器"对话框中选择类型为 NAT 模式的网卡,如图 2-39 所示。

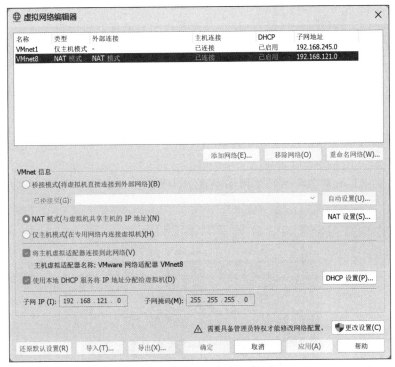

图 2-39 "虚拟网络编辑器"对话框（1）

② 在图 2-39 中，单击"更改设置"按钮，对 VMware Workstation 网络进行修改，在新弹出的窗口仍然选择类型为 NAT 模式的网卡，并且将子网 IP 修改为 192.168.121.0，如图 2-40 所示。

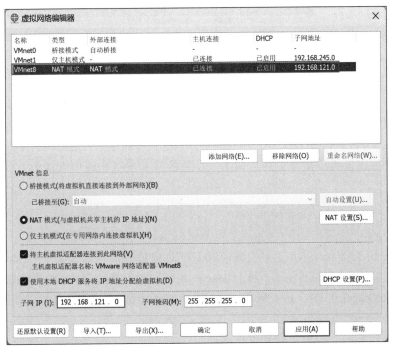

图 2-40 "虚拟网络编辑器"对话框（2）

在图 2-40 中，单击"应用"按钮完成 VMware Workstation 网络的配置。如果虚拟机 HBase01、HBase02 和 HBase03 已经启动，则需要重新启动这 3 台虚拟机。

（2）修改网络配置文件。

编辑虚拟机的网络配置文件 ens33.nmconnection，具体命令如下。

```
$vi /etc/NetworkManager/system-connections/ens33.nmconnection
```

修改网络配置文件中[ipv4]下方参数 method 的值为 manual，表示使用静态 IP。在 [ipv4]下方添加参数 address1 和 dns，前者用于指定 IP 地址和网关，后者用于指定域名解析器，其中参数 address1 的值设置为 192.168.121.139/24,192.168.121.2，参数 dns 的值设置为 114.114.114.114，修改完成后的网络配置文件如图 2-41 所示。

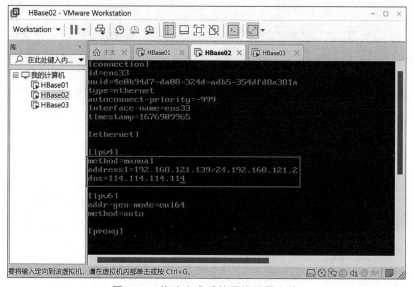

图 2-41　修改完成后的网络配置文件

在图 2-41 中，完成网络配置文件的修改后，保存并退出即可。

（3）修改 UUID。

UUID 的作用是使分布式系统中的所有元素都有唯一的标识码，因为虚拟机 HBase02 和 HBase03 是通过克隆虚拟机 HBase01 的方式创建的，这会导致这 3 台虚拟机的 UUID 都一样，所以在克隆创建的虚拟机中需要重新生成 UUID 替换网卡配置文件中默认的 UUID，具体命令如下。

```
$sed -i '/uuid=/c\uuid='`uuidgen`'' \
/etc/NetworkManager/system-connections/ens33.nmconnection
```

上述命令用于将 uuidgen 工具生成的新 UUID 值替换网卡配置文件中默认参数 UUID 的值，分别需要在虚拟机 HBase02 和 HBase03 执行。执行完上述命令，可再次执行编辑网卡配置文件命令验证 UUID 是否修改成功，这里不再赘述。需要注意的是，要区分上述命令中"'"（单引号）和"`"（反引号）。

（4）重新加载网络配置文件和更新网卡。

为了使网络配置文件修改的内容生效，需要在虚拟机首先执行"nmcli c reload"命令重新加载虚拟机的网络配置文件,然后执行"nmcli c up ens33"命令更新虚拟机的网卡。

(5) 验证网络参数是否修改成功。

在虚拟机执行 ip addr 命令查看虚拟机 HBase02 的网络信息,如图 2-42 所示。

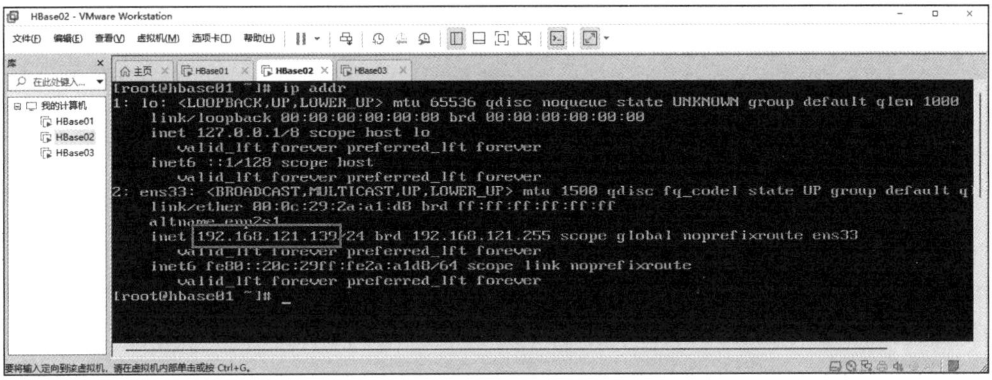

图 2-42　查看虚拟机 HBase02 的网络信息

从图 2-42 可以看出,虚拟机 HBase02 的 IP 地址成功修改为 192.168.121.139,因此说明成功配置虚拟机的网络参数。至此,完成了虚拟机 HBase02 网络参数的配置。虚拟机 HBase01 和 HBase03 中网络参数的配置方式和虚拟机 HBase02 相同,读者可参照虚拟机 HBase02 的网络配置参数自行配置。

需要注意的是,3 台虚拟机的网络配置文件中,参数 dns 的值相同,只有参数 address1 的值不同,其中虚拟机 HBase01 的网络配置文件中参数 address1 的值为 192.168.121.138/24,192.168.121.2。虚拟机 HBase03 的网络配置文件中参数 address1 的值为 192.168.121.140/24,192.168.121.2。

2. 配置虚拟机的主机名和 IP 映射

在集群环境中,IP 地址作为各节点的标识可以说是非常重要的,可以通过 IP 地址明确访问集群中具体的某一节点,不过,IP 地址难以记忆,通过 IP 地址访问节点非常不方便。此时可以将虚拟机主机名与 IP 地址映射,使用主机名访问节点。接下来,分步骤演示如何配置虚拟机的主机名与 IP 映射,具体步骤如下。

(1) 修改主机名。

由于虚拟机 HBase02 和 HBase03 是通过克隆虚拟机 HBase01 创建的,这 3 台虚拟机的主机名一致,为了区分 3 台虚拟机,对虚拟机 HBase02 和 HBase03 的主机名进行修改,分别设置为 hbase02 和 hbase03,具体命令如下。

```
#在虚拟机 HBase02 执行
$hostnamectl set-hostname hbase02
#在虚拟机 HBase03 执行
$hostnamectl set-hostname hbase03
```

上述命令执行完成后,分别在虚拟机 HBase02 和 HBase03 执行 reboot 命令重启虚拟机。

(2) 修改映射文件。

分别在虚拟机 HBase01、HBase02 和 HBase03 执行"vi /etc/hosts"命令编辑映射文件

hosts,在该文件中添加如下内容。

```
192.168.121.138 hbase01
192.168.121.139 hbase02
192.168.121.140 hbase03
```

上述内容分别将虚拟机 HBase01、HBase02 和 HBase03 的主机名与 IP 地址建立映射关系。映射文件 hosts 编辑完成后,保存退出即可。这里将主机名 hbase01、hbase02 和 hbase03 映射的 IP 地址分别指定为 192.168.121.138、192.168.121.139 和 192.168.121.140。

3. 配置虚拟机 SSH 远程登录

在 VMware Workstation 中操作虚拟机十分不方便,既不能开启单台虚拟机的多个操作窗口,也不能复制内容到虚拟机中,而且在实际工作时,服务器被放置在机房中,受到地域和管理的限制,开发人员通常不会进入机房直接操作服务器,为此,虚拟机配置 SSH(SSH 是一种网络安全协议)远程登录功能非常重要。这里,使用远程连接工具 SecureCRT 实现虚拟机的 SSH 远程登录。

接下来,以虚拟机 HBase02 为例演示如何为虚拟机配置 SSH 远程登录,具体步骤如下。

(1) 查看 SSH 服务。

在虚拟机分别执行"rpm -qa | grep ssh"和"ps -ef | grep sshd"命令,查看当前虚拟机是否安装了 SSH 服务,以及 SSH 服务是否开启,如图 2-43 所示。

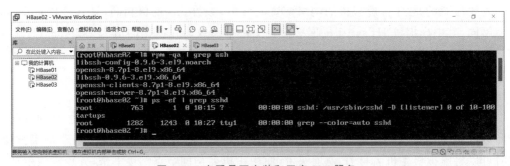

图 2-43 查看是否安装和开启 SSH 服务

从图 2-43 可以看出,虚拟机 HBase02 默认已经安装 SSH 服务(openssh-server-8.7p1-8.el9.x86_64),并且开启了 SSH 服务。如果虚拟机没有安装 SSH 服务,则可以执行"yum install open-server"命令安装 SSH 服务。如果虚拟机没有开启 SSH 服务,则可以执行"systemctl start sshd"命令开启 SSH 服务。

(2) 修改 SSH 服务配置文件。

默认情况下,安装操作系统 CentOS Stream 9 的虚拟机不允许用户 root 进行远程登录,因此这里要对 SSH 服务的配置文件 sshd_config 进行修改。

在虚拟机执行"vi /etc/ssh/sshd_config"命令编辑 SSH 服务的配置文件 sshd_config,在该文件的尾部添加如下内容。

```
PermitRootLogin yes
```

上述内容表示允许用户 root 进行远程登录。上述内容添加完成后,保存并退出 SSH

服务的配置文件 sshd_config 即可。不过此时还需要执行"systemctl restart sshd"命令重启 SSH 服务,使配置文件 sshd_config 添加的内容生效。

（3）使用远程连接工具 SecureCRT。

打开远程连接工具 SecureCRT,在 SecureCRT 主界面依次选择 File→Quick Connect 选项进入 Quick Connect 对话框创建快速连接,在该对话框的 Hostname 和 Username 输入框内分别输入 192.168.121.139 和 root,指定虚拟机的 IP 地址和登录虚拟机的用户名,如图 2-44 所示。

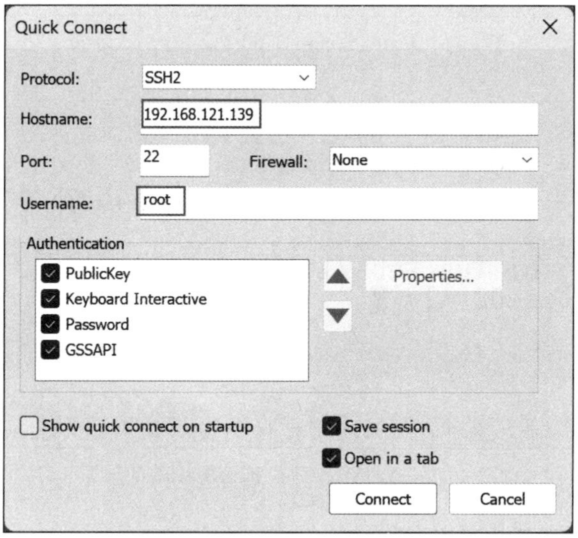

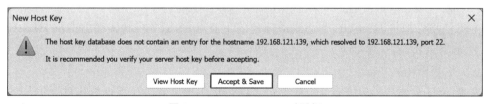

图 2-44　Quick Connect 对话框

在图 2-44 中,单击 Connect 按钮弹出 New Host Key 对话框以创建新主机密钥,如图 2-45 所示。

图 2-45　New Host Key 对话框

在图 2-45 中,单击 Accept&Save 按钮接收并保存主机密钥,弹出 Enter Secure Shell Password 对话框,在 Password 文本框输入用户 root 的密码 123456,并且勾选 Save password 保存密码,如图 2-46 所示。

在图 2-46 中,单击 OK 按钮连接虚拟机 HBase02,成功连接虚拟机 HBase02 的效果如图 2-47 所示。

读者可以参照配置虚拟机 HBase02 实现 SSH 远程登录的方式,自行配置虚拟机 HBase01 和 HBase03 的 SSH 远程登录。本书后续关于虚拟机的操作,都是在远程连接工具 SecureCRT 中进行的。

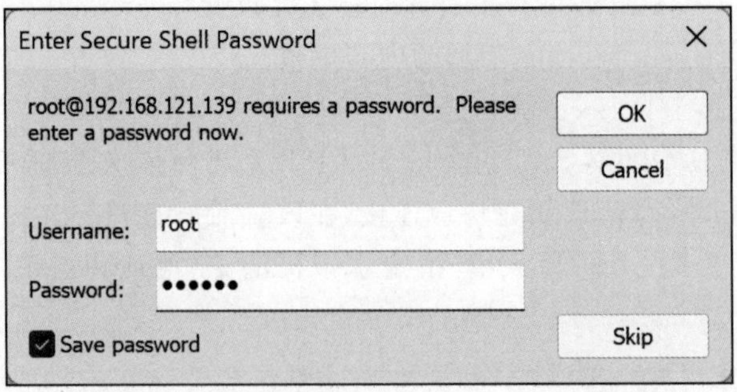

图 2-46 Enter Secure Shell Password 对话框

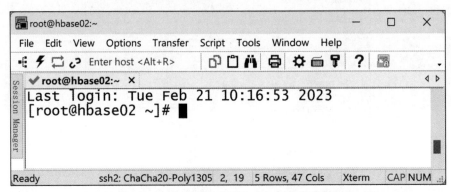

图 2-47 成功连接虚拟机 HBase02 的效果

4. 配置虚拟机 SSH 免密登录功能

在集群环境中,主节点需要频繁地访问从节点,以获取从节点的运行状态,主节点每次访问从节点时都需要通过输入密码的方式进行验证,确定密码输入正确后才建立连接,这会对集群运行的连续性造成不良影响,因此为主节点配置 SSH 免密登录功能,可以有效避免访问从节点时频繁输入密码。

本书使用虚拟机 HBase01 作为集群环境的主节点,下面分步骤实现虚拟机 HBase01 的 SSH 免密登录功能,具体如下。

(1) 生成密钥。

实现 SSH 免密登录功能的首要任务是为虚拟机生成密钥。在虚拟机执行"ssh-keygen -t rsa"命令生成密钥,并且根据提示连续按 3 次 Enter 键确认,如图 2-48 所示。

(2) 查看密钥文件。

默认情况下,生成的密钥文件存储在"/root/.ssh/"目录。进入虚拟机的"/root/.ssh/"目录,在该目录下执行 ll 命令查看生成的密钥文件,如图 2-49 所示。

在图 2-49 中,文件 id_rsa 和 id_rsa.pub 分别为虚拟机的私钥文件和公钥文件。

(3) 复制公钥文件。

将虚拟机 HBase01 生成的公钥文件复制到集群中相关联的所有虚拟机(包括自身),从而实现通过虚拟机 HBase01 可以免密登录虚拟机 HBase01、HBase02 和 HBase03,具体命令如下。

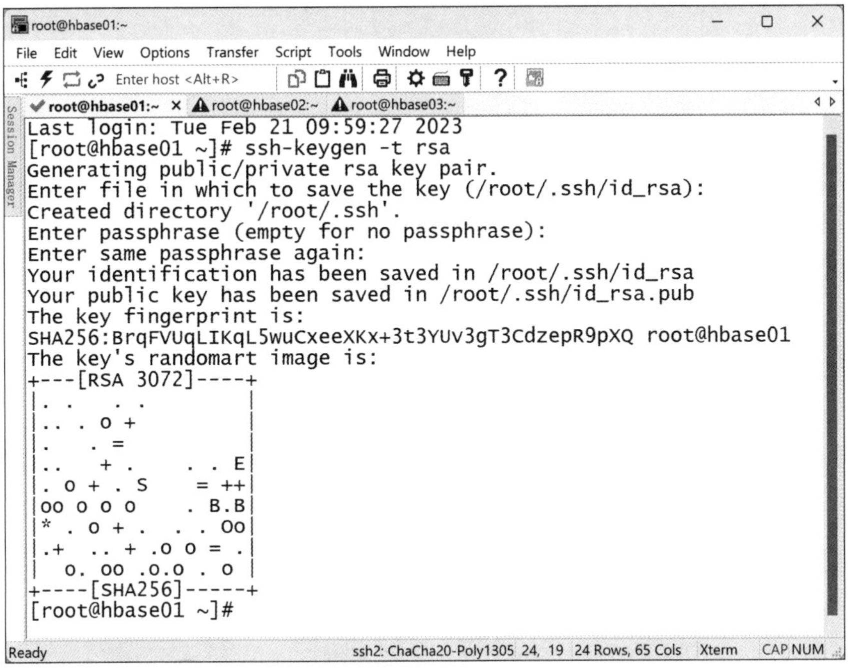

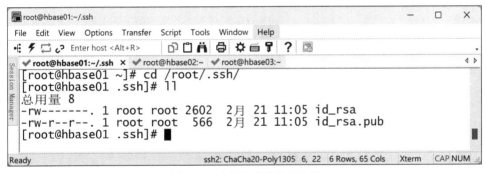

图 2-48　生成密钥

图 2-49　查看生成的密钥文件

```
$ ssh-copy-id hbase01
$ ssh-copy-id hbase02
$ ssh-copy-id hbase03
```

需要注意的是,上述命令在执行过程中,需要读者输入两部分内容,其一是输入 yes 并按 Enter 键,表示同意连接指定虚拟机;其二是输入当前所连接虚拟机中 root 用户的密码,这里以复制公钥文件到虚拟机 HBase02 为例,如图 2-50 所示。

在虚拟机 HBase01 上输入"ssh-copy-id hbase01"和"ssh-copy-id hbase03"执行同样的操作,可将公钥文件复制到虚拟机 HBase01 和 HBase03。

(4) 验证免密登录。

在虚拟机 HBase01 执行 ssh hbase02 命令访问虚拟机 HBase02,验证在虚拟机 HBase01 是否可以免密登录虚拟机 HBase02,如图 2-51 所示。

从图 2-51 可以看出,虚拟机 HBase01 在访问虚拟机 HBase02 时无须输入密码,说明成

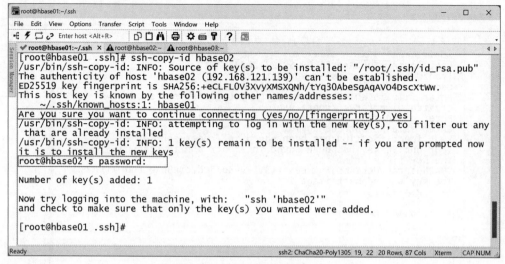

图 2-50　复制公钥文件到虚拟机 HBase02

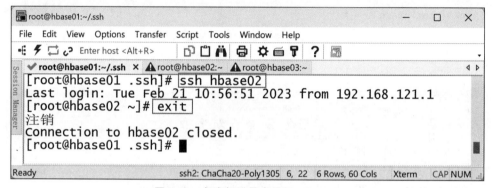

图 2-51　免密钥登录虚拟机 HBase02

功为虚拟机配置了 SSH 免密登录。若想要在虚拟机 HBase01 退出虚拟机 HBase02 的访问，执行 exit 命令即可。

2.1.5　安装 JDK

由于 HBase 的运行依赖于 Java 环境，所以在部署 HBase 之前需要在虚拟机 HBase01、HBase02 和 HBase03 中安装 JDK。需要说明的是，本书使用的 HBase 版本为 2.4.9，而 HBase 官方建议版本高于或等于 2.3 的 HBase 使用 JDK 的版本为 8，如图 2-52 所示。

接下来，将演示如何在 3 台虚拟机中安装版本为 8 的 JDK，操作步骤如下。

1. 创建目录

为了规范后续存放 HBase 相关安装包、数据文件和安装程序的目录，这里分别在虚拟机 HBase01、HBase02 和 HBase03 的根目录创建对应的目录，具体命令如下。

```
#创建存放数据文件的目录
$ mkdir -p /export/data/
#创建存放安装程序的目录
$ mkdir -p /export/servers/
```

HBase Version	JDK 6	JDK 7	JDK 8	JDK 11
HBase 2.3+	✗	✗	✓	!*
HBase 2.0-2.2	✗	✗	✓	✗
HBase 1.2+	✗	✓	✓	✗
HBase 1.0-1.1	✗	✓	!	✗
HBase 0.98	✓	✓	!	✗
HBase 0.94	✓	✓	✗	✗

图 2-52　HBase 官方建议使用 JDK 的版本

```
#创建存放安装包的目录
$mkdir -p /export/software/
```

2. 上传 JDK 安装包

在虚拟机 HBase01 执行"cd /export/software"命令进入存放安装包的目录，在该目录执行 rz 命令，将本地计算机中准备好的 JDK 安装包 jdk-8u333-linux-x64.tar.gz 上传到虚拟机的 /export/software 目录，在弹出的 Select Files to Send using Zmodem 对话框选择要上传的 JDK 安装包，并单击 Add 按钮将 JDK 安装包添加到上传列表，如图 2-53 所示。

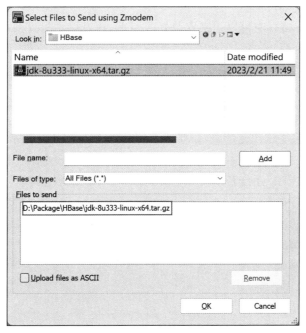

图 2-53　上传的 JDK 安装包

在图 2-53 中，单击 OK 按钮实现 JDK 安装包的上传。需要注意的是，如果执行 rz 命令时提示无法找到此命令，那么可以执行"yum install lrzsz -y"命令安装文件传输工具 lrzsz。

3. 查看 JDK 安装包是否上传成功

在虚拟机 HBase01 的 /export/software 目录执行 ll 命令，查看该目录包含的内容，如图 2-54 所示。

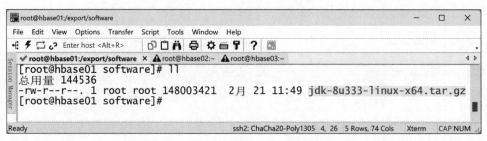

图 2-54　查看 JDK 安装包是否上传成功

从图 2-54 可以看出，/export/software 目录下包含 JDK 安装包，说明成功将 JDK 安装包上传到虚拟机 HBase01。

4. 安装 JDK

以解压方式安装 JDK，将 JDK 安装到 /export/servers 目录，在虚拟机 HBase01 执行如下命令。

```
$ tar -zxvf /export/software/jdk-8u333-linux-x64.tar.gz \
-C /export/servers/
```

5. 配置 JDK 系统环境变量

为了确保 HBase 运行时可以识别安装好的 JDK，这里需要配置 JDK 的系统环境变量。在虚拟机 HBase01 执行 "vi /etc/profile" 命令编辑系统环境变量文件 profile，在该文件的底部添加如下内容。

```
export JAVA_HOME=/export/servers/jdk1.8.0_333
export PATH=$PATH:$JAVA_HOME/bin
```

成功配置 JDK 系统环境变量后，保存并退出系统环境变量文件 profile。

为了让系统环境变量文件中添加的内容生效，执行 "source /etc/profile" 命令初始化系统环境变量使添加的 JDK 系统环境变量生效。

6. 验证 JDK 是否安装成功

在虚拟机 HBase01 执行 "java -version" 命令查看 JDK 版本号，验证当前虚拟机是否成功安装 JDK，如图 2-55 所示。

从图 2-55 可以看出，当前虚拟机中 JDK 的版本号为 1.8.0_333，说明成功在虚拟机 HBase01 中安装了 JDK。

7. 分发 JDK 安装目录

为了便捷地在虚拟机 HBase02 和 HBase03 安装 JDK，这里通过 scp 命令将虚拟机 HBase01 的 JDK 安装目录分发至虚拟机 HBase02 和 HBase03 的 /export/servers/ 目录，具体命令如下。

```
#将 JDK 安装目录分发至虚拟机 HBase02 中存放安装程序的目录
$ scp -r /export/servers/jdk1.8.0_333/ hbase02:/export/servers/
```

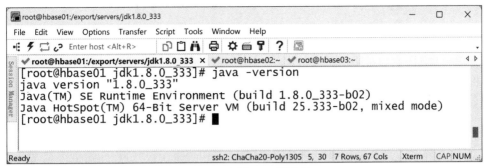

图 2-55　查看 JDK 版本号

```
#将 JDK 安装目录分发至虚拟机 HBase03 中存放安装程序的目录
$scp -r /export/servers/jdk1.8.0_333/ hbase03:/export/servers/
```

8. 分发系统环境变量文件

为了便捷地在虚拟机 HBase02 和 HBase03 配置 JDK 的系统环境变量，这里通过 scp 命令将虚拟机 HBase01 的系统环境变量文件 profile 分发至虚拟机 HBase02 和 HBase03 的 /etc 目录，具体命令如下。

```
#将系统环境变量文件分发至虚拟机 HBase02 的 /etc 目录
$scp /etc/profile hbase02:/etc
#将系统环境变量文件分发至虚拟机 HBase03 的 /etc 目录
$scp /etc/profile hbase03:/etc
```

上述命令执行完成后，分别在虚拟机 HBase02 和 HBase03 中执行"source /etc/profile"命令初始化系统环境变量。

至此，便完成了在虚拟机 HBase01、HBase02 和 HBase03 中安装 JDK 的操作。

2.1.6　配置时间同步

在 HBase 集群中，各个节点之间的时间同步非常重要，如果各个节点的时间不一致，那么会出现写入数据的时间戳不一致或某些操作的顺序发生错误等问题，从而影响 HBase 集群的稳定性和正确性。因此，在部署 HBase 之前，需要为集群的各节点配置时间同步。

本书使用时间同步工具 Chrony 为集群的各节点配置时间同步。在配置 Chrony 时，需要在集群中指定一个节点作为 Chrony 服务端，并且将其他节点作为 Chrony 客户端，其中 Chrony 服务端用于连接可靠的时钟源，确保系统时间的准确性，常见的时钟源有中国国家授时中心、中国授时等；Chrony 客户端用于连接 Chrony 服务端进行时间同步，此时 Chrony 服务端可以看作 Chrony 客户端的时钟源。

接下来，在部署 HBase 所用到的虚拟机 HBase01、HBase02 和 HBase03 中安装并配置 Chrony，其中将虚拟机 HBase01 作为 Chrony 服务端，并且指定连接的时钟源为中国国家授时中心；将虚拟机 HBase02 和 HBase03 作为 Chrony 客户端，具体操作步骤如下。

1. 安装 Chrony

在虚拟机 HBase01、HBase02 和 HBase03 安装时间同步工具 Chrony，分别在 3 台虚拟机执行如下命令。

```
$ yum install chrony -y
```

2. 启动 Chrony 服务

在虚拟机 HBase01、HBase02 和 HBase03 启动时间同步工具 Chrony 的服务，分别在 3 台虚拟机执行如下命令。

```
$ systemctl start chronyd
```

需要注意的是，上述启动 Chrony 服务的命令只是临时生效，当虚拟机重新启动之后，Chrony 服务并不会随着虚拟机同时启动，而是需要用户再次执行启动 Chrony 服务的命令，因此可以分别在 3 台虚拟机中执行"systemctl enable chronyd"命令设置 Chrony 的服务开机启动。

3. 查看 Chrony 服务运行状态

在虚拟机 HBase01、HBase02 和 HBase03 查看 Chrony 服务的运行状态，分别在 3 台虚拟机执行如下命令。

```
$ systemctl status chronyd
```

上述命令在虚拟机 HBase01 的执行效果如图 2-56 所示。

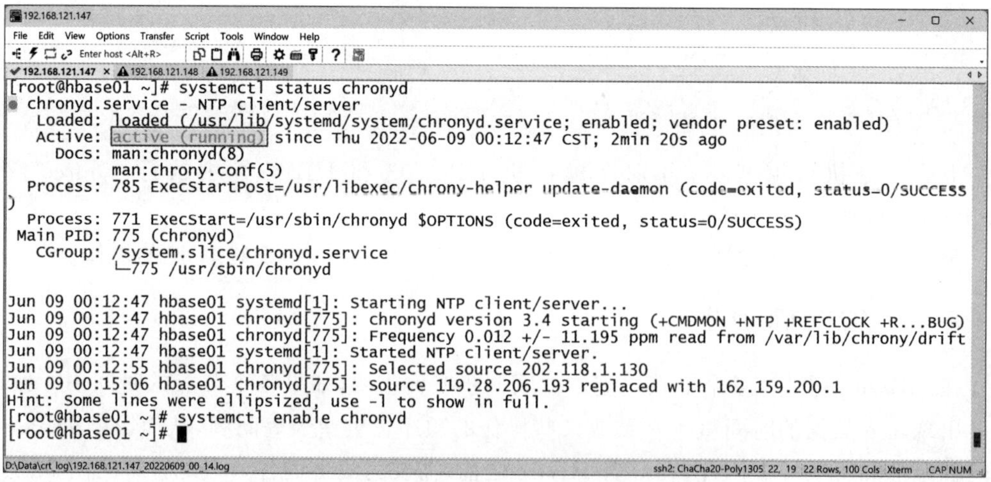

图 2-56　虚拟机 HBase01 中 Chrony 服务的运行状态

从图 2-56 可以看出，虚拟机 HBase01 输出 Chrony 服务的状态信息中包含"active (running)"内容，因此证明虚拟机 HBase01 的 Chrony 服务启动成功。可以分别查看虚拟机 HBase02 和 HBase03 中输出 Chrony 服务的状态信息来确认 Chrony 服务是否启动成功。

4. 关闭防火墙

默认情况下，CentOS Stream 9 会开启防火墙（Firewalld），而防火墙会限制 HBase 集群中的 Chrony 客户端与 Chrony 服务端进行时间同步，为此需要在虚拟机 HBase01、HBase02 和 HBase03 关闭防火墙，分别在 3 台虚拟机执行如下命令。

```
$ systemctl stop firewalld
```

上述关闭防火墙的命令只是临时生效，如果虚拟机重新启动，那么便需要重新关闭防火墙，因此可以分别在 3 台虚拟机中执行"systemctl disable firewalld"命令禁止防火墙开机启动。

5．查看防火墙运行状态

在虚拟机 HBase01、HBase02 和 HBase03 查看防火墙的运行状态，分别在 3 台虚拟机执行如下命令。

```
$ systemctl status firewalld
```

上述命令在虚拟机 HBase01 的执行效果如图 2-57 所示。

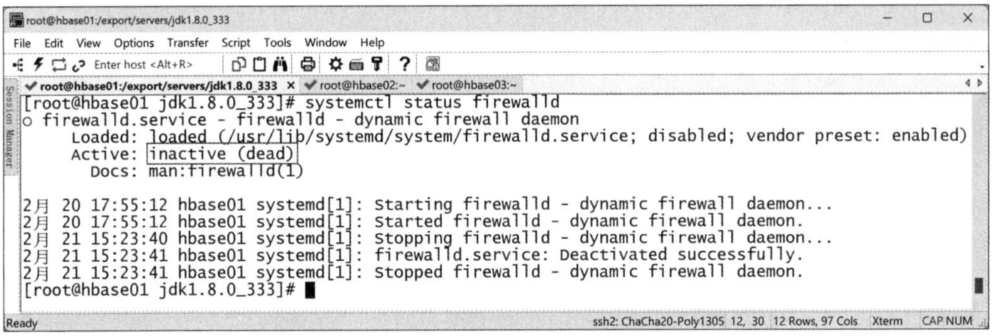

图 2-57　虚拟机 HBase01 中防火墙的运行状态

从图 2-57 可以看出，虚拟机 HBase01 输出防火墙的状态信息中包含"inactive（dead）"内容，因此证明虚拟机 HBase01 的防火墙关闭成功。可以分别查看虚拟机 HBase02 和 HBase03 中输出防火墙的状态信息来确认防火墙是否关闭成功。

6．配置 Chrony 服务端

在虚拟机 HBase01 执行"vi /etc/chrony.conf"命令编辑 Chrony 的配置文件 chrony.conf，将 Chrony 默认使用的时钟源指定为中国国家授时中心的 NTP 服务器地址，并且允许处于任意网段的 Chrony 客户端可以通过虚拟机 HBase01 的 Chrony 服务端进行时间同步，配置文件 chrony.conf 修改完成的效果如图 2-58 所示。

在虚拟机 HBase01 中，根据图 2-58 展示的内容修改完配置文件 chrony.conf 之后，保存并退出该文件。

7．配置 Chrony 客户端

分别在虚拟机 HBase02 和虚拟机 HBase03 执行"vi /etc/chrony.conf"命令编辑 Chrony 的配置文件 chrony.conf，指定 Chrony 客户端进行时间同步的 Chrony 服务端。这里以虚拟机 HBase02 中配置文件 chrony.conf 修改完成的效果进行展示，如图 2-59 所示。

分别在虚拟机 HBase02 和 HBase03 中，根据图 2-59 展示的内容修改完配置文件 chrony.conf 之后，保存并退出该文件。

8．重新启动 Chrony 服务

在虚拟机 HBase01、HBase02 和 HBase03 重新启动时间同步工具 Chrony 的服务，使配置文件 chrony.conf 修改的内容生效，分别在 3 台虚拟机执行如下命令。

```
$ systemctl restart chronyd
```

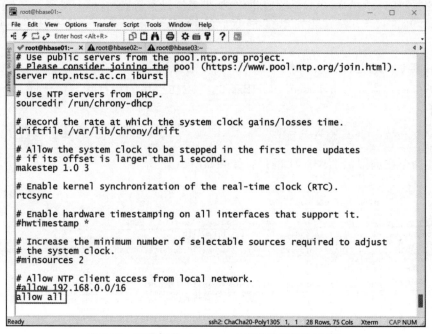

图 2-58　配置文件 chrony.conf 修改完成的效果（1）

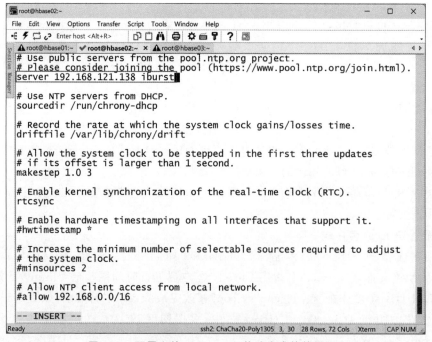

图 2-59　配置文件 chrony.conf 修改完成的效果（2）

9．查看时钟源

在虚拟机 HBase01、HBase02 和 HBase03 分别查看 Chrony 服务端和客户端的时钟源，分别在 3 台虚拟机执行如下命令。

```
$chronyc sources -v
```

上述命令在 3 台虚拟机的执行效果如图 2-60 所示。

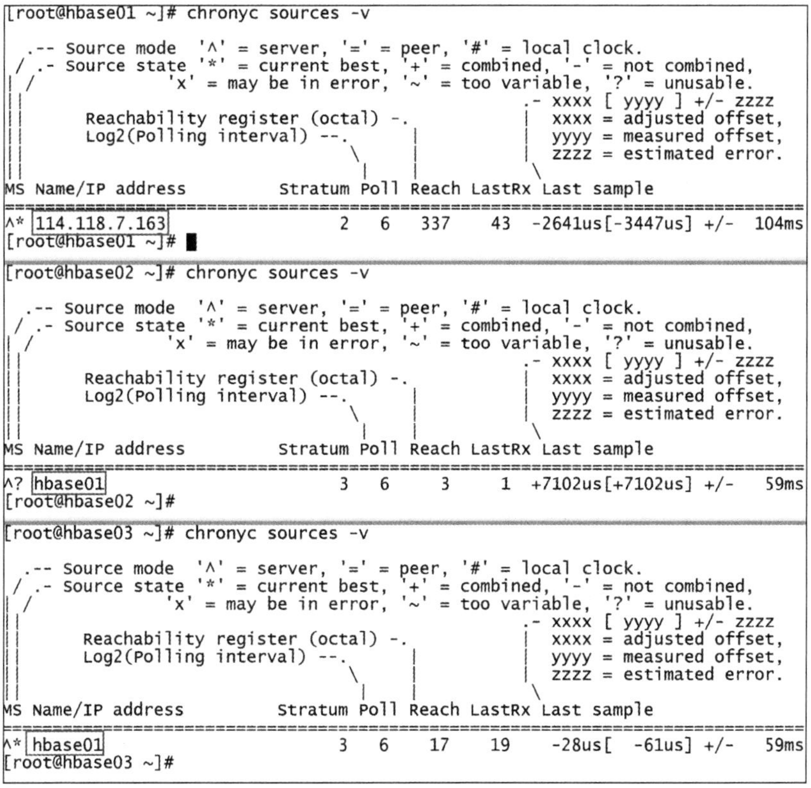

```
[root@hbase01 ~]# chronyc sources -v

  .-- Source mode  '^' = server, '=' = peer, '#' = local clock.
 / .- Source state '*' = current best, '+' = combined, '-' = not combined,
| /             'x' = may be in error, '~' = too variable, '?' = unusable.
||                                                 .- xxxx [ yyyy ] +/- zzzz
||      Reachability register (octal) -.           |  xxxx = adjusted offset,
||      Log2(Polling interval) --.      |          |  yyyy = measured offset,
||                                \     |          |  zzzz = estimated error.
||                                 |    |           \
MS Name/IP address         Stratum Poll Reach LastRx Last sample
===============================================================================
^* 114.118.7.163                 2   6   337    43  -2641us[-3447us] +/-  104ms
[root@hbase01 ~]#
[root@hbase02 ~]# chronyc sources -v

  .-- Source mode  '^' = server, '=' = peer, '#' = local clock.
 / .- Source state '*' = current best, '+' = combined, '-' = not combined,
| /             'x' = may be in error, '~' = too variable, '?' = unusable.
||                                                 .- xxxx [ yyyy ] +/- zzzz
||      Reachability register (octal) -.           |  xxxx = adjusted offset,
||      Log2(Polling interval) --.      |          |  yyyy = measured offset,
||                                \     |          |  zzzz = estimated error.
||                                 |    |           \
MS Name/IP address         Stratum Poll Reach LastRx Last sample
===============================================================================
^? hbase01                       3   6     3     1  +7102us[+7102us] +/-   59ms
[root@hbase02 ~]#
[root@hbase03 ~]# chronyc sources -v

  .-- Source mode  '^' = server, '=' = peer, '#' = local clock.
 / .- Source state '*' = current best, '+' = combined, '-' = not combined,
| /             'x' = may be in error, '~' = too variable, '?' = unusable.
||                                                 .- xxxx [ yyyy ] +/- zzzz
||      Reachability register (octal) -.           |  xxxx = adjusted offset,
||      Log2(Polling interval) --.      |          |  yyyy = measured offset,
||                                \     |          |  zzzz = estimated error.
||                                 |    |           \
MS Name/IP address         Stratum Poll Reach LastRx Last sample
===============================================================================
^* hbase01                       3   6    17    19    -28us[  -61us] +/-   59ms
[root@hbase03 ~]#
```

图 2-60 查看 Chrony 服务端和客户端的时钟源

从图 2-60 可以看出，虚拟机 HBase01 中 Chrony 服务端连接的时钟源为 114.118.7.163，即中国国家授时中心的 NTP 服务器地址。虚拟机 HBase02 和 HBase03 中 Chrony 客户端连接的时钟源为 hbase01，即虚拟机 HBase01 的主机名。因此说明，成功在虚拟机 HBase01、HBase02 和 HBase03 配置了 Chrony。

注意：当虚拟机挂起之后重新启动时，会导致三台虚拟机的时间出现偏差，在 Chrony 进行时间同步之前，可能会影响 HBase 集群的使用，为此可以在虚拟机挂起之后重新启动时执行重新启动 Chrony 服务的命令进行时间同步。

2.2 部署 Hadoop

HBase 集群基于 Hadoop 的分布式文件系统 HDFS 存储数据，并且可以通过分布式计算框架 MapReduce 进行分布式计算，因此在部署 HBase 之前需要完成 Hadoop 的部署。

Hadoop 的部署模式可分为独立模式（standalone mode）、伪分布式模式（pseudo-distributed mode）、完全分布式模式（fully-distributed mode）和高可用完全分布式模式（highly available fully-distributed mode），由于独立模式和伪分布式模式并不具备分布式系统的特点，而高可用完全分布式模式为了提高 Hadoop 的高可用性，会额外增加服务器的开销,通常应用于实际生产环境,并不适合在学习过程中使用,所以本书使用完全分布式模式在虚拟机 HBase01、HBase02 和 HBase03 中部署 Hadoop。

Hadoop 在运行时会在虚拟机 HBase01、HBase02 和 HBase03 分别运行不同的进程,因此需要提前规划虚拟机 HBase01、HBase02 和 HBase03 运行的 Hadoop 进程,如表 2-2 所示。

表 2-2 虚拟机 HBase01、HBase02 和 HBase03 运行的 Hadoop 进程

虚拟机	NameNode	DataNode	SecondaryNameNode	ResourceManager	NodeManager
HBase01	√			√	
HBase02		√	√		√
HBase03		√			√

从表 2-2 可以看出,虚拟机 HBase01、HBase02 和 HBase03 分别运行着 Hadoop 的不同进程,其中 NameNode、DataNode 和 SecondaryNameNode 是 Hadoop 的核心组件 HDFS 的进程;ResourceManager 和 NodeManager 是 Hadoop 的核心组件 YARN 的进程。关于这些进程的介绍如下。

- NameNode:用于存储 HDFS 的元数据信息以及数据文件和数据块的对应信息。
- DataNode:用于存储真实数据文件,并周期性向 NameNode 汇报心跳和数据块信息。
- SecondaryNameNode:主要功能是通过周期性地合并 EditLog 和 FsImage 来缩短 NameNode 的启动时间。通常情况下,将 SecondaryNameNode 与 NameNode 部署在不同的虚拟机。
- ResourceManager:负责 Hadoop 集群中所有资源的统一管理和分配;也负责接收来自 NodeManager 的资源汇报信息,这些信息都会按照一定的策略分配给各个应用程序(ApplicationMaster)。
- NodeManager:负责向 ResourceManager 汇报当前节点资源的使用情况、负责向 ResourceManager 汇报 Container 的运行情况,以及负责执行 ApplicationMaster 发送的关于 Container 启动、停止等请求。

接下来,分步骤演示虚拟机 HBase01、HBase02 和 HBase03 基于完全分布式模式部署 Hadoop 的过程,具体如下。

1. 上传 Hadoop 安装包

在虚拟机 HBase01 的 /export/software 目录执行 rz 命令,将本地计算机中准备好的 Hadoop 安装包 hadoop-3.2.2.tar.gz 上传到虚拟机的 /export/software 目录。

2. 安装 Hadoop

以解压方式安装 Hadoop,将 Hadoop 安装到虚拟机 HBase01 的 /export/servers 目录,具体命令如下。

```
$tar -zxvf /export/software/hadoop-3.2.2.tar.gz -C /export/servers
```

3. 配置 Hadoop 系统环境变量

为了方便后续使用 Hadoop,这里需要配置 Hadoop 的系统环境变量。在虚拟机

HBase01 执行"vi /etc/profile"命令编辑系统环境变量文件 profile,在该文件的底部添加如下内容。

```
export HADOOP_HOME=/export/servers/hadoop-3.2.2
export PATH=$PATH:$HADOOP_HOME/bin:$HADOOP_HOME/sbin
```

成功配置 Hadoop 系统环境变量后,保存并退出系统环境变量文件 profile。

为了让系统环境变量文件中添加的内容生效,执行"source /etc/profile"命令初始化系统环境变量使添加的 Hadoop 系统环境变量生效。

4. 验证 Hadoop 系统环境变量是否配置成功

在虚拟机 HBase01 执行 hadoop version 命令查看当前虚拟机中 Hadoop 的版本信息,如图 2-61 所示。

图 2-61　查看 Hadoop 的版本信息

从图 2-61 可以看出,当前虚拟机中 Hadoop 的版本号为 3.2.2,说明成功配置了 Hadoop 的系统环境变量。

5. 修改 Hadoop 配置文件

Hadoop 提供了两种配置文件:一种是只读的默认配置文件,如 core-default.xml、hdfs-default.xml、mapred-default.xml 和 yarn-default.xml 等,这些配置文件包含了 Hadoop 系统的默认配置参数;另一种是自定义配置文件,如 core-site.xml、hdfs-site.xml、mapred-site.xml 和 yarn-site.xml 等,用户可根据实际需求修改这些自定义配置文件,Hadoop 运行时优先使用自定义配置文件。

Hadoop 常用的自定义配置文件如表 2-3 所示。

表 2-3　Hadoop 常用的自定义配置文件

配置文件	功 能 描 述
hadoop-env.sh	配置 Hadoop 运行时的环境,确保 HDFS 能够正常运行 NameNode、SecondaryNameNode 和 DataNode 服务
yarn-env.sh	配置 YARN 运行时的环境,确保 YARN 能够正常运行 ResourceManager 和 NodeManager 服务
core-site.xml	Hadoop 核心配置文件
hdfs-site.xml	HDFS 核心配置文件
mapred-site.xml	MapReduce 核心配置文件

续表

配置文件	功能描述
yarn-site.xml	YARN 核心配置文件
workers	控制从节点所运行的服务器

接下来,通过修改 Hadoop 的自定义配置文件,实现基于完全分布式模式部署 Hadoop,具体步骤如下。

(1) 配置 Hadoop 运行时环境。在虚拟机 HBase01 的/export/servers/hadoop-3.2.2/etc/hadoop 目录执行"vi hadoop-env.sh"命令,在 hadoop-env.sh 文件的底部添加如下内容。

```
export JAVA_HOME=/export/servers/jdk1.8.0_333
export HDFS_NAMENODE_USER=root
export HDFS_DATANODE_USER=root
export HDFS_SECONDARYNAMENODE_USER=root
export YARN_RESOURCEMANAGER_USER=root
export YARN_NODEMANAGER_USER=root
```

上述内容添加完成后,保存并退出 hadoop-env.sh 文件。关于上述内容的具体介绍如下。

- JAVA_HOME 用于指定 Hadoop 使用的 JDK,这里使用的是本地安装的 JDK。
- HDFS_NAMENODE_USER 用于指定管理 NameNode 的用户 root。
- HDFS_DATANODE_USER 用于指定管理 DataNode 的用户 root。
- HDFS_SECONDARYNAMENODE_USER 用于指定管理 SecondaryNameNode 的用户 root。
- YARN_RESOURCEMANAGER_USER 用于指定管理 ResourceManager 的用户 root。
- YARN_NODEMANAGER_USER 用于指定管理 NodeManager 的用户 root。

(2) 配置 Hadoop。在虚拟机 HBase01 的/export/servers/hadoop-3.2.2/etc/hadoop 目录执行"vi core-site.xml"命令,在 core-site.xml 文件的<configuration>标签添加如下内容。

```
<property>
    <name>fs.defaultFS</name>
    <value>hdfs://hbase01:9820</value>
</property>
<property>
    <name>hadoop.tmp.dir</name>
    <value>/export/data/hadoop/tmp</value>
</property>
```

上述内容添加完成后,保存并退出 core-site.xml 文件。上述内容中各参数的讲解如下。

- 参数 fs.defaultFS 用于指定 HDFS 的通信地址,通信地址包括主机名和端口号,其中主机名 hbase01 表示 NameNode 进程所运行的虚拟机为 HBase01;端口号 9820 表示通过虚拟机 HBase01 的 9820 端口进行通信。

- 参数 hadoop.tmp.dir 用于指定 Hadoop 在运行时存储临时数据的目录。

（3）配置 HDFS。在虚拟机 HBase01 的/export/servers/hadoop-3.2.2/etc/hadoop 目录执行"vi hdfs-site.xml"命令，在 hdfs-site.xml 文件的＜configuration＞标签添加如下内容。

```
<property>
    <name>dfs.replication</name>
    <value>2</value>
</property>
<property>
    <name>dfs.namenode.name.dir</name>
    <value>/export/data/hadoop/namenode</value>
</property>
<property>
    <name>dfs.datanode.data.dir</name>
    <value>/export/data/hadoop/datanode</value>
</property>
<property>
    <name>dfs.namenode.checkpoint.dir</name>
    <value>/export/data/hadoop/secondarynamenode</value>
</property>
<property>
    <name>dfs.namenode.http-address</name>
    <value>hbase01:9870</value>
</property>
<property>
    <name>dfs.namenode.secondary.http-address</name>
    <value>hbase02:9868</value>
</property>
```

上述内容添加完成后，保存并退出 hdfs-site.xml 文件。上述内容中各参数的讲解如下。

- 参数 dfs.replication 用于指定 HDFS 的副本数。
- 参数 dfs.namenode.name.dir 用于指定 NameNode 节点持久化数据的目录，即 HDFS 元数据的存储目录。
- 参数 dfs.datanode.data.dir 用于指定 DataNode 节点持久化数据的目录，即 HDFS 数据块的存储目录。
- 参数 dfs.namenode.checkpoint.dir 用于指定检查点(checkpoint)的存储目录。
- 参数 dfs.namenode.http-address 用于指定 NameNode 节点的 HTTP 服务通信地址，通信地址包括主机名和端口号，其中主机名 hbase01 表示 NameNode 进程所运行的虚拟机为 HBase01；端口号 9870 表示通过虚拟机 HBase01 的 9870 端口进行通信。
- 参数 dfs.namenode.secondary.http-address 用于指定 SecondaryNameNode 节点的 HTTP 服务通信地址，通信地址包括主机名和端口号，其中主机名 hbase02 表示 SecondaryNameNode 进程所运行的虚拟机为 HBase02；端口号 9868 表示通过虚拟机 HBase02 的 9868 端口进行通信。

（4）配置 MapReduce。在虚拟机 HBase01 的/export/servers/hadoop-3.2.2/etc/hadoop 目

录执行"vi mapred-site.xml"命令,在 mapred-site.xml 文件的＜configuration＞标签添加如下内容。

```
<property>
    <name>mapreduce.framework.name</name>
    <value>yarn</value>
</property>
```

上述内容中,参数 mapreduce.framework.name 指定 MapReduce 作业运行在 YARN 上。上述内容添加完成后,保存并退出 mapred-site.xml 文件。

(5) 配置 YARN。在虚拟机 HBase01 的/export/servers/hadoop-3.2.2/etc/hadoop 目录执行"vi yarn-site.xml"命令,在 yarn-site.xml 文件的＜configuration＞标签添加如下内容。

```
<property>
    <name>yarn.resourcemanager.hostname</name>
    <value>hbase01</value>
</property>
<property>
    <name>yarn.nodemanager.aux-services</name>
    <value>mapreduce_shuffle</value>
</property>
```

上述内容中,参数 yarn.resourcemanager.hostname 用于指定 YARN 的 ResourceManager 节点所在虚拟机的主机名,这里指定主机名为 hbase01。参数 yarn.nodemanager.aux-services 用于指定 NodeManager 节点上运行的附属服务,这里只有配置成 mapreduce_shuffle 才可以在 YARN 上运行 MapReduce 作业。上述内容添加完成后,保存并退出 yarn-site.xml 文件。

(6) 配置 Hadoop 从节点所运行的服务器。在虚拟机 HBase01 的/export/servers/hadoop-3.2.2/etc/hadoop 目录执行 vi workers 命令,将 workers 文件默认的内容修改为如下内容。

```
hbase02
hbase03
```

上述内容指定虚拟机 HBase02 和 HBase03 运行 DataNode 和 NodeManager。上述内容修改完成后,保存并退出 workers 文件。

6. 分发 Hadoop 安装目录

为了便捷地在虚拟机 HBase02 和 HBase03 安装并配置 Hadoop,这里通过 scp 命令将虚拟机 HBase01 的 Hadoop 安装目录分发至虚拟机 HBase02 和 HBase03,具体命令如下。

```
#将 Hadoop 安装目录分发至虚拟机 HBase02 中存放安装程序的目录
scp -r /export/servers/hadoop-3.2.2/ hbase02:/export/servers/
#将 Hadoop 安装目录分发至虚拟机 HBase03 中存放安装程序的目录
scp -r /export/servers/hadoop-3.2.2/ hbase03:/export/servers/
```

7. 分发系统环境变量文件

为了便捷地在虚拟机 HBase02 和 HBase03 配置 Hadoop 的系统环境变量,这里通过 scp 命令将虚拟机 HBase01 的系统环境变量文件 profile 分发至虚拟机 HBase02 和 HBase03 的/etc 目录,具体命令如下。

```
#将系统环境变量文件分发至虚拟机 HBase02 的 /etc 目录
$scp /etc/profile root@hbase02:/etc
#将系统环境变量文件分发至虚拟机 HBase03 的 /etc 目录
$scp /etc/profile root@hbase03:/etc
```

上述命令执行完成后，分别在虚拟机 HBase02 和 HBase03 中执行"source /etc/profile"命令初始化系统环境变量。

8. 格式化 HDFS 文件系统

初次启动 Hadoop 集群之前，需要对 HDFS 文件系统进行格式化操作之后才能使用，在虚拟机 HBase01 执行如下命令格式化 HDFS 文件系统。

```
$hdfs namenode -format
```

上述命令执行完成后的效果如图 2-62 所示。

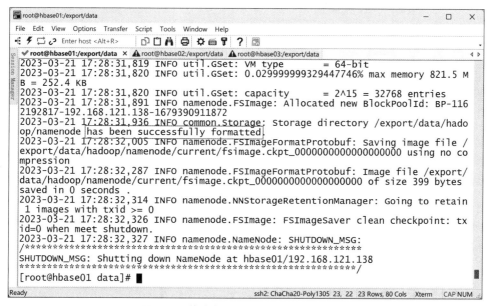

图 2-62 格式化 HDFS 文件系统后的效果

从图 2-62 可以看到出现"…successfully formatted."提示信息，说明 HDFS 文件系统格式化成功。需要注意的是，格式化 HDFS 文件系统的操作只在初次启动 Hadoop 集群之前进行。

9. 启动 Hadoop 集群

通过 Hadoop 提供的一键启动脚本 start-dfs.sh 和 start-yarn.sh 启动 Hadoop 集群的 HDFS 和 YARN。在虚拟机 HBase01 执行如下命令启动 HDFS 和 YARN。

```
#启动 HDFS
$start-dfs.sh
#启动 YARN
$start-yarn.sh
```

如果要关闭 Hadoop 集群，那么可以在虚拟机 HBase01 分别执行"stop-dfs.sh"和"stop-yarn.sh"命令关闭 HDFS 和 YARN。

10. 查看 Hadoop 集群的运行状态

由于 HDFS 和 YARN 的相关进程运行在 JVM（Java 虚拟机），所以可以分别在虚拟机 HBase01、HBase02 和 HBase03 执行 jps 命令查看 JVM 运行的进程，如图 2-63 所示。

图 2-63 查看 Hadoop 集群运行状态

从图 2-63 可以看出，虚拟机 HBase01 的 JVM 中运行着 HDFS 的 NameNode 进程和 YARN 的 ResourceManager 进程；虚拟机 HBase02 的 JVM 中运行着 HDFS 的 SecondaryNameNode 和 DataNode 进程，以及 YARN 的 NodeManager 进程；虚拟机 HBase03 的 JVM 中运行着 HDFS 的 DataNode 进程和 YARN 的 NodeManager 进程。因此说明 Hadoop 集群启动成功。

至此便完成了在虚拟机 HBase01、HBase02 和 HBase03 部署 Hadoop 的相关操作。

2.3 部署 ZooKeeper

HBase 集群基于 ZooKeeper 存储元数据，因此在部署 HBase 之前还需要完成 ZooKeeper 的部署。ZooKeeper 集群主要是由单个 Leader 节点和多个 Follower 节点组成。ZooKeeper 本身具有高可用性，当 Leader 节点发生故障导致宕机时，ZooKeeper 会通过选举机制从多个

Follower 节点中选举出一个新的 Leader 节点,为防止在选举过程出现投票数不过半无法选举出新的 Leader 节点的现象发生,通常将 ZooKeeper 集群所有节点的数量规划为 2n+1 个。

本书使用 ZooKeeper 的版本为 3.7.0。接下来,通过虚拟机 HBase01、HBase02 和 HBase03 演示如何部署 ZooKeeper,具体步骤如下。

1. 上传 ZooKeeper 安装包

在虚拟机 HBase01 的/export/software 目录执行 rz 命令,将本地计算机中准备好的 ZooKeeper 安装包 apache-zookeeper-3.7.0-bin.tar.gz 上传到虚拟机的/export/software 目录。

2. 安装 ZooKeeper

以解压方式安装 ZooKeeper,将 ZooKeeper 安装到虚拟机 HBase01 的/export/servers 目录,具体命令如下。

```
$ tar -zxvf /export/software/apache-zookeeper-3.7.0-bin.tar.gz \
-C /export/servers/
```

3. 修改 ZooKeeper 配置文件

进入虚拟机 HBase01 的/export/servers/apache-zookeeper-3.7.0-bin/conf 目录,可以通过复制该目录中 ZooKeeper 提供的模板文件 zoo_sample.cfg 创建 ZooKeeper 配置文件 zoo.cfg,具体命令如下。

```
$ cp zoo_sample.cfg zoo.cfg
```

上述命令执行完成后,执行"vi zoo.cfg"命令编辑配置文件 zoo.cfg 并修改其内容,配置数据持久化目录和 ZooKeeper 集群中每个节点的地址,配置文件 zoo.cfg 修改完成后的效果如文件 2-1 所示。

文件 2-1　zoo.cfg

```
1   # The number of milliseconds of each tick
2   tickTime=2000
3   # The number of ticks that the initial
4   # synchronization phase can take
5   initLimit=10
6   # The number of ticks that can pass between
7   # sending a request and getting an acknowledgement
8   syncLimit=5
9   # the directory where the snapshot is stored.
10  # do not use /tmp for storage, /tmp here is just
11  # example sakes.
12  dataDir=/export/data/zookeeper/zkdata
13  # the port at which the clients will connect
14  clientPort=2181
15  # the maximum number of client connections.
16  # increase this if you need to handle more clients
17  #maxClientCnxns=60
18  #
19  # Be sure to read the maintenance section of the
20  # administrator guide before turning on autopurge.
21  #
22  # http://zookeeper.apache.org/doc/current/zookeeperAdmin.html
                                              #sc_maintenance
```

```
23  #
24  #The number of snapshots to retain in dataDir
25  #autopurge.snapRetainCount=3
26  # Purge task interval in hours
27  #Set to "0" to disable auto purge feature
28  #autopurge.purgeInterval=1
29  ##Metrics Providers
30  #
31  #https://prometheus.io Metrics Exporter
32  #metricsProvider.httpPort=7000
33  #metricsProvider.exportJvmInfo=true
34  server.1=hbase01:2888:3888
35  server.2=hbase02:2888:3888
36  server.3=hbase03:2888:3888
```

在文件 2-1 中，第 12 行代码配置数据持久化目录为/export/data/zookeeper/zkdata。

第 34 行代码配置编号为 1 的 ZooKeeper 节点地址为 hbase01:2888:3888，其中 hbase01 表示该节点运行在虚拟机 HBase01;2888 表示当前 ZooKeeper 节点与 Leader 进行通信的端口;3888 表示当前 ZooKeeper 节点进行 Leader 选举时使用的端口。

第 35 行代码配置编号为 2 的 ZooKeeper 节点地址为 hbase02:2888:3888，其中 hbase02 表示该节点运行在虚拟机 HBase02;2888 表示当前 ZooKeeper 节点与 Leader 进行通信的端口;3888 表示当前 ZooKeeper 节点进行 Leader 选举时使用的端口。

第 36 行代码配置编号为 3 的 ZooKeeper 节点地址为 hbase03:2888:3888，其中 hbase03 表示该节点运行在虚拟机 HBase03;2888 表示当前 ZooKeeper 节点与 Leader 进行通信的端口;3888 表示当前 ZooKeeper 节点进行 Leader 选举时使用的端口。

上述内容修改完成后，保存并退出配置文件 zoo.cfg。

4. 创建数据持久化目录

在虚拟机 HBase01 创建数据持久化目录/export/data/zookeeper/zkdata，具体命令如下。

```
$ mkdir -p /export/data/zookeeper/zkdata
```

5. 创建 myid 文件

myid 文件用于标识当前虚拟机中运行 ZooKeeper 节点的编号，该文件需要存放在数据持久化目录，编号的内容与配置文件 zoo.cfg 中指定每个 ZooKeeper 节点的编号一致。如在配置文件 zoo.cfg 中指定编号为 1 的 ZooKeeper 节点运行在虚拟机 HBase01，因此需要将虚拟机 HBase01 中创建的 myid 文件的值写为 1。在虚拟机 HBase01 执行如下命令创建 myid 文件。

```
$ echo 1 >/export/data/zookeeper/zkdata/myid
```

6. 配置 ZooKeeper 系统环境变量

为了方便后续使用 ZooKeeper，这里需要配置 ZooKeeper 的系统环境变量。在虚拟机 HBase01 执行"vi /etc/profile"命令编辑系统环境变量文件 profile，在该文件的底部添加如下内容。

```
export ZK_HOME=/export/servers/apache-zookeeper-3.7.0-bin
export PATH=$PATH:$ZK_HOME/bin
```

成功配置 ZooKeeper 系统环境变量后,保存并退出系统环境变量文件 profile。

为了让系统环境变量文件中添加的内容生效,执行"source /etc/profile"命令初始化系统环境变量使添加的 ZooKeeper 系统环境变量生效。

7. 分发 ZooKeeper 安装目录

为了便捷地在虚拟机 HBase02 和 HBase03 安装并配置 ZooKeeper,这里通过 scp 命令将虚拟机 HBase01 的 ZooKeeper 安装目录分发至虚拟机 HBase02 和 HBase03 的/export/servers/目录,具体命令如下。

```
#将 ZooKeeper 安装目录分发到虚拟机 HBase02 的/export/servers/目录
$scp -r /export/servers/apache-zookeeper-3.7.0-bin/ \
root@hbase02:/export/servers/
#将 ZooKeeper 安装目录分发到虚拟机 HBase03 的/export/servers/目录
$scp -r /export/servers/apache-zookeeper-3.7.0-bin/ \
root@hbase03:/export/servers/
```

8. 分发系统环境变量文件

为了便捷地在虚拟机 HBase02 和 HBase03 配置 ZooKeeper 的系统环境变量,这里通过 scp 命令将虚拟机 HBase01 的系统环境变量文件 profile 分发至虚拟机 HBase02 和 HBase03 的/etc 目录,具体命令如下。

```
#将系统环境变量文件分发至虚拟机 HBase02 的/etc 目录
$scp /etc/profile root@hbase02:/etc
#将系统环境变量文件分发至虚拟机 HBase03 的/etc 目录
$scp /etc/profile root@hbase03:/etc
```

上述命令执行完成后,分别在虚拟机 HBase02 和 HBase03 中执行"source /etc/profile"命令初始化系统环境变量。

9. 分发数据持久化目录

为了便捷地在虚拟机 HBase02 和 HBase03 创建数据持久化目录和 myid 文件,这里通过 scp 命令将虚拟机 HBase01 中创建的数据持久化目录分发至虚拟机 HBase02 和 HBase03 的/export/data 目录,具体命令如下。

```
#将数据持久化目录分发到虚拟机 HBase02
$scp -r /export/data/zookeeper/ root@hbase02:/export/data/
#将数据持久化目录分发到虚拟机 HBase03
$scp -r /export/data/zookeeper/ root@hbase03:/export/data/
```

10. 修改 myid 文件

根据配置文件 zoo.cfg 可知,虚拟机 HBase02 和 HBase03 分别运行着编号为 2 和 3 的 ZooKeeper 节点,因此需要分别将虚拟机 HBase02 和 HBase03 中 myid 文件的值修改为 2 和 3,分别在虚拟机 HBase02 和 HBase03 中执行如下命令。

```
#在虚拟机 HBase02 中执行
$echo 2 >/export/data/zookeeper/zkdata/myid
#在虚拟机 HBase03 中执行
```

```
$ echo 3 >/export/data/zookeeper/zkdata/myid
```

11. 启动 ZooKeeper 集群

启动 ZooKeeper 集群时，需要在每个节点启动 ZooKeeper 服务。分别在虚拟机 HBase01、HBase02 和 HBase03 执行如下命令。

```
$ zkServer.sh start
```

12. 查看 ZooKeeper 集群运行状态

查看 ZooKeeper 集群运行状态时，需要查看每个节点中 ZooKeeper 服务的运行状态。分别在虚拟机 HBase01、HBase02 和 HBase03 执行如下命令。

```
$ zkServer.sh status
```

上述命令在 3 台虚拟机的执行效果如图 2-64 所示。

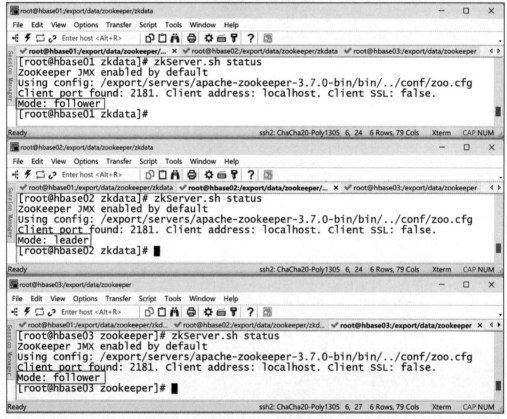

图 2-64　查看 ZooKeeper 集群运行状态

从图 2-64 可以看出，虚拟机 HBase01、HBase02 和 HBase03 成功启动 ZooKeeper 服务，此时 ZooKeeper 选举虚拟机 HBase02 运行的 ZooKeeper 节点为 Leader，其他两台虚拟机运行的 ZooKeeper 节点为 Follower。

至此便完成了在虚拟机 HBase01、HBase02 和 HBase03 部署 ZooKeeper 的相关操作。

2.4 HBase 部署之独立模式

独立模式是一种在单台计算机的单个 JVM 进程中模拟 HBase 集群的工作模式,该模式部署的 HBase 可以不依赖于 HDFS 存储数据,并且不使用部署的 ZooKeeper 存储元数据,而是使用 HBase 内置的 ZooKeeper 存储元数据。

使用独立模式部署 HBase 的方式非常简单,只需要在一台安装 JDK 的服务器中解压 HBase 安装包,并进行简单的配置后便可以使用 HBase 相关功能。这里需要说明的是,独立模式一般适用于对 HBase 进行简单测试,并不适用于实际生产或使用。接下来分步骤讲解如何在虚拟机 HBase01 中基于独立模式部署 HBase,具体如下。

1. 上传 HBase 安装包

在虚拟机的/export/software 目录执行 rz 命令,将本地计算机中准备好的 HBase 安装包 hbase-2.4.9-bin.tar.gz 上传到虚拟机的/export/software 目录。

2. 创建目录

由于后续会使用虚拟机 HBase01 部署不同模式的 HBase,为了便于区分不同部署模式 HBase 的安装目录,这里在虚拟机 HBase01 创建/export/servers/standalone 目录,用于存放独立模式部署 HBase 的安装目录,具体命令如下。

```
$mkdir -p /export/servers/standalone
```

3. 安装 HBase

以解压方式安装 HBase,将 HBase 安装到/export/servers/standalone 目录,具体命令如下。

```
$tar -zxvf /export/software/hbase-2.4.9-bin.tar.gz \
-C /export/servers/standalone
```

4. 修改 HBase 配置文件 hbase-env.sh

HBase 的配置文件 hbase-env.sh 主要用于配置 HBase 的运行环境。进入虚拟机 HBase01 的/export/servers/standalone/hbase-2.4.9/conf 目录,执行"vi hbase-env.sh"命令编辑配置文件 hbase-env.sh,在文件的尾部添加如下内容。

```
export JAVA_HOME=/export/servers/jdk1.8.0_333
```

上述内容用于在 HBase 的运行环境中指定 JDK 安装目录。上述内容添加完成后,保存并退出配置文件 hbase-env.sh。

5. 修改 HBase 配置文件 hbase-site.xml

HBase 的配置文件 hbase-site.xml 主要用于配置 HBase 的参数。进入虚拟机 HBase01 的/export/servers/standalone/hbase-2.4.9/conf 目录,执行"vi hbase-site.xml"命令编辑配置文件 hbase-site.xml,将该文件的<configuration>标签中的默认配置替换为如下内容。

```
<property>
    <name>hbase.cluster.distributed</name>
    <value>false</value>
```

```xml
    </property>
    <property>
        <name>hbase.unsafe.stream.capability.enforce</name>
        <value>false</value>
    </property>
    <property>
        <name>hbase.rootdir</name>
        <value>file:///export/data/hbase</value>
    </property>
    <property>
        <name>hbase.zookeeper.property.dataDir</name>
        <value>/export/data/hbase-zk</value>
    </property>
```

针对上述内容中的参数进行如下讲解。

- 参数 hbase.cluster.distributed 用于指定是否以分布式模式部署 HBase，该参数的参数值默认为 true，表示以分布式模式部署 HBase。由于本节以独立模式部署 HBase，所以该参数的值需要修改为 false。
- 参数 hbase.unsafe.stream.capability.enforce 用于控制 HBase 对于不安全 Java 流操作的限制，该参数的参数值默认为 true，由于本节以独立模式部署 HBase，指定本地文件系统存储 HBase 的数据，所以该参数的值需要修改为 false。
- 参数 hbase.rootdir 用于指定 HBase 的数据存储目录，这里指定 HBase 存储数据的目录为本地文件系统的 /export/data/hbase 目录。
- 参数 hbase.zookeeper.property.dataDir 用于指定 ZooKeeper 持久化数据的目录，这里指定 ZooKeeper 持久化数据的目录为本地文件系统的 /export/data/hbase-zk 目录。

上述内容添加完成后，保存并退出配置文件 hbase-site.xml。需要说明的是，如果配置文件 hbase-site.xml 中没有通过参数 hbase.zookeeper.quorum 指定 ZooKeeper 集群的地址，那么默认会使用 HBase 内置的 ZooKeeper。

6. 关闭 ZooKeeper

由于 HBase 内置的 ZooKeeper 与部署的 ZooKeeper 使用同一端口号，因此在启动独立模式部署的 HBase 之前，需要在虚拟机 HBase01 执行"zkServer.sh stop"命令关闭 ZooKeeper 服务。

7. 启动 HBase 集群

通过 HBase 提供的一键启动脚本命令 start-hbase.sh 启动 HBase 集群，该脚本位于 HBase 安装目录的 bin 目录中。在虚拟机 HBase01 的 /export/servers/standalone/hbase-2.4.9 目录执行如下命令。

```
$bin/start-hbase.sh
```

如果需要关闭 HBase 集群，那么可以使用 HBase 提供的一键关闭脚本命令 stop-hbase.sh。

8. 查看 HBase 集群运行状态

由于 HBase 基于 JVM 运行，所以可以通过执行 jps 命令来查看当前虚拟机的 JVM 中运行的 Java 进程及进程 ID,从而查看 HBase 运行状态,如图 2-65 所示。

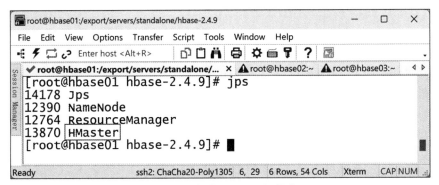

图 2-65　查看 HBase 运行状态

从图 2-65 可以看出,JVM 中存在名称为 HMaster 的进程,该进程运行着 HBase 的 Master 和 RegionServer,以及 HBase 内置的 ZooKeeper。

9. 查看 HBase Web UI

HBase 提供的 Web UI 可以在图形化界面查看 HBase 运行状态和配置信息,可以使用本地计算机的浏览器访问 HBase Web UI,HBase Web UI 默认使用虚拟机的 16010 端口与本地计算机进行通信,在本地计算机的浏览器地址栏中输入 "http://192.168.121.138:16010" 查看 HBase Web UI,如图 2-66 所示。

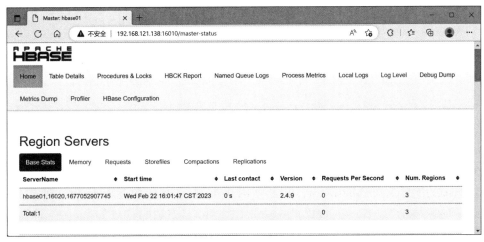

图 2-66　HBase Web UI

至此便完成了在虚拟机 HBase01 部署独立模式的 HBase。

脚下留心:启动 HBase 出现的问题

读者在启动 HBase 时如果出现"……无效的变量名"的信息,此时并不会影响 HBase 的正常使用,读者可以在 HBase 配置文件 hbase-env.sh 的尾部添加如下内容,使 HBase 不从 Hadoop 的配置中获取类路径信息。

```
export HBASE_DISABLE_HADOOP_CLASSPATH_LOOKUP="true"
```

2.5 HBase 部署之分布式模式

HBase 的分布式模式分为伪分布式和完全分布式两种模式,其中伪分布式模式是一种在单台计算机的不同 JVM 进程中运行 HBase 集群的工作模式;完全分布式模式是一种在多台计算机的 JVM 进程中运行 HBase 集群的工作模式。完全分布式模式相比较于伪分布式模式来说,可以提高 HBase 的运算性能和可用性,因为完全分布式模式可以通过多台服务器并行执行 HBase 的相关操作,而且完全分布式模式会将 HBase 的相关服务运行在多台服务器的 JVM 进程中,避免单台服务器宕机造成 HBase 无法使用的情况。本节针对分布式模式部署 HBase 进行讲解。

2.5.1 HBase 部署之伪分布式模式

伪分布式模式部署的 HBase 可以不依赖于 HDFS 和部署的 ZooKeeper 运行,而是使用本地的文件系统存储数据,以及使用 HBase 内置的 ZooKeeper 存储元数据。接下来分步骤讲解如何在虚拟机 HBase01 中以伪分布式模式部署 HBase,这里部署的 HBase 使用 HDFS 存储数据,并且使用 HBase 内置的 ZooKeeper 存储元数据,具体如下。

1. 创建 HBase 安装目录

为了便于区分不同模式部署 HBase 的安装目录,这里在虚拟机 HBase01 创建/export/servers/pseudo 目录,用于存放伪分布式模式部署 HBase 的安装目录,具体命令如下。

```
$mkdir -p /export/servers/pseudo
```

2. 安装 HBase

以解压方式安装 HBase,将 HBase 安装到/export/servers/pseudo 目录,具体命令如下。

```
$tar -zxvf /export/software/hbase-2.4.9-bin.tar.gz \
-C /export/servers/pseudo
```

3. 修改 HBase 配置文件 hbase-env.sh

HBase 的配置文件 hbase-env.sh 主要用于配置 HBase 的运行环境。进入虚拟机 HBase01 的/export/servers/pseudo/hbase-2.4.9/conf 目录,执行"vi hbase-env.sh"命令编辑配置文件 hbase-env.sh,在文件的尾部添加如下内容。

```
export JAVA_HOME=/export/servers/jdk1.8.0_333
```

上述内容用于在 HBase 的运行环境中指定 JDK 安装目录。上述内容添加完成后,保存并退出配置文件 hbase-env.sh。

4. 修改 HBase 配置文件 hbase-site.xml

HBase 的配置文件 hbase-site.xml 主要用于配置 HBase 的参数。进入虚拟机 HBase01 的/export/servers/pseudo/hbase-2.4.9/conf 目录,执行"vi hbase-site.xml"命令编辑配置文件 hbase-site.xml,将该文件的<configuration>标签中的默认配置替换为如下内容。

```xml
<property>
        <name>hbase.cluster.distributed</name>
        <value>true</value>
</property>
<property>
        <name>hbase.rootdir</name>
        <value>hdfs://192.168.121.138:9820/hbase_pseudo</value>
</property>
<property>
        <name>hbase.zookeeper.property.dataDir</name>
        <value>/export/data/pseudo-zk</value>
</property>
```

上述内容中,各个参数的含义已经在 2.4 节进行了说明,这里不再赘述。需要说明的是,这里指定 HBase 存储数据的目录为 HDFS 的/hbase_pseudo。上述内容添加完成后,保存并退出配置文件 hbase-site.xml。

5. 修改 HBase 配置文件 regionservers

HBase 的配置文件 regionservers 用于通过主机名指定运行 RegionServer 的计算机。由于这里在虚拟机 HBase01 基于伪分布式模式部署 HBase,所以仅需要将文件 regionservers 中的内容修改为虚拟机 HBase01 的主机名 hbase01 即可,保存并退出配置文件 regionservers。

6. 关闭独立模式部署的 HBase

在虚拟机 HBase01 启动伪分布式模式部署的 HBase 之前,需要在虚拟机 HBase01 的/export/servers/standalone/hbase-2.4.9 目录执行"bin/stop-hbase.sh"命令关闭独立模式部署的 HBase。

7. 启动伪分布式模式部署的 HBase

在虚拟机 HBase01 的/export/servers/pseudo/hbase-2.4.9 目录执行"bin/start-hbase.sh"命令启动伪分布式模式部署的 HBase。

8. 查看 HBase 集群运行状态

在虚拟机 HBase01 执行 jps 命令查看 JVM 运行的进程,如图 2-67 所示。

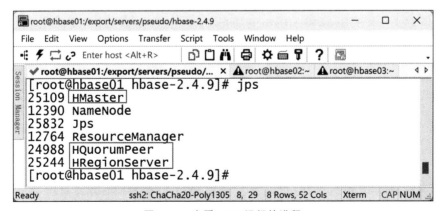

图 2-67 查看 JVM 运行的进程

在图 2-67 中,JVM 中存在的 HMaster 和 HRegionServer 进程分别运行着 HBase 的

Master 和 RegionServer，JVM 存在的 HQuorumPeer 进程运行着 HBase 内置的 ZooKeeper。

至此便完成了在虚拟机 HBase01 部署伪分布式模式的 HBase。

2.5.2　HBase 部署之完全分布式模式

完全分布式模式部署的 HBase 依赖于 HDFS 存储数据，但是可以不依赖部署的 ZooKeeper 存储元数据，不过通常情况下，为了确保完全分布式模式部署 HBase 的可用性，在完全分布式模式部署 HBase 时使用部署的 ZooKeeper 存储元数据。

由于完全分布式模式部署的 HBase 是将 HRegionServer 和 HMaster 服务运行在不同的计算机中，所以需要提前规划虚拟机 HBase01、HBase02 和 HBase03 运行 HBase 的相关进程，如表 2-4 所示。

表 2-4　三台虚拟机运行 **HBase** 的相关进程

虚　拟　机	HMaster	HRegionServe
HBase01	√	
HBase02		√
HBase03		√

从表 2-4 可以看出，虚拟机 HBase01 作为 HBase 集群的主节点运行着 HMaster 进程，虚拟机 HBase02 和 HBase03 作为 HBase 集群的从节点运行着 HRegionServer 进程。接下来分步骤讲解如何在虚拟机 HBase01、HBase02 和 HBase03 中以完全分布式模式部署 HBase，这里使用部署的 ZooKeeper 存储元数据，具体如下。

1. 创建目录

为了便于区分不同模式部署 HBase 的安装目录，这里在虚拟机 HBase01 创建 /export/servers/full 目录，用于存放完全分布式模式部署 HBase 的安装目录，具体命令如下。

```
$ mkdir -p /export/servers/full
```

2. 安装 HBase

以解压方式安装 HBase，将 HBase 安装到 /export/servers/full 目录，具体命令如下。

```
$ tar -zxvf /export/software/hbase-2.4.9-bin.tar.gz \
-C /export/servers/full
```

3. 修改 HBase 配置文件 hbase-env.sh

HBase 的配置文件 hbase-env.sh 主要用于配置 HBase 的运行环境。进入虚拟机 HBase01 的 /export/servers/full/hbase-2.4.9/conf 目录，执行"vi hbase-env.sh"命令编辑配置文件 hbase-env.sh，在文件的尾部添加如下内容。

```
export HBASE_MANAGES_ZK=false
export JAVA_HOME=/export/servers/jdk1.8.0_333
```

上述内容用于指定 HBase 不使用内置的 ZooKeeper，以及在 HBase 的运行环境中指定 JDK 安装目录。上述内容添加完成后，保存并退出配置文件 hbase-env.sh。

4. 修改 HBase 配置文件 hbase-site.xml

HBase 的配置文件 hbase-site.xml 主要用于配置 HBase 的参数。进入虚拟机 HBase01 的 /export/servers/full/hbase-2.4.9/conf 目录,执行"vi hbase-site.xml"命令编辑配置文件 hbase-site.xml,将该文件的＜configuration＞标签中的默认配置替换为如下内容。

```xml
<property>
        <name>hbase.cluster.distributed</name>
        <value>true</value>
</property>
<property>
         <name>hbase.rootdir</name>
         <value>hdfs://192.168.121.138:9820/hbase_fully</value>
</property>
<property>
        <name>zookeeper.znode.parent</name>
        <value>/hbase-fully</value>
</property>
<property>
        <name>hbase.zookeeper.property.dataDir</name>
        <value>/export/data/zookeeper/zkdata</value>
</property>
<property>
        <name>hbase.zookeeper.quorum</name>
        <value>hbase01:2181,hbase02:2181,hbase03:2181</value>
</property>
```

上述内容中,参数 hbase.zookeeper.quorum 用于指定 ZooKeeper 集群中各个节点的地址。需要说明的是,当 HBase 集群使用部署的 ZooKeeper 存储元数据时,参数 hbase.zookeeper.property.dataDir 指定的值需要与 ZooKeeper 配置文件中指定的数据持久化目录一致。上述内容添加完成后,保存并退出配置文件 hbase-site.xml。

5. 修改 HBase 配置文件 regionservers

HBase 的配置文件 regionservers 用于通过主机名指定运行 RegionServer 的计算机。由于这里在虚拟机 HBase02 和 HBase03 运行 HRegionServer 进程,所以需要将文件 regionservers 中的内容修改为虚拟机 HBase02 和 HBase03 的主机名 hbase02 和 hbase03,配置文件 regionservers 修改完成后保存并退出即可。

6. 分发 HBase 安装目录

为了便捷地在虚拟机 HBase02 和 HBase03 安装和配置 HBase,这里通过 scp 命令将虚拟机 HBase01 的 /export/servers/full/ 目录分发至虚拟机 HBase02 和 HBase03 的 /export/servers/ 目录,具体命令如下。

```
#将完全分布式模式部署的 HBase 安装目录分发到虚拟机 HBase02
$ scp -r /export/servers/full/ root@hbase02:/export/servers/
#将完全分布式模式部署的 HBase 安装目录分发到虚拟机 HBase03
$ scp -r /export/servers/full/ root@hbase03:/export/servers/
```

7. 配置 HBase 系统环境变量

本书后续主要使用完全分布式模式部署的 HBase 进行相关操作,为了便于后续使用 HBase,这里需要配置 HBase 的系统环境变量。在虚拟机 HBase01 执行"vi /etc/profile"命令编辑系统环境变量文件 profile,在该文件的底部添加如下内容。

```
export HBASE_HOME=/export/servers/full/hbase-2.4.9
export PATH=$PATH:$HBASE_HOME/bin
```

成功配置 HBase 系统环境变量后,保存并退出系统环境变量文件 profile。

为了让系统环境变量文件中添加的内容生效,执行"source /etc/profile"命令初始化系统环境变量使添加的 HBase 系统环境变量生效。

8. 分发系统环境变量文件

为了便捷地在虚拟机 HBase02 和 HBase03 配置 HBase 的系统环境变量,这里通过 scp 命令将虚拟机 HBase01 的系统环境变量文件 profile 分发至虚拟机 HBase02 和 HBase03 的/etc 目录,具体命令如下。

```
#将系统环境变量文件分发至虚拟机 HBase02 的/etc 目录
$ scp /etc/profile root@hbase02:/etc
#将系统环境变量文件分发至虚拟机 HBase03 的/etc 目录
$ scp /etc/profile root@hbase03:/etc
```

上述命令执行完成后,分别在虚拟机 HBase02 和 HBase03 中执行"source /etc/profile"命令初始化系统环境变量。

9. 关闭伪分布式模式部署的 HBase

在虚拟机 HBase01、HBase02 和 HBase03 启动完全分布式模式部署的 HBase 之前,需要在 HBase01 的/export/servers/pseudo/hbase-2.4.9 目录执行"bin/stop-hbase.sh"命令关闭伪分布式模式部署的 HBase。

10. 启动 ZooKeeper 集群

由于在部署独立模式和伪分布式模式的 HBase 时,使用的是 HBase 内置的 ZooKeeper,为了防止与部署的 ZooKeeper 占用同一端口号,在之前的操作中关闭了虚拟机 HBase01 的 ZooKeeper 服务,因此在完全分布式模式部署的 HBase 之前,需要在虚拟机 HBase01 执行"zkServer.sh start"命令启动 ZooKeeper 服务。

11. 启动完全分布式模式部署的 HBase

在虚拟机 HBase01 执行"start-hbase.sh"命令启动完全分布式模式部署的 HBase。

12. 查看 HBase 集群运行状态

分别在虚拟机 HBase01、HBase02 和 HBase03 执行 jps 命令,查看这 3 台虚拟机中 JVM 运行的进程,如图 2-68 所示。

在图 2-68 中,虚拟机 HBase01 的 JVM 中运行着 HMaster 进程。虚拟机 HBase02 和 HBase03 的 JVM 中都运行着 HRegionServer 进程。

至此便完成了在虚拟机 HBase01、HBase02 和 HBase03 部署完全分布式模式的 HBase。

📖 **多学一招:提高完全分布式模式部署 HBase 的可用性**

默认情况下,完全分布式模式部署的 HBase 只存在一个 HMaster 进程,如果此 HMaster 进程由于故障原因宕机,那么会造成 HBase 部分功能受限的问题发生,为了避免

图 2-68　查看 HBase 集群中 JVM 的运行进程

这样的问题发生，可以在完全分布式模式部署的 HBase 中添加多个备用 HMaster 进程，最多可以启动 9 个备用 HMaster 进程，当 HBase 中的 HMaster 进程由于故障原因宕机时，会利用 ZooKeeper 的选举机制从多个备用的 HMaster 进程中选举出一个新的 HMaster 进程。

　　为完全分布式模式部署的 HBase 添加备用 HMaster 进程并不复杂，只需要在所有虚拟机的 /export/servers/full/hbase-2.4.9/conf 目录中执行 "vi backup-masters" 命令编辑文件 backup-masters，在该文件中添加运行备用 HMaster 进程的虚拟机主机名即可。例如，这里指定虚拟机 HBase03 运行备用 HMaster 进程，那么可以在文件 backup-masters 中添加 hbase03。成功在文件 backup-masters 中添加对应的主机名之后，需要重新启动 HBase 集群使添加的内容生效，当 HBase 集群再次启动时，便会同时在虚拟机 HBase01 和 HBase03 的 JVM 中运行 HMaster 进程。

2.6 本章小结

本章主要讲解了 HBase 的部署，首先介绍了基础环境搭建，包括创建虚拟机、安装 Linux 操作系统、克隆虚拟机、配置虚拟机、安装 JDK 和配置时间同步，然后介绍了 Hadoop 和 ZooKeeper 的部署，最后介绍了通过不同模式部署 HBase 的方式，包括独立模式、伪分布式模式和完全分布式模式。希望通过本章的学习，读者可以从实际使用的角度对 HBase 有更加深入的认识。

2.7 课后习题

一、填空题

1. VMware Workstation 提供了两种克隆虚拟机的方式，分别是_____和链接克隆。
2. 使用静态 IP 时，需要将网络配置文件中[ipv4]的参数 method 值修改为_____。
3. UUID 的作用是使分布式系统中所有元素都有唯一的_____。
4. 生成密钥的命令是_____。
5. Hadoop 的部署模式分为独立模式、伪分布式模式、完全分布式模式和_____。

二、判断题

1. 重新加载网络配置文件的命令是"nmcli c up ens33"。 （　）
2. CentOS Stream 9 默认不允许 root 用户进行远程登录。 （　）
3. id_rsa 是私钥文件。 （　）
4. 版本为 2.4.9 的 HBase 可以使用 JDK 7。 （　）
5. 查看 Hadoop 版本的命令是"hadoop -version"。 （　）

三、选择题

1. 下列选项中，用于将主机名修改为 hbase02 的命令是（　）。
   A. hostname set-hostname hbase02　　B. hostnamectl set-hostname hbase02
   C. set-hostname hbase02　　D. set hostname hbase02
2. 下列选项中，用于指定是否以分布式模式部署 HBase 的参数是（　）。
   A. hbase.cluster.enabled　　B. hbase.cluster.distributed.enabled
   C. hbase.cluster.distributed　　D. hbase.cluster.distributed.enable
3. 下列选项中，用于查看 Chrony 服务端和客户端时钟源的命令是（　）。
   A. chronyc sources -v　　B. chronyc source -v
   C. chronyc sources -t　　D. chronyc source -t
4. 下列选项中，用于存储 HBase 元数据的是（　）。
   A. ZooKeeper　　B. HDFS　　C. MySQL　　D. 本地磁盘
5. 下列选项中，对于 ZooKeeper 集群的组成描述正确的是（　）。
   A. 单个 Master 节点和多个 Slave 节点
   B. 单个 Leader 节点和多个 Follower 节点

C. 多个 Master 节点和多个 Slave 节点

D. 多个 Leader 节点和多个 Follower 节点

四、简答题

1. 简述如何提高完全分布式模式部署 HBase 的可用性。

2. 简述 HBase 配置文件 hbase-env.sh、hbase-site.xml 和 regionservers 的作用。

第 3 章
HBase的Shell操作

学习目标

- 熟悉命名空间操作，能够使用 HBase Shell 对命名空间进行创建、查看、删除等操作。
- 掌握表操作，能够使用 HBase Shell 对表进行创建、查看、删除等操作。
- 掌握数据操作，能够使用 HBase Shell 对数据进行插入、查询、删除等操作。

HBase 自身提供了 Shell 命令行工具 HBase Shell，它可以对命名空间（namespace）、表和数据进行操作。本章以操作完全分布式模式部署的 HBase 为例，演示如何使用 HBase Shell 操作 HBase。

3.1 运行 HBase Shell

HBase Shell 可以在 HBase 集群的任意节点运行，默认情况下，只需要进入 HBase 的安装目录执行"bin/hbase shell"命令即可，如果在运行 HBase Shell 的节点配置了 HBase 的系统环境变量，那么也可以直接在任意目录执行 hbase shell 命令运行 HBase Shell。

接下来以虚拟机 HBase01 为例演示如何运行 HBase Shell。在虚拟机 HBase01 执行 hbase shell 命令运行 HBase Shell，成功运行 HBase Shell 的效果如图 3-1 所示。

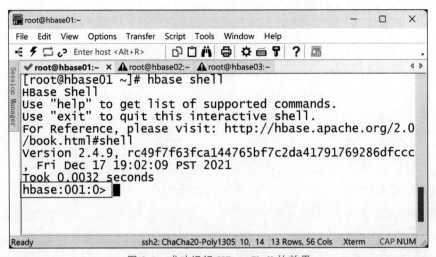

图 3-1 成功运行 HBase Shell 的效果

可以在图 3-1 的"hbase:001:0>"位置输入 HBase Shell 提供的命令来操作命名空间、

表和数据。如果要关闭 HBase Shell，在 HBase Shell 执行 exit 命令即可。

3.2 命名空间操作

命名空间的作用是将相关的表组织到一起，方便用户对表进行管理和维护，在 HBase 中每个表都必须属于一个命名空间。本节详细介绍如何通过 HBase Shell 操作 HBase 的命名空间。

3.2.1 查看命名空间

HBase Shell 提供了 list_namespace 命令用于查看命名空间，该命令可以列出所有命名空间，如果想要对查看的命名空间进行筛选，可以在查看命名空间时使用正则表达式匹配命名空间的名称。查看命名空间的语法格式如下。

```
list_namespace ['regular']
```

上述语法格式中，regular 为可选，用于指定正则表达式。为了方便讲解后续知识，接下来分步骤演示如何查看命名空间，具体步骤如下。

1. 启动 HBase

根据本书第 2 章的相关操作，在虚拟机 HBase01、HBase02 和 HBase03 启动 Hadoop、ZooKeeper 和完全分布式模式部署的 HBase。

2. 运行 HBase Shell

在虚拟机 HBase01 执行 hbase shell 命令运行 HBase Shell。

3. 查看命名空间

在 HBase Shell 执行如下命令查看命名空间。

```
>list_namespace
```

上述命令的执行效果如图 3-2 所示。

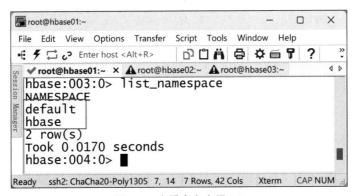

图 3-2　查看命名空间（1）

从图 3-2 可以看出，HBase 默认预留了 default 和 hbase 两个命名空间，其中 default 是 HBase 默认的命名空间，如果在创建表时没有指定命名空间，则默认将表创建到命名空间 default。hbase 存储了 HBase 的系统表，系统表是 HBase 内部使用的表，用于存储 HBase

的元数据信息。

注意：命名空间 hbase 存储了 HBase 的系统表，为了避免 HBase 的运行出现异常，建议用户不要对命名空间 hbase 进行操作。

> 📖 **多学一招：匹配特定命名空间**

在 list_namespace 命令中，可以通过指定正则表达式来匹配特定的命名空间。例如，通过正则表达式匹配名称以字母 h 开头的命名空间，可以在 HBase Shell 执行如下命令。

```
>list_namespace 'h.*'
```

上述命令的执行效果如图 3-3 所示。

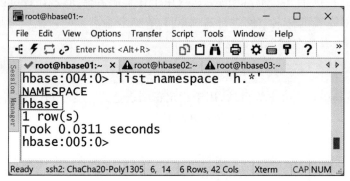

图 3-3　匹配特定命名空间

从图 3-3 可以看出，HBase 仅存在一个名称以字母 h 开头的命名空间 hbase。

3.2.2　创建命名空间

HBase Shell 提供了 create_namespace 命令用于创建命名空间，在该命令中可以通过指定属性来描述或者配置命名空间。命名空间的属性分为自定义属性和预定义属性两种类型，其中自定义属性的名称和属性值由用户定义，主要用于描述命名空间，如指定命名空间的描述信息；预定义属性的名称和属性值由 HBase 定义，主要用于配置命名空间，如限制命名空间内表的数量。

创建命名空间的语法格式如下。

```
create_namespace 'ns'[,{'PROPERTY_NAME'=>'PROPERTY_VALUE'},...]
```

上述语法格式中，ns 用于指定命名空间的名称。{'PROPERTY_NAME'=>'PROPERTY_VALUE'}为可选，用于指定命名空间的属性（PROPERTY_NAME）和属性值（PROPERTY_VALUE）。

接下来演示如何创建命名空间 itcast，并为命名空间指定自定义属性 describe 和属性值 This is my first namespace，在 HBase Shell 执行如下命令。

```
>create_namespace 'itcast',{'describe'=>'This is my first namespace'}
```

上述命令执行完成后，查看命名空间，如图 3-4 所示。

从图 3-4 可以看出，HBase 存在名称为 itcast 的命名空间，说明已成功创建命名空间

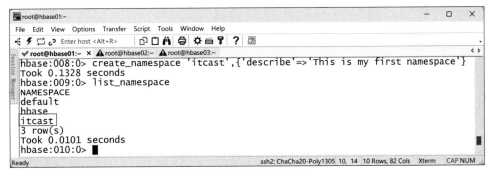

图 3-4 查看命名空间（2）

itcast。

> **多学一招：命名空间的预定义属性**
>
> HBase 定义了多种命名空间的预定义属性，关于命名空间常用的预定义属性如下。
> - hbase.namespace.quota.maxtables：用于限制命名空间内表的数量，默认情况下不做限制，如限制命名空间内表的数量为 2，那么可以指定属性值为 2。
> - hbase.namespace.quota.maxregions：用于限制命名空间占用 Region 的数量，默认情况下不做限制，如限制命名空间占用 Region 的数量为 10，那么可以指定属性值为 10。
>
> 需要说明的是，在创建命名空间时通过上述两个预定义属性限制表和 Region 的数量时，需要开启 HBase 的 Quota 功能，该功能的开始方式是在 HBase 集群所有节点的配置文件 hbase-site.xml 添加如下内容。
>
> ```xml
> <property>
>   <name>hbase.quota.enabled</name>
>   <value>true</value>
> </property>
> ```
>
> 上述内容添加完成后，还需要重新启动 HBase 使配置内容生效。

3.2.3 查看命名空间属性

HBase Shell 提供了 describe_namespace 命令用于查看命名空间属性，其语法格式如下。

```
describe_namespace 'ns'
```

接下来演示如何查看命名空间 itcast 的属性，在 HBase Shell 执行如下命令。

```
>describe_namespace 'itcast'
```

上述命令的执行效果如图 3-5 所示。

从图 3-5 可以看出，命名空间 itcast 包含 NAME 和 describe 两个属性，其中 NAME 为命名空间默认的属性，用于标识命名空间的名称；describe 为创建命名空间 itcast 时指定的自定义属性。

图 3-5　查看命名空间 itcast 的属性（1）

3.2.4　修改命名空间

HBase Shell 提供了 alter_namespace 命令用于添加或删除命名空间的属性，具体内容如下。

1. 添加属性

为命名空间添加属性的语法格式如下。

```
alter_namespace 'ns',{METHOD =>'set','PROPERTY_NAME' =>'PROPERTY_VALUE'}
```

上述语法格式中，METHOD => 'set'表示添加属性。需要说明的是，如果添加的属性在命名空间已存在，那么会根据指定的属性值来修改该属性的属性值。

接下来演示如何为命名空间 itcast 添加属性，具体内容如下。

（1）为命名空间 itcast 添加自定义属性 create_user，并指定属性值为 bozai，在 HBase Shell 执行如下命令。

```
>alter_namespace 'itcast',{METHOD =>'set','create_user' =>'bozai'}
```

上述命令执行完成后，查看命名空间 itcast 属性的效果如图 3-6 所示。

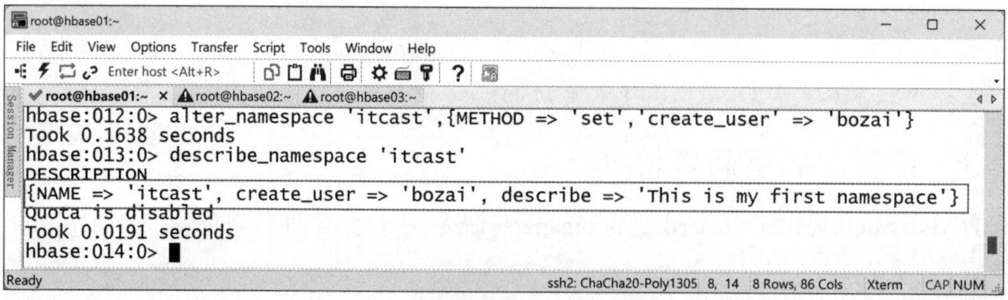

图 3-6　查看命名空间 itcast 的属性（2）

从图 3-6 可以看出，命名空间 itcast 包含属性 create_user，并且该属性的属性值为 bozai，因此说明已成功为命名空间 itcast 添加属性。

（2）为命名空间 itcast 添加自定义属性 describe，并指定属性值为 This namespace is modified，在 HBase Shell 执行如下命令。

```
>alter_namespace 'itcast',{METHOD =>'set',
'describe' =>'This namespace is modified'}
```

上述命令执行完成后，查看命名空间 itcast 的属性，如图 3-7 所示。

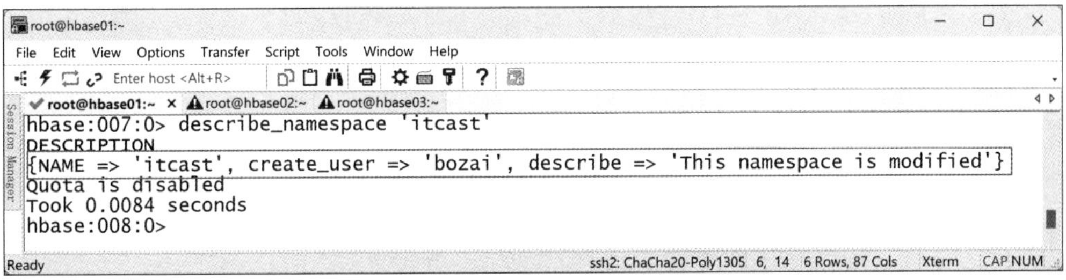

```
hbase:007:0> describe_namespace 'itcast'
DESCRIPTION
{NAME => 'itcast', create_user => 'bozai', describe => 'This namespace is modified'}
Quota is disabled
Took 0.0084 seconds
hbase:008:0>
```

图 3-7　查看命名空间 itcast 的属性(3)

从图 3-7 可以看出，由于属性 describe 已经存在于命名空间 itcast，所以在执行上述命令时，会将该属性的属性值由 This is my first namespace 修改为 This namespace is modified。因此说明已成功为命名空间 itcast 添加属性，并且将相同属性的属性值进行了修改。

2. 删除属性

为命名空间删除属性的语法格式如下。

```
alter_namespace 'ns',{METHOD =>'unset',NAME=>'PROPERTY_NAME'}
```

上述语法格式中，ns 用于指定命名空间的名称。METHOD => 'unset'表示删除属性的固定语法。PROPERTY_NAME 用于指定删除属性的名称，该属性必须已存在。

接下来演示如何删除命名空间 itcast 的属性 describe，在 HBase Shell 执行如下命令。

```
>alter_namespace 'itcast',{METHOD =>'unset', NAME =>'describe'}
```

上述命令执行完成后，查看命名空间 itcast 的属性，如图 3-8 所示。

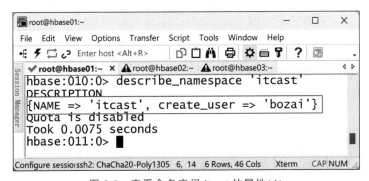

图 3-8　查看命名空间 itcast 的属性(4)

从图 3-8 可以看出，命名空间 itcast 的描述信息中已经不存在属性 describe。因此说明已成功删除命名空间 itcast 的属性。

注意：命名空间默认的属性 NAME 是不能修改的。

3.2.5　删除命名空间

HBase Shell 提供了 drop_namespace 命令用于删除命名空间，其语法格式如下。

```
drop_namespace 'ns'
```

接下来演示如何删除命名空间 itcast，在 HBase Shell 执行如下命令。

```
>drop_namespace 'itcast'
```

上述命令执行完成后，查看命名空间，如图 3-9 所示。

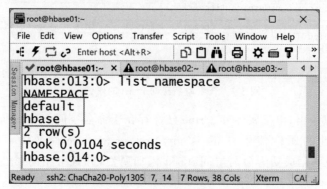

图 3-9　查看命名空间（3）

从图 3-9 可以看出，HBase 已经不存在命名空间 itcast。因此说明已成功删除命名空间 itcast。

注意：如果命名空间包含表，那么需要将命名空间的表删除之后才能删除命名空间。

3.2.6　查看命名空间的表

HBase Shell 提供了 list_namespace_tables 命令用于查看命名空间的表，其语法格式如下。

```
list_namespace_tables 'ns'
```

接下来演示如何查看命名空间 hbase 的表，在 HBase Shell 执行如下命令。

```
>list_namespace_tables 'hbase'
```

上述命令的执行效果如图 3-10 所示。

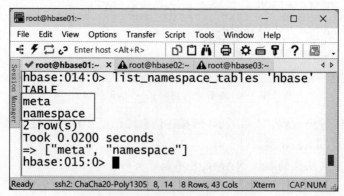

图 3-10　查看命名空间 hbase 的表

从图 3-10 可以看出，命名空间 hbase 包含表 meta 和 namespace，其中，meta 用于存储表的元数据；namespace 用于存储命名空间的元数据。

3.3 表操作

表的作用是将相同类型或者同一业务的数据组织在一起，方便用户对数据进行管理和维护。本节详细介绍如何通过 HBase Shell 操作 HBase 的表。

3.3.1 创建表

在创建表时，必须为表指定至少一个列族，并且可以通过指定属性来配置表和列族。HBase 为表和列族定义了丰富的预定义属性，供用户在创建表时根据实际需求对表和列族进行配置，关于表和列族常用的预定义属性如表 3-1 和表 3-2 所示。

表 3-1 表常用的预定义属性

预定义属性	含义	示例
SPLITS_FILE	用于根据用户指定的拆分文件对表进行预拆分	SPLITS_FILE => 'splits.txt'
SPLITS	用于根据用户指定的数组对表进行预拆分	SPLITS => ['10', '20', '30', '40']
SPLITALGO	用于根据用户指定的拆分算法对表进行预拆分，须配合预定义属性 NUMREGIONS 一同使用。支持的拆分算法有 HexStringSplit、DecimalStringSplit 和 UniformSplit	SPLITALGO => 'HexStringSplit'
NUMREGIONS	用于指定预拆分的数量，须配合预定义属性 SPLITALGO 一同使用	NUMREGIONS => 15
METADATA	用于根据用户指定的自定义属性和属性值来描述表	METADATA => { 'mykey1' => 'myvalue1', 'mykey2' => 'myvalue2'}
OWNER	用于指定表的所有者，表默认的所有者为创建该表的用户	OWNER => 'itcast'
SPLIT_ENABLED	用于开启或关闭 Region 自动拆分，默认为开启。若该预定义属性的属性值为 false 表示关闭	SPLIT_ENABLED => 'false'
MERGE_ENABLED	用于开启或关闭 Region 自动合并，默认为开启。若该预定义属性的属性值为 false 表示关闭	MERGE_ENABLED => 'false'
READONLY	用于指定表是否为只读模式，当表为只读模式时无法写入数据，默认为关闭。若该预定义属性的属性值为 true 表示开启	READONLY => 'true'

表 3-2 列族常用的预定义属性

预定义属性	含义	示例
BLOOMFILTER	用于指定列族中布隆过滤器的工作模式，默认属性值为 ROW（行模式），可选属性值为 NONE（关闭）和 ROWCOL（行列模式）	BLOOMFILTER => 'NONE'
IN_MEMORY	用于将列族存储的数据缓存到内存，提高数据的读取效率，默认属性值为 false，表示关闭	IN_MEMORY => 'true'

续表

预定义属性	含 义	示 例
VERSIONS	用于指定列族存储数据的最大版本数,若数据的版本数超出最大版本数,则 Region 在合并过程中会根据版本的新旧程度删除相对较旧版本的数据,以确保数据的版本数量不超出最大版本数。默认属性值为 1,即列族只存储最新版本的数据	VERSIONS => 2
KEEP_DELETED_CELLS	用于指定是否保存列族中已删除的数据,默认属性值为 false,表示不保存列族中已删除的数据,此时 HBase 会定期自动清除已删除的数据。若属性值为 true,那么会根据预定义属性 TTL 指定的时间来清除已删除的数据	KEEP_DELETED_CELLS => 'true'
DATA_BLOCK_ENCODING	用于指定列族中数据的编码方式,默认属性值为 NONE,即不对列族中的数据进行编码处理。可选属性值包括 PREFIX、DIFF、FAST_DIFF 和 ROW_INDEX_V1	DATA_BLOCK_ENCODING => 'FAST_DIFF'
COMPRESSION	用于指定列族中数据的压缩格式,默认属性值为 NONE,即不对列族中的数据进行压缩。可选属性值包括 LZO、GZ、SNAPPY 和 LZ4	COMPRESSION => 'SNAPPY'
TTL	用于指定列族中数据的生存时间,时间单位为 SECONDS (秒),当数据自写入后超过指定的生存时间时,会被 HBase 自动清除。默认属性值为 FOREVER,即列族中的数据永久存在	TTL => '10 SECONDS'
MIN_VERSIONS	用于指定列族中数据的最小版本数,主要用于约束属性 TTL,如果指定了列族中数据的生存时间,那么当数据超过生存时间时,在 HBase 自动清除数据之前会先判断当前数据在列族中的版本数是否小于或等于最小版本数,如果是就放弃清除数据。默认属性值为 0	MIN_VERSIONS => 1
BLOCKCACHE	用于设置列族是否开启 BlockCache,默认属性值为 true,即开启 BlockCache	BLOCKCACHE => 'false'
BLOCKSIZE	用于指定 HFile 中每个数据块的大小,默认属性值为 65536(64KB)	BLOCKSIZE => 131072
REPLICATION_SCOPE	用于定义数据的复制范围,复制类似于 HDFS 的副本机制,主要是为了提高数据的可靠性。该参数的可选属性值为 0、1 和 2,其中 0 为默认属性值,表示不进行数据复制;1 表示数据只会在同一数据中心进行复制;2 表示数据可以在不同数据中心进行复制	REPLICATION_SCOPE => 1

在表 3-1 中关于预拆分、Region 自动拆分和 Region 合并的内容会在本书的第 6 章进行深入讲解,这里读者仅需了解即可。

在表 3-2 中,布隆过滤器(Bloom filter)是一种基于概率的数据结构,在 HBase 中每个列族都可以有一个布隆过滤器,布隆过滤器会为列族的数据创建索引,当客户端执行读操作时,布隆过滤器会先通过索引查询数据是否存在,如果存在则继续查询对应的数据,否则直接返回不存在。需要说明的是,如果预定义属性的属性值为数字类型,那么可以不使用单引号进行修饰。

HBase Shell 提供了 create 命令用于创建表,根据创建表时是否指定列族的属性,可以将创建表的方式分为两种,具体内容如下。

1. 创建表时指定列族的属性

在创建表时,可以通过指定列族的属性,将预定义属性的默认属性值根据实际需求进行修改,其语法格式如下。

```
create '[namespace:]table_name',
{NAME =>'columnfamily',CF_PROPERTY_NAME=>'CF_PROPERTY_VALUE',...},
{NAME =>'columnfamily',CF_PROPERTY_NAME=>'CF_PROPERTY_VALUE',...},...
[,TABLE_PROPERTY_NAME =>'TABLE_PROPERTY_VALUE',
TABLE_PROPERTY_NAME =>'TABLE_PROPERTY_VALUE',...]
```

上述语法格式中,namespace 为可选,用于指定表所属的命名空间。如果没有指定命名空间,那么将使用默认的命名空间 default。table_name 用于指定表的名称,columnfamily 用于指定列族的名称。

CF_PROPERTY_NAME 和 CF_PROPERTY_VALUE 用于根据 HBase 为列族定义的预定义属性来指定列族的属性及其属性值,可以同时指定列族的多个属性。

TABLE_PROPERTY_NAME 和 TABLE_PROPERTY_VALUE 为可选,用于根据 HBase 为表定义的预定义属性指定表的属性及其属性值,可以同时指定表的多个属性。

接下来演示如何在创建表时指定列族的属性,具体需求如下。

- 在命名空间 school 创建表 teacher_info,指定表的列族为 grade1 和 grade2。
- 通过表的预定义属性 METADATA,为表指定自定义属性 comment 和属性值 Class of 2022 Teacher List。
- 通过表的预定义属性 MERGE_ENABLED 关闭 Region 自动合并。
- 通过列族的预定义属性 VERSIONS,将列族 grade1 存储数据的最大版本数调整为 2。
- 通过列族的预定义属性 IN_MEMORY,将列族 grade1 存储的数据缓存到内存。
- 通过列族的预定义属性 TTL,将列族 grade2 中数据的生存时间调整为 10 秒。
- 通过列族的预定义属性 MIN_VERSIONS,将列族 grade2 存储数据的最小版本数调整为 1。

根据上述需求,在 HBase Shell 执行下列命令。

```
# 创建命名空间 school
>create_namespace 'school'
# 在命名空间 school 创建表 teacher_info
>create 'school:teacher_info',{NAME =>'grade1',VERSIONS =>2,
IN_MEMORY =>'true'},{NAME =>'grade2',TTL =>'10 SECONDS',
MIN_VERSIONS =>1},MERGE_ENABLED =>'false',
METADATA =>{'comment' =>'Class of 2022 Teacher List'}
```

上述命令执行完成后,查看命名空间 school 的表,如图 3-11 所示。

从图 3-11 可以看出,命名空间 school 包含表 teacher_info。因此说明已成功在命名空间 school 创建表 teacher_info。

2. 创建表时不指定列族的属性

出于便捷性考虑,可以在创建表时不指定列族的属性,使列族直接应用预定义属性默认

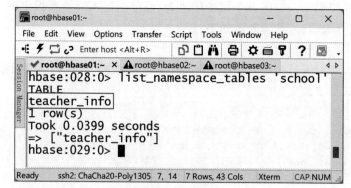

图 3-11 查看命名空间 school 的表

的属性值,其语法格式如下。

```
create '[namespace:]table_name','columnfamily','columnfamily',...
[,'TABLE_PROPERTY_NAME' => 'TABLE_PROPERTY_VALUE',...]
```

接下来演示如何在创建表时不指定列族的属性。这里在命名空间 default 创建表 user_info,指定表的列族为 person 和 address,在 HBase Shell 执行如下命令。

```
>create 'user_info','person','address'
```

上述命令执行完成后,查看命名空间 default 的表,如图 3-12 所示。

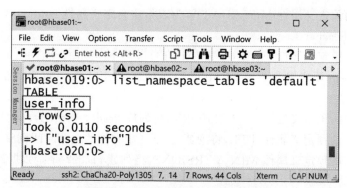

图 3-12 查看命名空间 default 的表

从图 3-12 可以看出,命名空间 default 包含表 user_info。因此说明已成功在命名空间 default 创建表 user_info。

多学一招:克隆表

除了通过 HBase Shell 提供的 create 命令创建表之外,HBase Shell 还提供了 clone_table_schema 命令,可以基于已存在的表克隆一个新表,从而实现创建表的目的。新表与被克隆的表具有相同的元数据,但不包含被克隆表的数据。关于克隆表的语法格式如下。

```
clone_table_schema '[namespace:]table_name','[namespace:]new_table_name'
[,'split_key']
```

上述语法格式中,table_name 用于指定被克隆的表名;new_table_name 用于指定新表的表名;split_key 为可选,用于指定新表是否包含被克隆表的 Region 拆分信息,默认值为

true,表示包含。

例如,通过克隆命名空间 school 的表 teacher_info,在命名空间 default 创建表 student_info,具体命令如下。

```
>clone_table_schema 'school:teacher_info','student_info'
```

3.3.2 查看表信息

HBase Shell 提供了 desc 命令用于查看表信息,表信息的内容包含表的状态信息,以及表和列族的属性信息。关于查看表信息的语法格式如下。

```
desc '[namespace:]table_name'
```

接下来演示如何查看命名空间 school 中表 teacher_info 的信息,在 HBase Shell 执行如下命令。

```
>desc 'school:teacher_info'
```

上述命令的执行效果如图 3-13 所示。

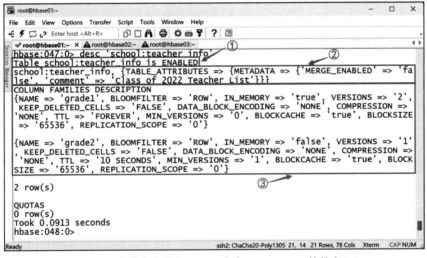

图 3-13　查看命名空间 school 中表 teacher_info 的信息(1)

在图 3-13 中,①标注的部分为表的状态信息,其中状态信息中的 ENABLED 表示表处于启用状态,若状态信息中出现 DISABLE 表示表处于停用状态,有关停用和启用表的相关内容会在 3.3.4 节进行讲解。②标注的部分为表的属性信息。③标注的部分为列族的属性信息,其中属性 NAME 用于标注列族名称,其他属性为 HBase 为列族定义的预定义属性。

3.3.3 查看表

HBase Shell 提供了 list 命令用于查看表,该命令可以列出用户创建的所有表,也可以使用正则表达式对用户创建的所有表进行筛选。关于查看表的语法格式如下。

```
list '[[namespace:]regular]'
```

上述语法格式中,[[namespace:]regular]为可选,用于通过正则表达式对指定命名空间中用户创建的所有表进行筛选,其中 namespace 为可选,用于指定命名空间,如果不指定命名空间,那么正则表达式会对用户创建的所有表进行筛选;regular 用于指定正则表达式。

需要说明的是,在查看表的结果中,除了属于命名空间 default 的表之外,其他命名空间中表的展现形式为"命名空间:表",例如,命名空间 school 中表 teacher_info 的展现形式为 school:teacher_info。

此外,使用正则表达式对用户创建的所有表进行筛选时,只有命名空间 default 的表是基于表名与正则表达式进行匹配,而其他命名空间的表则基于"命名空间:表"的形式与正则表达式进行匹配。

接下来分别演示如何查看用户创建的所有表,以及如何使用正则表达式对用户创建的表进行筛选,具体内容如下。

(1) 查看用户创建的所有表,在 HBase Shell 执行如下命令。

```
>list
```

上述命令的执行效果如图 3-14 所示。

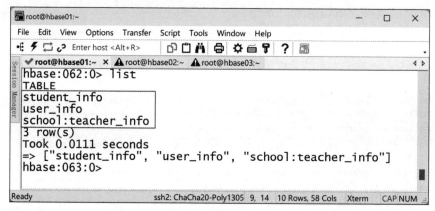

图 3-14 查看表(1)

从图 3-14 可以看出,用户共创建了 3 个表,其中表 student_info 和 user_info 属于命名空间 default,表 teacher_info 属于命名空间 school。

(2) 通过正则表达式 ".*:t.*" 对用户创建的所有表进行筛选,匹配表名以字母 t 开头的表,在 HBase Shell 执行如下命令。

```
>list '.*:t.*'
```

上述命令的执行效果如图 3-15 所示。

从图 3-15 可以看出,用户创建了一个表名以字母 t 开头的表 teacher_info,该表属于命名空间 school。

(3) 通过正则表达式 "u.*" 对命名空间 default 中用户创建的所有表进行筛选,匹配表名以字母 u 开头的表,在 HBase Shell 执行如下命令。

```
>list 'default:u.*'
```

上述命令的执行效果如图 3-16 所示。

从图 3-16 可以看出,在命名空间 default 中用户创建了一个表名以字母 u 开头的表

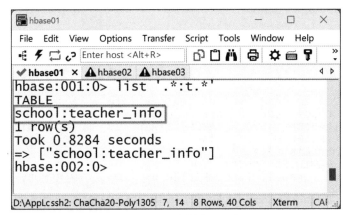

图 3-15 查看表（2）

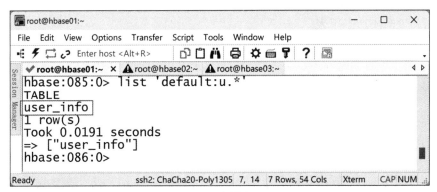

图 3-16 查看表（3）

user_info。

注意：查看表的范围仅限于用户创建的表，并不会涉及 HBase 的系统表，如属于命名空间 hbase 的表。

3.3.4 停用和启用表

HBase 中表的状态分为停用和启用，当表处于停用状态时，用户无法访问和操作表中的数据。默认情况下，用户创建的表为启用状态。HBase Shell 提供了相应的命令来停用和启用表，具体介绍如下。

1. 停用表

停用表的主要目的是在进行某些特定操作时，保护表中的数据不受并发访问的干扰，从而确保数据的一致性和完整性。例如，执行诸如修改表、删除表、数据迁移等操作。

HBase Shell 提供了 disable 命令用于停用表，其语法格式如下。

```
disable '[namespace:]table_name'
```

接下来演示如何停用命名空间 school 的表 teacher_info，在 HBase Shell 执行如下命令。

```
>disable 'school:teacher_info'
```

上述命令执行完成后,查看命名空间 school 中表 teacher_info 的信息,如图 3-17 所示。

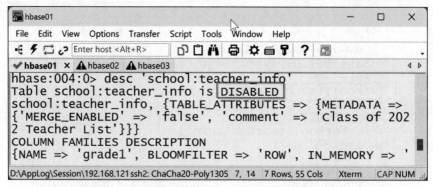

图 3-17　查看命名空间 school 中表 teacher_info 的信息(2)

从图 3-17 可以看出,命名空间 school 中表 teacher_info 的状态信息中出现 DISABLED 的内容,因此说明成功停用表。

2. 启用表

启用表的主要目的是在完成表的维护或修改操作后,允许用户重新访问和操作表中的数据。HBase Shell 提供了 enable 命令用于启用表,其语法格式如下。

```
enable '[namespace:]table_name'
```

接下来演示如何启用命名空间 school 的表 teacher_info,在 HBase Shell 执行如下命令。

```
>enable 'school:teacher_info'
```

上述命令执行完成后,查看命名空间 school 中表 teacher_info 的信息,如图 3-18 所示。

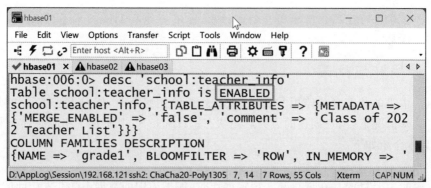

图 3-18　查看命名空间 school 中表 teacher_info 的信息(3)

从图 3-18 可以看出,命名空间 school 中表 teacher_info 的状态信息中出现 ENABLED 的内容,因此说明成功启用表。

注意:系统表是无法停用的。

多学一招:停用或启用多个表

当需要停用或启用多个表时,逐个执行 disable 或 enable 命令可能会非常耗时。为了提高效率,HBase Shell 提供了 disable_all 和 enable_all 命令,用于一次性停用或启用多个表。这些命令可以根据指定的正则表达式来匹配表名,并对符合条件的表执行停用或启用操作。停用或启用多个表的语法格式如下。

```
# 停用多个表
disable_all '[namespace:]regular'
# 启用多个表
enable_all '[namespace:]regular'
```

上述语法格式中,namespace 和 regular 分别用于指定命名空间和正则表达式,如果不指定命名空间,那么会根据指定的正则表达式匹配用户创建的所有表。

这里以 disable_all 命令为例,演示如何使用正则表达式".*:.*_info$"来匹配表名,停用用户创建的所有表中表名以字符串_info 结尾的表,在 HBase Shell 执行如下命令。

```
>disable_all '.*:.*_info$'
```

上述命令执行完成的效果如图 3-19 所示。

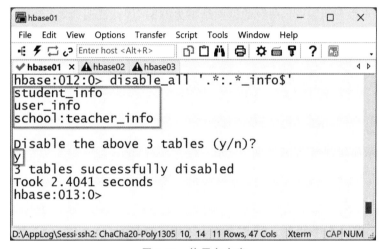

图 3-19 停用多个表

从图 3-19 可以看出,当执行 disable_all 命令时,会列出匹配到的所有表,然后询问是否对这些表执行停用操作,如果确认无误的话可以输入字母 y,此时便会停用匹配到的所有表。

使用 enable_all 命令启用多个表的方式与 disable_all 命令相同,这里不再赘述。

3.3.5 判断表

HBase Shell 提供了 exists 命令、is_enabled 命令和 is_disabled 命令用于判断表,具体内容如下。

1. exists 命令

exists 命令用于判断表是否存在,当该命令返回结果为 true 时,表示表存在;若返回结果为 false,则表示表不存在,其语法格式如下。

```
exists '[namespace:]table_name'
```

接下来演示如何判断命名空间 school 是否存在表 student_info，在 HBase Shell 执行如下命令。

```
>exists 'school:student_info'
```

上述命令的执行效果如图 3-20 所示。

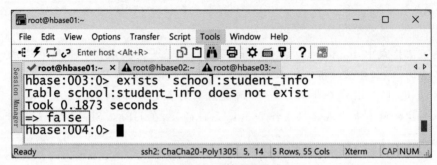

图 3-20　判断表是否存在

从图 3-20 可以看出，exist 命令的返回结果为 false，因此说明命名空间 school 不存在表 student_info。

2. is_enabled 命令

is_enabled 命令用于判断表是否处于启用状态，当该命令返回结果为 true 时，表示表处于启用状态；若返回结果为 false，则表示表处于停用状态，其语法格式如下。

```
is_enabled '[namespace:]table_name'
```

接下来演示如何判断命名空间 default 的表 user_info 是否处于启用状态，在 HBase Shell 执行如下命令。

```
>is_enabled 'user_info'
```

上述命令的执行效果如图 3-21 所示。

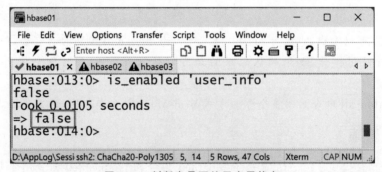

图 3-21　判断表是否处于启用状态

从图 3-21 可以看出，is_enabled 命令的返回结果为 false，因此说明命名空间 default 的表 user_info 处于停用状态。

3. is_disabled 命令

is_disabled 命令用于判断表是否处于停用状态，当该命令返回结果为 true 时，表示表处于停用状态；若返回结果为 false，则表示表处于启用状态，其语法格式如下。

```
is_disabled '[namespace:]table_name'
```

接下来演示如何判断命名空间 school 的表 teacher_info 是否处于停用状态,在 HBase Shell 执行如下命令。

```
>is_disabled 'school:teacher_info'
```

上述命令的执行效果如图 3-22 所示。

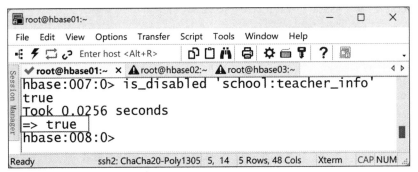

图 3-22　判断表是否处于停用状态

从图 3-22 可以看出,is_disabled 命令的返回结果为 true,因此说明命名空间 school 的表 teacher_info 处于停用状态。

3.3.6　修改表

HBase Shell 提供了 alter 命令用于修改表,包括修改表属性和列族,具体内容如下。

1. 修改表属性

修改表属性主要涉及对表的属性进行添加或删除的操作,具体内容如下。

1）添加属性

添加属性表示根据表的预定义属性为表添加属性及其属性值,如果添加的属性在表中已存在,那么可以根据指定的属性值来修改该属性的属性值。关于添加属性的语法格式如下。

```
alter '[namespace:]table_name',TABLE_PROPERTY_NAME =>
'TABLE_PROPERTY_VALUE'[,TABLE_PROPERTY_NAME =>'TABLE_PROPERTY_VALUE',...]
```

上述语法格式中,TABLE_PROPERTY_NAME 和 TABLE_PROPERTY_VALUE 用于根据表的预定义属性来添加表的属性及其属性值。

接下来演示如何为命名空间 school 的表 teacher_info 添加属性,具体需求如下。

- 添加预定义属性 READONLY,并指定属性值为 true。
- 添加预定义属性 MERGE_ENABLED,并指定属性值为 true。

根据上述需求,在 HBase Shell 执行如下命令。

```
>alter 'school:teacher_info',MERGE_ENABLED =>'true',READONLY =>'true'
```

上述命令执行完成后,查看命名空间 school 中表 teacher_info 的信息,如图 3-23 所示。通过对比图 3-23 和图 3-13,可以发现命名空间 school 中表 teacher_info 的属性信息发

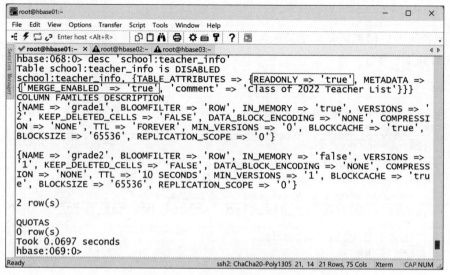

图 3-23 查看命名空间 school 中表 teacher_info 的信息（4）

生了变化。首先，预定义属性 READONLY 被添加到了表属性中；其次，由于预定义属性 MERGE_ENABLED 已经存在，所以它的属性值被修改为 true。

2）删除属性

删除属性的语法格式如下。

```
    alter '[namespace:]table_name',METHOD =>'table_att_unset'
,NAME =>'TABLE_PROPERTY_NAME'
```

上述语法格式中，METHOD => 'table_att_unset' 表示删除属性，TABLE_PROPERTY_NAME 用于指定属性名。

接下来演示如何删除命名空间 school 中表 teacher_info 的自定义属性 comment，在 HBase Shell 执行如下命令。

```
    >alter 'school:teacher_info',METHOD =>'table_att_unset',
NAME =>'comment'
```

上述命令执行完成后，查看命名空间 school 中表 teacher_info 的信息，如图 3-24 所示。

从图 3-24 可以看出，命名空间 school 中表 teacher_info 的属性信息中已经不存在自定义属性 comment。

2. 修改列族

修改列族主要涉及修改表中列族的属性，以及对表中的列族执行添加或删除操作，具体内容如下。

1）修改列族属性

修改列族属性是指根据列族的预定义属性对列族的属性进行调整，其语法格式如下。

```
alter '[namespace:]table_name',
{NAME =>'columnfamily',CF_PROPERTY_NAME=>'CF_PROPERTY_VALUE'
[,CF_PROPERTY_NAME=>'CF_PROPERTY_VALUE',...]}
```

```
[,{NAME =>'columnfamily',CF_PROPERTY_NAME=>'CF_PROPERTY_VALUE'
[,CF_PROPERTY_NAME=>'CF_PROPERTY_VALUE',...]},
...]
```

上述语法格式可以同时对多个列族的多个属性进行调整，其中 columnfamily 用于指定列族的名称。CF_PROPERTY_NAME 和 CF_PROPERTY_VALUE 用于指定预定义属性及其对应的属性值。

接下来演示如何对命名空间 school 的表 teacher_info 中列族 grade1 的属性进行修改，具体需求如下。

- 通过列族的预定义属性 VERSIONS，将列族存储数据的最大版本数调整为 3。
- 通过列族的预定义属性 BLOCKSIZE，将列族的 HFile 中每个数据块的大小调整为 131072。

根据上述需求，在 HBase Shell 执行如下命令。

```
>alter 'school:teacher_info',{NAME =>'grade1',VERSIONS =>3,
BLOCKSIZE =>131072}
```

上述命令执行完成后，查看命名空间 school 中表 teacher_info 的信息，如图 3-25 所示。通过对比图 3-25 和图 3-24，可以观察到，列族 grade1 的属性信息发生了变化，其中预定义属性 VERSIONS 的属性值变更为 3；预定义属性 BLOCKSIZE 的属性值变更为 131072。

2）添加列族

添加列族是指在表中添加一个或多个新的列族。在添加列族时，可以根据列族的预定义属性对其进行相应的配置。

```
alter '[namespace:]table_name',
{NAME =>'columnfamily'[,'CF_PROPERTY_NAME'=>'CF_PROPERTY_VALUE',...]}
[,{NAME =>'columnfamily'[,'CF_PROPERTY_NAME'=>'CF_PROPERTY_VALUE',...]}
,...]
```

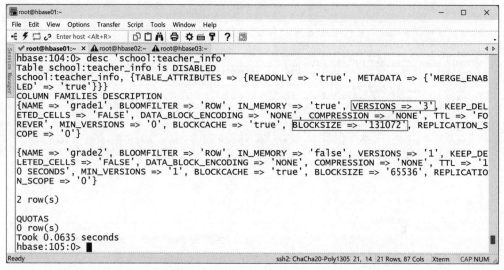

图 3-25　查看命名空间 school 中表 teacher_info 的信息（6）

上述语法格式中，CF_PROPERTY_NAME 和 CF_PROPERTY_VALUE 为可选，用于指定预定义属性及其对应的属性值。

接下来演示如何在命名空间 school 的表 teacher_info 中添加列族，具体需求如下。
- 添加列族 grade3。
- 添加列族 grade4，并通过预定义属性 VERSIONS，将列族存储数据的最大版本数调整为 2。

根据上述需求，在 HBase Shell 执行如下命令。

```
>alter 'school:teacher_info',{NAME =>'grade3'},
{NAME =>'grade4',VERSIONS =>2}
```

上述命令执行完成后，查看命名空间 school 中表 teacher_info 的信息，如图 3-26 所示。

从图 3-26 可以看出，命名空间 school 中表 teacher_info 的信息中，包含列族 grade3 和 grade4，并且列族 grade4 的属性信息中预定义属性 VERSIONS 的属性值为 2。

需要说明的是，如果添加的列族已存在，那么会根据添加列族时，指定的预定义属性及其属性值，对列族相应的属性进行修改。

3）删除列族

删除列族表示删除表的指定列族，并删除列族存储的数据，其语法格式如下。

```
alter '[namespace:]table_name','delete' =>'columnfamily'
```

上述语法格式中，delete 表示删除列族，columnfamily 用于指定列族的名称。

接下来演示如何删除命名空间 school 中表 teacher_info 的列族 grade4，在 HBase Shell 执行如下命令。

```
>alter 'school:teacher_info','delete' =>'grade4'
```

上述命令执行完成后，查看命名空间 school 中表 teacher_info 的信息，如图 3-27 所示。

从图 3-27 可以看出，命名空间 school 中表 teacher_info 的信息中已经不存在列族

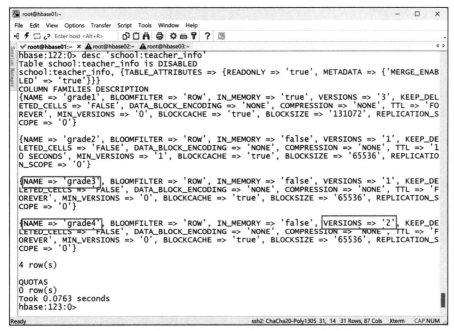

图 3-26　查看命名空间 school 中表 teacher_info 的信息（7）

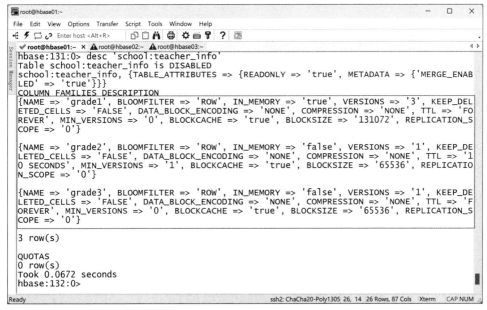

图 3-27　查看命名空间 school 中表 teacher_info 的信息（8）

grade4。

3.3.7　删除表

HBase Shell 提供了 drop 命令用于删除表，被删除的表必须处于停用状态。关于删除表的语法格式如下。

```
drop '[namespace:]table_name'
```

接下来演示如何删除命名空间 school 的表 teacher_info，具体操作步骤如下。
（1）判断表 teacher_info 是否处于停用状态，在 HBase Shell 执行如下命令。

```
>is_disabled 'school:teacher_info'
```

上述命令的执行效果如图 3-28 所示。

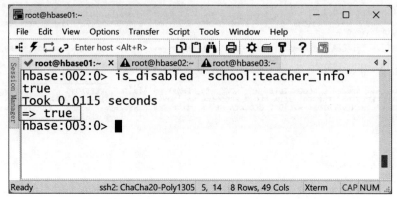

图 3-28　判断命名空间 school 的表 teacher_info 是否处于停用状态

从图 3-28 可以看出，is_disabled 命令的返回结果为 true，因此说明命名空间 school 的表 teacher_info 处于停用状态。如果命名空间 school 的表 teacher_info 处于启用状态，那么需要通过 disable 命令停用该表。

（2）删除命名空间 school 的表 teacher_info，在 HBase Shell 执行如下命令。

```
>drop 'school:teacher_info'
```

上述命令执行完成后，查看用户创建的所有表，如图 3-29 所示。

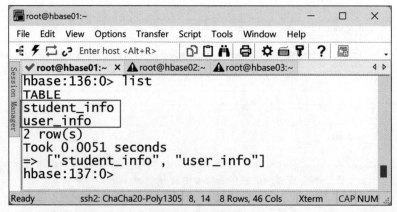

图 3-29　查看表（4）

从图 3-29 可以看出，HBase 已经不存在用户在命名空间 school 创建的表 teacher_info，因此说明成功删除命名空间 school 的表 teacher_info。

注意：HBase 的系统表是无法删除的。

> **多学一招：删除多个表**

当需要删除多个表时，逐个执行 drop 命令可能会非常耗时。为了提高效率，HBase Shell 提供了 drop_all 命令，用于一次性删除多个表，该命令可以根据指定的正则表达式来匹配表名，并对符合条件的表执行删除操作。关于删除多个表的语法格式如下。

```
drop_all '[namespace:]regular'
```

上述语法格式中，namespace 和 regular 分别用于指定命名空间和正则表达式，如果不指定命名空间，那么会根据指定的正则表达式匹配用户创建的所有表。

接下来演示如何使用正则表达式"s.*"来匹配表名，删除命名空间 default 中表名以字母 s 开头的所有表，在 HBase Shell 执行如下命令。

```
>drop_all 'default:s.*'
```

当执行上述命令时，会列出匹配到的所有表，然后询问是否对这些表执行删除操作，如果确认无误的话可以输入字母 y，此时便会删除匹配到的所有表。

注意：删除的多个表都要处于停用状态。

3.4 数据操作

数据操作是指通过 HBase Shell 对数据进行插入、查询、删除等操作。对数据保持真实和准确的态度是操作数据时应该遵循的原则。通过遵循这一原则，能够更好地应用数据，并取得长期的成功和可持续的发展。本节详细介绍如何通过 HBase Shell 操作数据。

3.4.1 插入数据

在 HBase 中，单元格是数据存储的基本单位。因此，向 HBase 插入数据实际上就是在添加一个或多个单元格。每个单元格通过行键、列族、列标识和时间戳来唯一标识数据，它们分别表示数据所属的行、列族、列和版本号。插入数据时，HBase 默认使用表所在 RegionServer 的系统时间作为时间戳。因此，向表插入数据时，除了需要指定数据本身外，还必须提供行键、列族和列标识。

HBase Shell 提供了 put 命令用于向表中插入数据，其语法格式如下。

```
put '[namespace:]table_name','rowkey','columnfamily:qualifier','value'
[,timestamp]
```

上述语法格式中，rowkey 用于指定行键；columnfamily 用于指定列族；qualifier 用于指定列标识；value 用于指定插入的数据；timestamp 为可选，用于指定时间戳。

接下来演示如何插入数据，这里向命名空间 default 的表 user_info 添加一个单元格，单元格的行键、列族、列标识和数据分别为 user001、person、username 和 zhangsan。需要注意的是，如果读者根据 3.3.4 节的多学一招进行了停用多个表的操作，那么需要提前启用命名空间 default 中的表 user_info。

在 HBase Shell 执行如下命令。

```
>put 'user_info','user001','person:username','zhangsan'
```

上述命令执行完成后,执行"scan 'user_info'"命令查询命名空间 default 中表 user_info 的数据,如图 3-30 所示。

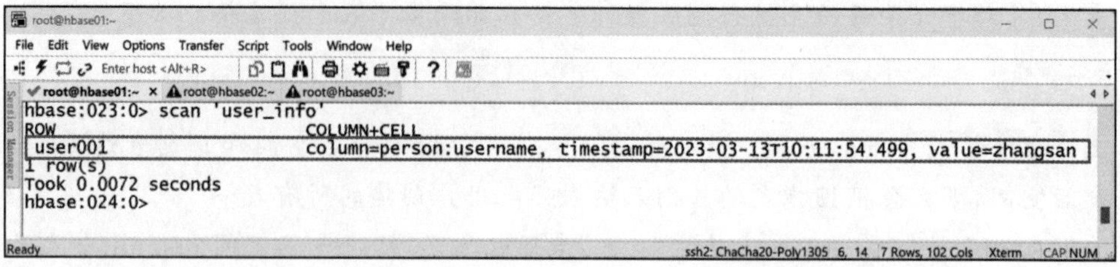

图 3-30 查询命名空间 default 中表 user_info 的数据(1)

从图 3-30 可以看出,命名空间 default 中表 user_info 存在一个单元格,该单元格的行键、列族、列标识、时间戳和数据分别为 user001、person、username、2023-03-13T10:11:54.499 和 zhangsan。

需要说明的是,HBase Shell 默认会将时间戳转换为时间和日期的格式进行显示。关于查询数据的相关操作会在 3.4.2 节进行讲解,这里读者只需要了解即可。

在插入数据时,如果指定的行键、列族、列标识和时间戳与表中已存在的单元格完全相同,那么新插入的数据将覆盖原有单元格的数据。然而,如果仅指定的行键、列族和列标识与已存在单元格相同,那么新插入的数据将生成一个新的单元格,这两个单元格通过时间戳来区分不同版本。默认情况下,在查询表数据时,仅显示具有最新时间戳的单元格。

例如,向命名空间 default 中表 user_info 添加两个单元格,这两个单元格的行键、列族和列标识都是 user002、person 和 username,其中第一个单元格的数据和时间戳分别为 wangwu 和 1;第二个单元格的数据和时间戳分别为 lisi 和 2。在 HBase Shell 执行下列命令。

```
>put 'user_info','user002','person:username','wangwu',1
>put 'user_info','user002','person:username','lisi',2
```

上述命令执行完成后,执行"scan 'user_info'"命令查询命名空间 default 中表 user_info 的数据,如图 3-31 所示。

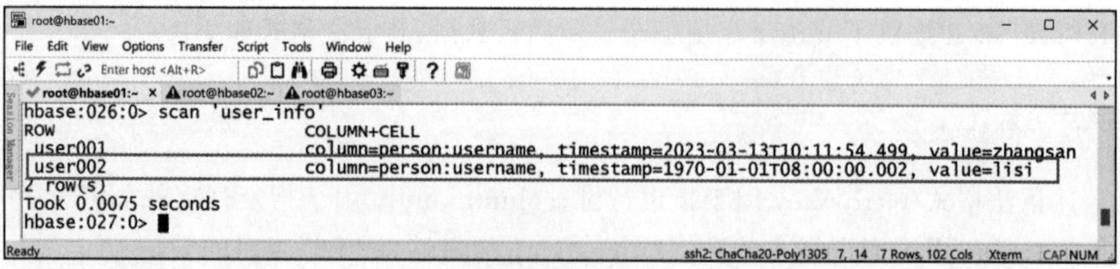

图 3-31 查询命名空间 default 中表 user_info 的数据(2)

从图 3-31 可以看出,对于具有相同行键、列族和列标识的两个单元格,在查询结果中仅显示了时间戳最新的单元格,即时间戳为 2(1970-01-01T08:00:00.002)的单元格。如果列族存储数据的最大版本数大于 1,那么在查询结果中也可以显示多个版本的单元格。关于这方面的内容请参阅 3.4.3 节。

3.4.2 查询数据

HBase Shell 提供了 scan 命令和 get 命令用于查询指定表的数据,并在查询结果中展示对应的单元格信息,具体介绍如下。

1. scan 命令

scan 命令用于查询表的多行数据,其基础语法格式如下。

```
scan '[namespace:]table_name'
[,{COLUMNS =>'columnfamily[:qualifier][,columnfamily[:qualifier],...]'}]
```

上述语法格式中,COLUMNS => 'columnfamily[:qualifier]'为可选,其中 columnfamily 用于指定列族,表示查询表中指定列族的多行数据;qualifier 为可选,表示查询列族中指定列标识的多行数据,可以理解为查询指定列的多行数据。可以使用 scan 命令同时查询不同列族和列标识的多行数据。

需要说明的是,如果在 scan 命令中没有指定列族或列标识,那么默认会查询表中所有行的数据。

为了便于后续演示查询数据的不同效果,这里向命名空间 default 中的表 user_info 中添加多个单元格。在 HBase Shell 执行下列命令。

```
>put 'user_info','user001','person:age','25'
>put 'user_info','user001','address:provice','shandong'
>put 'user_info','user001','address:city','jinan'
>put 'user_info','user002','person:age','26'
>put 'user_info','user002','address:provice','henan'
>put 'user_info','user002','address:city','zhengzhou'
```

接下来演示如何使用 scan 命令查询命名空间 default 中表 user_info 的数据,具体内容如下。

(1)查询列族 person 的数据,在 HBase Shell 执行如下命令。

```
>scan 'user_info',{COLUMNS =>'person'}
```

上述命令执行完成的效果如图 3-32 所示。

图 3-32 查询列族 person 的数据

从图 3-32 可以看出,列族 person 包含 4 个单元格,这些单元格的数据分别为 25、zhangsan、26 和 lisi,它们分别位于行键为 user001 和 user002 的行。

(2)查询列 address:provice 的数据,在 HBase Shell 执行如下命令。

```
>scan 'user_info',{COLUMNS =>'address:provice'}
```

上述命令执行完成的效果如图 3-33 所示。

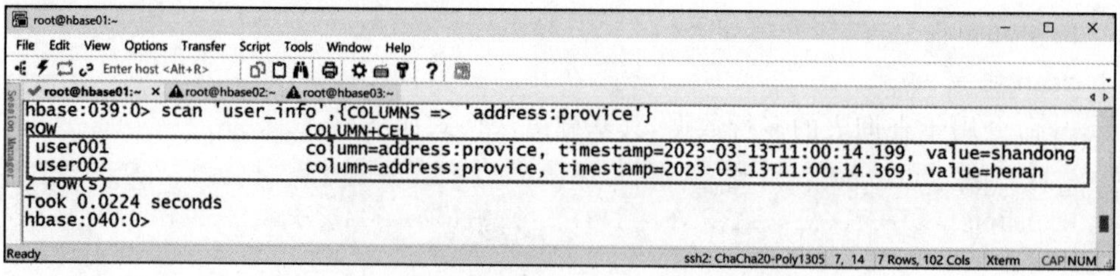

图 3-33 查询列 address：provice 的数据

从图 3-33 可以看出，列 address：provice 包含 2 个单元格，这些单元格的数据分别为 shandong 和 henan，它们分别位于行键为 user001 和 user002 的行。

2．get 命令

get 命令用于根据行键查询表中指定行的数据，其基础语法格式如下。

```
get '[namespace:]table_name','rowkey'
[,{COLUMNS =>'columnfamily[:qualifier][,columnfamily[:qualifier],...]'}]
```

需要说明的是，如果在 get 命令中没有指定列族或列标识，那么默认会查询表中指定行的所有数据。

接下来演示如何使用 get 命令查询命名空间 default 中表 user_info 的数据，具体内容如下。

（1）查询行键为 user002 的数据，在 HBase Shell 执行如下命令。

```
>get 'user_info','user002'
```

上述命令执行完成的效果如图 3-34 所示。

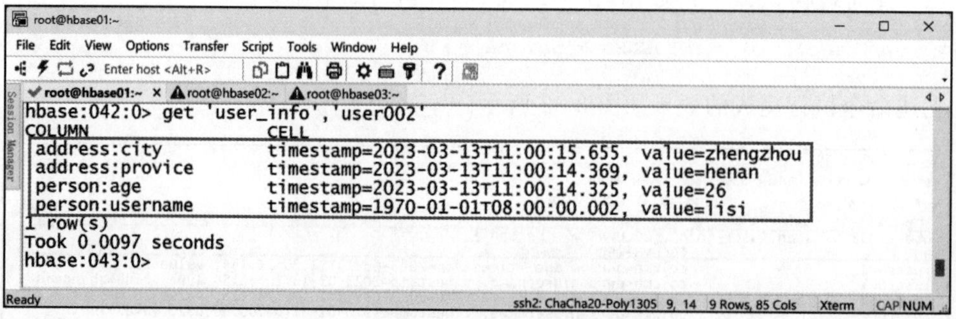

图 3-34 查询行键为 user002 的数据

从图 3-34 可以看出，行键为 user002 的行包含 4 个单元格，这些单元格的数据分别为 zhengzhou、henan、26 和 lisi。

（2）查询行键为 user002 的行中列族 person 的数据，在 HBase Shell 执行如下命令。

```
>get 'user_info','user002',{COLUMNS =>'person'}
```

上述命令执行完成的效果如图 3-35 所示。

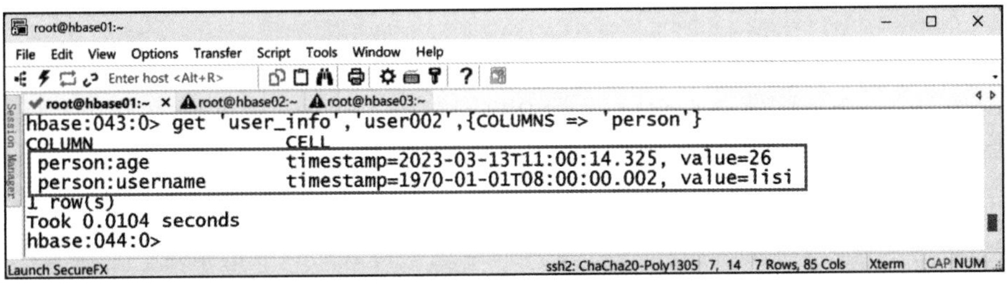

图 3-35　查询行键为 user002 的行中列族 person 的数据

从图 3-35 可以看出，在行键为 user002 的行中，列族 person 包含 2 个单元格，这些单元格的数据分别为 26 和 lisi。

（3）查询行键为 user002 的行中，列 person:age 的数据，在 HBase Shell 执行如下命令。

```
>get 'user_info','user002',{COLUMNS =>'person:age'}
```

上述命令执行完成的效果如图 3-36 所示。

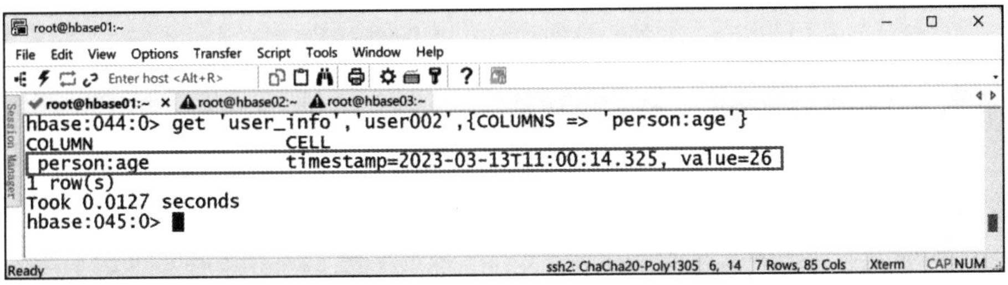

图 3-36　查询行键为 user002 的行中列 person:age 的数据

从图 3-36 可以看出，在行键为 user002 的行中，列 person:age 包含 1 个单元格，该单元格的数据为 26。

多学一招：显示中文数据

默认情况下，通过 HBase Shell 查询数据时，中文数据是以二进制形式显示的，无法直观地查看数据的内容，此时可以在查询数据时，为 scan 或 get 命令添加参数 FORMATTER，并指定参数值为 toString，将数据格式化为字符串进行显示。例如，使用 scan 命令查询表 user_info 的数据时，将数据格式化为字符串进行显示，则可以执行如下命令。

```
>scan 'user_info',{FORMATTER =>'toString'}
```

需要说明的是，如果查询列族或列的数据时，参数 FORMATTER 需要与指定的列族或列保持在同一{}内，如使用 scan 命令查询表 user_info 中列族 person 的多行数据时，将数据格式化为字符串进行显示，则可以执行如下命令。

```
>scan 'user_info',{COLUMNS =>'person',FORMATTER =>'toString'}
```

3.4.3　条件查询

条件查询是通过使用 scan 和 get 命令提供的参数，在数据查询中指定查询条件。常见的条件查询为限制查询的行和查询不同版本的数据，具体介绍如下。

1. 限制查询的行

scan 命令默认会查询表的多行数据,不过在某些场景下,可能只需要查询表的某几行数据。为此,scan 命令提供了 LIMIT、STARTROW 和 ENDROW 参数来限制查询的行,具体内容如下。

1) LIMIT

该参数用于查询表的前 N 行数据,其中 N 通过该参数的参数值指定。

为了便于后续演示限制查询行的不同效果,这里向命名空间 default 的表 user_info 中插入数据,在 HBase Shell 执行下列命令。

```
>put 'user_info','user003','person:username','wangwu'
>put 'user_info','user003','person:age','22'
>put 'user_info','user003','address:provice','hebei'
>put 'user_info','user003','address:city','shijiazhuang'
```

接下来演示如何查询命名空间 default 中表 user_info 的前一行数据,在 HBase Shell 执行如下命令。

```
>scan 'user_info',{LIMIT =>1}
```

上述命令执行完成的效果如图 3-37 所示。

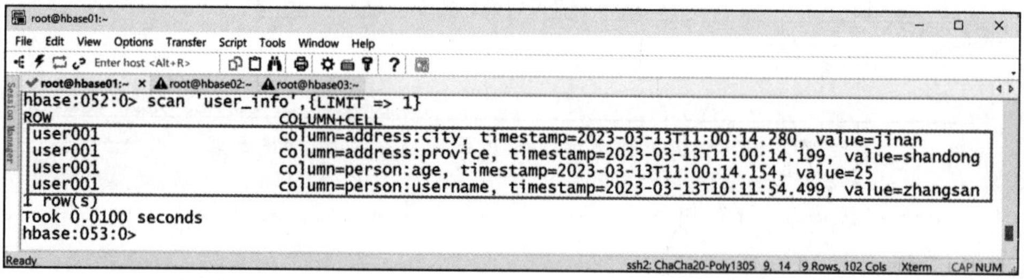

图 3-37 查询命名空间 default 中表 user_info 的前一行数据

从图 3-37 可以看出,在命名空间 default 的表 user_info 中,前一行数据的行键为 user001,该行包含 4 个单元格,这些单元格的数据分别为 jinan、shandong、25 和 zhangsan。

需要说明的是,在查询列族或列的数据时,参数 LIMIT 需要与指定的列族或列保持在同一{}内。

2) STARTROW

该参数用于在查询表时指定起始行。查询将从指定的起始行开始,一直到表的最后一行。

接下来演示如何查询命名空间 default 中表 user_info 的列族 person 的数据,同时指定起始行的行键为 user002。在 HBase Shell 执行如下命令。

```
>scan 'user_info',{COLUMNS =>'person',STARTROW =>'user002'}
```

上述命令执行完成的效果如图 3-38 所示。

从图 3-38 可以看出,查询结果包含两行数据,它们的行键分别为 user002 和 user003。

3) ENDROW

该参数用于在查询表时指定结束行。查询将从表的第一行开始,一直到指定的结束行。

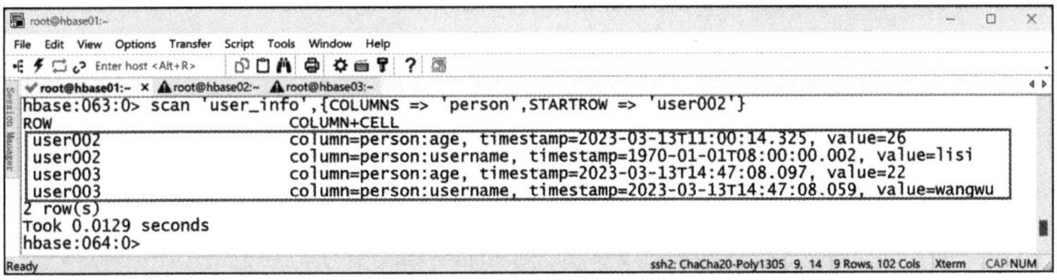

```
图 3-38  查询命名空间 default 中表 user_info 的数据（3）
```

需要注意的是，查询结果并不包含结束行的数据。

接下来演示如何查询命名空间 default 中表 user_info 的列 person:age 的数据，同时指定结束行的行键为 user003。在 HBase Shell 执行如下命令。

```
>scan 'user_info',{COLUMNS =>'person:age',ENDROW =>'user003'}
```

上述命令执行完成的效果如图 3-39 所示。

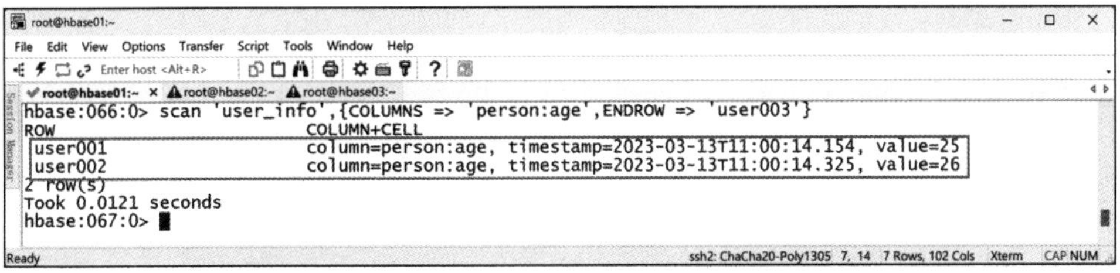

```
图 3-39  查询命名空间 default 中表 user_info 的数据（4）
```

从图 3-39 可以看出，查询结果包含两行数据，它们的行键分别为 user001 和 user002。

小提示：STARTROW 和 ENDROW 参数可以同时使用指定行区间。例如，查询命名空间 default 中表 user_info 的数据，同时指定起始行和结束行的行键分别为 user002 和 user003，具体命令如下。

```
scan 'user_info',{STARTROW =>'user002',ENDROW =>'user003'}
```

需要注意的是，行区间的查询结果只包含起始行的数据，不包含结束行的数据。

2．查询不同版本的数据

scan 命令和 get 命令都提供了 VERSIONS 和 TIMESTAMP 参数来查询不同版本的数据，具体内容如下。

1）VERSIONS

该参数用于在查询数据时，显示每个单元格最新的 N 个版本，其中 N 由参数值决定。

接下来以 get 命令为例，演示如何查询不同版本的数据，具体操作步骤如下。

（1）修改命名空间 default 的表 user_info，将列族 person 中预定义属性 VERSIONS 的属性值修改为 3，在 HBase Shell 执行如下命令。

```
>alter 'user_info',{NAME =>'person',VERSIONS =>3}
```

（2）向表 user_info 插入数据，在 HBase Shell 执行下列命令。

```
>put 'user_info','user004','person:username','zhaoliu',1
```

```
>put 'user_info','user004','person:username','sunqi',2
>put 'user_info','user004','person:username','zhouba',3
```

上述命令执行完成后,此时在命名空间 default 的表 user_info 中,行键、列族和列标识为 user004、person 和 username 的单元格共存在 3 个版本的数据 zhaoliu、sunqi 和 zhouba,它们的时间戳分别为 1、2 和 3。

(3) 查询行键为 user004 的行中列族 person 的数据,在 HBase Shell 执行如下命令。

```
>get 'user_info','user004',{COLUMNS =>'person'}
```

上述命令执行完成的效果如图 3-40 所示。

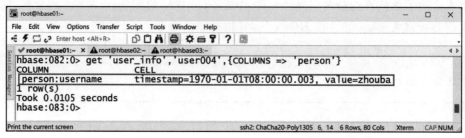

图 3-40 查询行键为 user004 的行中列族 person 的数据(1)

从图 3-40 可以看出,查询结果仅显示了行键、列族和列标识为 user004、person 和 username 的单元格中时间戳最新的数据 zhouba。

(4) 查询行键为 user004 的行中列族 person 的数据,同时指定显示每个单元格最新的两个版本,在 HBase Shell 执行如下命令。

```
>get 'user_info','user004',{COLUMNS =>'person',VERSIONS =>2}
```

上述命令执行完成的效果如图 3-41 所示。

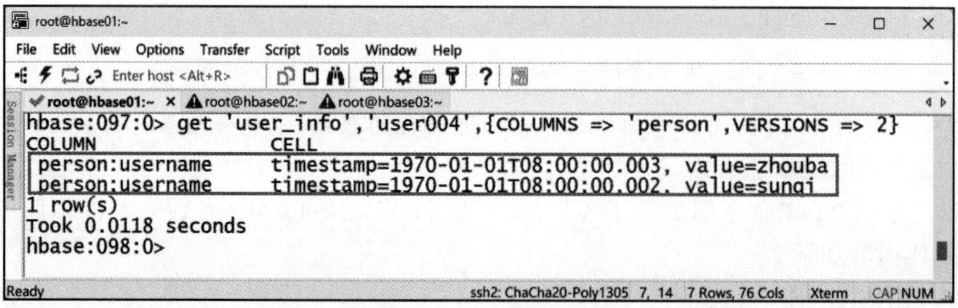

图 3-41 查询行键为 user004 的行中列族 person 的数据(2)

从图 3-41 可以看出,查询结果显示了行键为 user004、列族为 person 和列标识为 username 的单元格的最新两个版本。这两个版本的时间戳和数据分别为 1970-01-01T08:00:00.003 和 1970-01-01T08:00:00.002,以及 zhouba 和 sunqi。

2) TIMESTAMP

该参数用于在查询数据时,根据指定的时间戳显示指定版本的单元格。

接下来以 scan 命令为例,演示如何查询命名空间 default 中表 user_info 的数据,同时指定显示时间戳为 2 的单元格,在 HBase Shell 执行如下命令。

```
>scan 'user_info',{TIMESTAMP =>2}
```

上述命令执行完成的效果如图 3-42 所示。

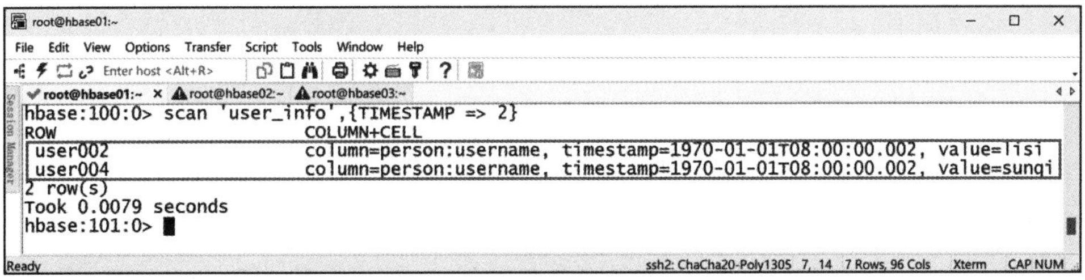

图 3-42　查询命名空间 default 中表 user_info 的数据（5）

从图 3-42 可以看出，命名空间 default 的表 user_info 包含两个时间戳为 2 的单元格，这些单元格的数据分别是 lisi 和 sunqi。

3.4.4　删除数据

删除数据时应该始终保持严谨的态度，以避免潜在的风险和不可逆的影响。此外，在生活中时刻保持严谨的态度也是至关重要的，它有助于我们提高工作效率、减少错误，并培养出精确、可靠的工作习惯。HBase Shell 提供了 3 种命令用于删除表的数据，它们分别是 deleteall、delete 和 truncate 命令，具体介绍如下。

1. deleteall 命令

deleteall 命令可以根据行键来删除指定行，其语法格式如下。

```
deleteall '[namespace:]table_name','rowkey'
```

上述语法格式中，rowkey 用于指定行键。

接下来演示如何使用 deleteall 命令，删除命名空间 default 中表 user_info 的数据，这里指定行键为 user001，在 HBase Shell 执行如下命令。

```
>deleteall 'user_info','user001'
```

上述命令执行完成后，查询命名空间 default 中表 user_info 的数据，如图 3-43 所示。

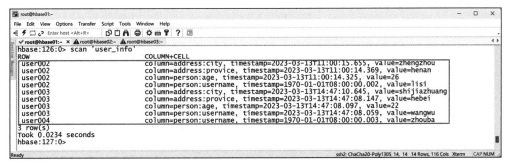

图 3-43　查询命名空间 default 中表 user_info 的数据（6）

从图 3-43 可以看出，命名空间 default 的表 user_info 已经不存在行键为 user001 的行。

2. delete 命令

delete 命令可以根据行键、列族、列标识和时间戳删除指定单元格,其中时间戳为可选,在不指定时间戳的情况下,如果单元格存在多个版本,那么会默认删除时间戳最新的单元格,其语法格式如下。

```
delete '[namespace:]table_name','rowkey','columnfamily:qualifier'
[,{TIMESTAMP =>'time'}]
```

上述语法格式中,rowkey 用于指定行键;columnfamily 用于指定列族;qualifier 用于指定列标识;{TIMESTAMP => 'time'} 为可选,其中 time 用于指定时间戳。

接下来演示如何使用 delete 命令,删除命名空间 default 中表 user_info 的数据,这里分别指定单元格的行键、列族和列标识为 user002、address 和 city,在 HBase Shell 执行如下命令。

```
>delete 'user_info','user002','address:city'
```

上述命令执行完成后,查询命名空间 default 中表 user_info 的数据,如图 3-44 所示。

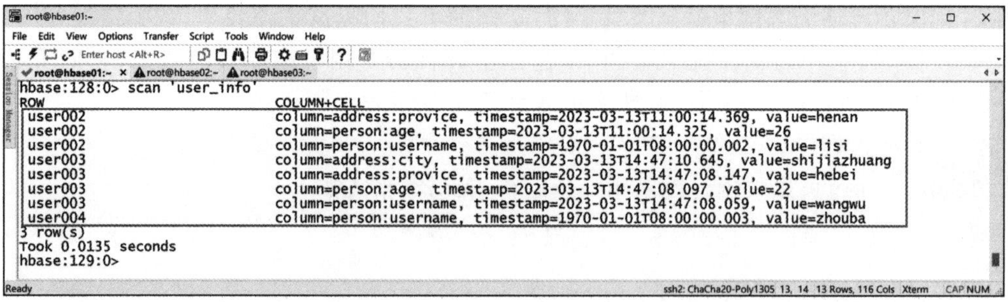

图 3-44 查询命名空间 default 中表 user_info 的数据(7)

从图 3-44 可以看出,命名空间 default 的表 user_info 已经不存在行键、列族和列标识为 user002、address 和 city 的单元格。

3. truncate 命令

truncate 命令用于清空表的数据,其语法格式如下。

```
truncate '[namespace:]table_name'
```

接下来演示如何使用 truncate 命令,清空命名空间 default 中表 user_info 的数据,在 HBase Shell 执行如下命令。

```
>truncate 'user_info'
```

上述命令执行完成后,查询命名空间 default 中表 user_info 的数据,如图 3-45 所示。

从图 3-45 可以看出,命名空间 default 的表 user_info 已经不存在任何数据。

注意:truncate 命令在清空表数据时会重建表,重建表的过程不会保留表在创建时指定的预折分,如果需要保留表在创建时指定的预折分,可以将 truncate 命令替换为 truncate_preserve 命令。

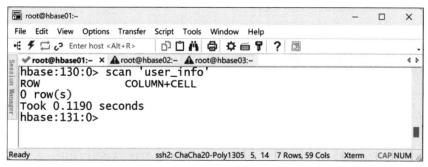

图 3-45　查询命名空间 default 中表 user_info 的数据（8）

> 📖 **多学一招：查看被删除的数据**

使用 delete 命令删除数据时，被删除的数据会暂时被标记为删除，HBase 会定期清除这些标记为删除的数据。默认情况下，被删除的数据不会显示在查询结果中，不过 scan 命令提供了参数 RAW 用于查看被删除的数据，只需要指定该参数的参数值为 true 即可，前提是被删除的数据还没有被 HBase 清除。

这里以命名空间 default 的表 user_info 为例，演示如何查看被删除的数据，在 HBase Shell 执行下列命令。

```
# 插入数据
>put 'user_info','user001','person:username','xiaohong'
# 删除数据
>delete 'user_info','user001','person:username'
# 查询表的数据，并显示被删除的数据
>scan 'user_info',{RAW =>true}
# 查询表的数据
>scan 'user_info'
```

上述命令的执行效果如图 3-46 所示。

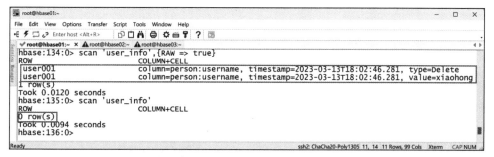

图 3-46　查询命名空间 default 中表 user_info 的数据（9）

从图 3-46 可以看出，被删除数据所属单元格会通过 type＝Delete 标记为删除。

3.4.5　追加数据

HBase Shell 提供了 append 命令用于追加数据，追加数据是指在单元格原始数据的基础上追加新的数据。如果单元格包含多个版本，那么只会在时间戳最新的单元格的数据上进行追加。关于追加数据的语法格式如下。

```
append '[namespace:]table_name','rowkey','columnfamily:qualifier','append_value'
```

上述语法格式中,rowkey 用于指定行键,columnfamily 用于指定列族,qualifier 用于指定列标识,append_value 用于指定追加的数据。

接下来以命名空间 default 的表 user_info 为例,演示如何追加数据,具体操作步骤如下。

(1)向命名空间 default 的表 user_info 添加一个单元格,分别指定行键、列族、列标识和数据为 user005、person、username 和 bozai,在 HBase Shell 执行如下命令。

```
>put 'user_info','user005','person:username','bozai'
```

上述命令执行完成后,查询命名空间 default 中表 user_info 的数据,如图 3-47 所示。

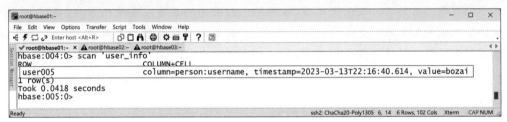

图 3-47　查询命名空间 default 中表 user_info 的数据(10)

从图 3-47 可以看出,命名空间 default 的表 user_info 包含一个单元格,该单元格的数据为 bozai。

(2)为单元格的数据追加新的数据_itcast,在 HBase Shell 执行如下命令。

```
>append 'user_info','user005','person:username','_itcast'
```

上述命令执行完成后,查询命名空间 default 中表 user_info 的数据,如图 3-48 所示。

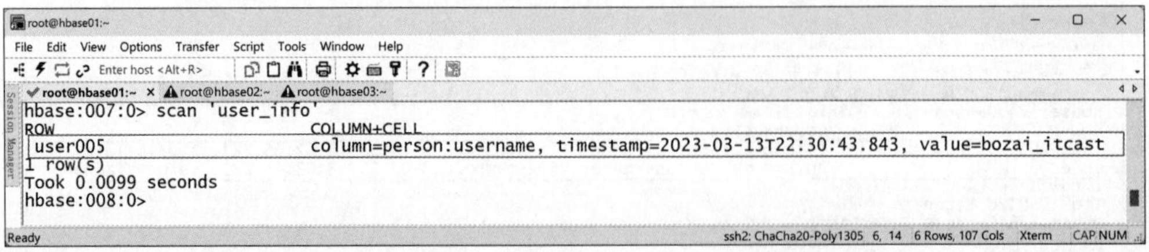

图 3-48　查询命名空间 default 中表 user_info 的数据

从图 3-48 可以看出,单元格的数据已经由 bozai 变更为 bozai_itcast。

需要说明的是,当使用 delete 命令删除数据时,如果被删除的数据进行过追加数据的操作,那么会先删除追加的数据,不会影响原始数据。另外,如果被删除的数据追加过多次数据,那么每次仅删除最新追加的数据,并不会把追加的所有数据都删除,也就是说,若在原始数据的基础上追加过 3 次数据,则需要执行 4 次 delete 命令才能删除原始数据。

3.5 本章小结

本章主要讲解了 HBase 的 Shell 操作,首先讲解了如何运行 HBase Shell。其次讲解了命名空间的相关操作,包括查看命名空间、创建命名空间、查看命名空间属性、修改命名空间、删除命名空间和查看命名空间的表。然后讲解了表的相关操作,包括创建表、查看表信息、查看表、停用和启用表、判断表、修改表和删除表。最后讲解了数据的相关操作,包括插入数据、查询数据、条件查询、删除数据和追加数据。希望通过本章的学习,读者可以熟练掌握 HBase 的 Shell 操作,能够根据实际应用场景对 HBase 的命名空间、表和数据进行操作。

3.6 课后习题

一、填空题

1. 在 HBase 中,_____的作用是将相关的表组织到一起。
2. 在 HBase Shell 中,用于查看命名空间的命令是_____。
3. 在 HBase Shell 的 scan 命令中,参数_____用于查询表的前 N 行数据。
4. 在 HBase Shell 中,可以根据行键来删除指定行的命令是_____。
5. 在 HBase Shell 中,用于判断表是否处于启用状态的命令是_____。

二、判断题

1. 在 HBase Shell 中,用于查看表的命令是 list_table。( )
2. 在 HBase 中,停用状态的表无法进行读写操作。( )
3. 在 HBase 中,要删除的表必须处于停用状态。( )
4. 在 HBase 中,向表插入数据时无须指定列标识。( )
5. 在 HBase Shell 中,get 命令只能查询指定行的数据。( )

三、选择题

1. 在 HBase Shell 中,用于根据用户指定的数组对表进行预拆分的预定义属性是( )。
   A. SPLITS_FILE   B. SPLITS
   C. SPLITALGO   D. SPLITS_RANGE
2. 在 HBase Shell 中,属于列族的预定义属性的是( )。
   A. OWNER   B. READONLY
   C. METADATA   D. BLOOMFILTER
3. 在 HBase Shell 的 scan 命令中,用于限制查询行的参数是( )。
   A. LIMIT   B. START   C. ROW   D. END
4. 如果某个单元格追加过 4 次数据,那么需要执行( )次 delete 命令才能删除原始数据。
   A. 5   B. 3   C. 4   D. 1
5. 下列选项中,属于修改表的操作是( )。(多选)
   A. 删除表属性   B. 删除列族属性   C. 添加列族   D. 删除列族

四、简答题

1. 简述 HBase 中,预定义属性 IN_MEMORY、VERSIONS 和 TTL 的作用。
2. 简述 HBase 中布隆过滤器的作用。

第 4 章

HBase的Java API操作

学习目标

- 了解构建开发环境的操作，能够在 IntelliJ IDEA 构建 HBase 的开发环境。
- 掌握连接 HBase 的操作，能够独立完成在 Java 应用程序中连接 HBase 集群的操作。
- 了解命名空间管理，能够实现创建命名空间、查看命名空间、删除命名空间等 Java 应用程序。
- 掌握表管理，能够独立完成创建表、查看表、删除表等 Java 应用程序。
- 掌握数据管理，能够独立完成插入数据、查询数据、删除数据等 Java 应用程序。

HBase 客户端提供了使用 Java API 访问 HBase 的方式，即 HBase Java API。用户可以根据实际需求使用 HBase Java API 来实现 Java 应用程序来操作命名空间、表和数据。本章以操作完全分布式模式部署的 HBase 为例，演示如何使用 HBase Java API 操作 HBase。

4.1 构建开发环境

使用 HBase Java API 操作 HBase 之前，先要构建开发环境，包括安装 JDK、安装 Java 集成开发工具和构建 Java 项目。出于 HBase 版本兼容性的考虑，本书使用的 JDK 版本为 8，并且使用 Java 集成开发工具 IntelliJ IDEA 构建基于 Maven 的 Java 项目来编写应用程序。

本节着重讲解基于 Maven 构建 Java 项目的相关内容，因此希望读者在此之前确保本地计算机安装了 JDK 8 和 IntelliJ IDEA。接下来分步骤讲解如何在 IntelliJ IDEA 中，基于 Maven 构建 Java 项目，具体操作步骤如下。

1. 构建 Java 项目

首先，打开 IntelliJ IDEA 进入 Welcome to IntelliJ IDEA 窗口，如图 4-1 所示。

接下来，在图 4-1 中单击 New Project 按钮跳转到 New Project 对话框构建新的 Java 项目，在该对话框左侧的导航栏选择 Maven 选项基于 Maven 构建 Java 项目，并且在 Project SDK 下拉框处选择 Java 项目使用的 JDK，如图 4-2 所示。

若图 4-2 中的 Project SDK 下拉框没有显示可选 JDK，则可以选择 Add JDK 选项添加本地安装的 JDK。

然后，在图 4-2 中单击 Next 按钮跳转到配置 Java 项目的界面，在该界面的 Name 文本框内指定 Java 项目的名称为 HBase_Chapter04，在 Location 文本框内指定 Java 项目在本

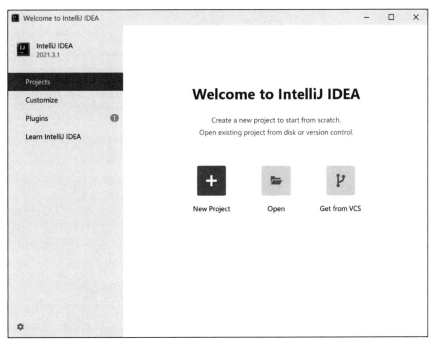

图 4-1　进入 Welcome to IntelliJ IDEA 窗口

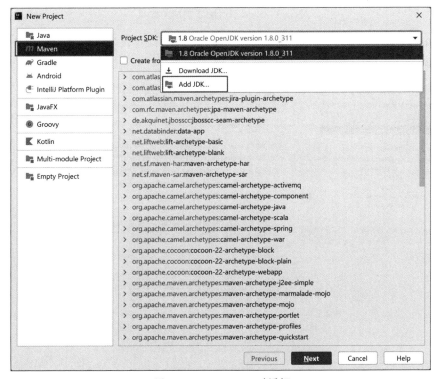

图 4-2　New Project 对话框

地的存储目录，展开折叠框 Artifact Coordinates 并且在 GroupId 文本框内指定 Java 项目组织唯一的标识符为 cn.itcast，Java 项目配置完成的效果如图 4-3 所示。

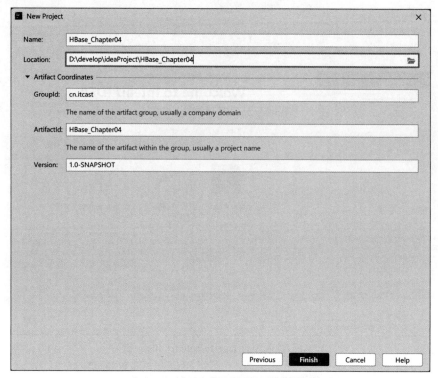

图 4-3　Java 项目配置完成的效果

最后，在图 4-3 中单击 Finish 按钮完成 Java 项目的构建，Java 项目构建完成的效果如图 4-4 所示。

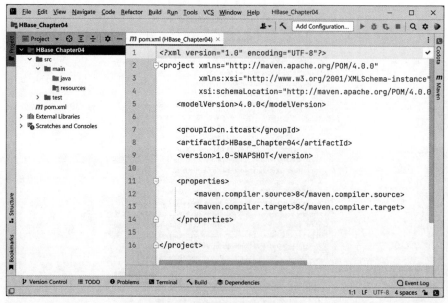

图 4-4　Java 项目构建完成的效果

2. 构建项目目录结构

在 Java 项目的 java 目录中创建 4 个包，每个包用于存放不同操作类型的 Java 文件，有关这 4 个包的介绍如下。

- cn.itcast.hbasedemo.connect：用于存放连接 HBase 相关操作的 Java 文件。
- cn.itcast.hbasedemo.namespace：用于存放命名空间相关操作的 Java 文件。
- cn.itcast.hbasedemo.table：用于存放表相关操作的 Java 文件。
- cn.itcast.hbasedemo.data：用于存放数据相关操作的 Java 文件。

Java 项目的目录结构构建完成的效果如图 4-5 所示。

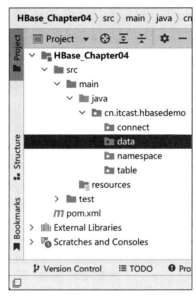

图 4-5　Java 项目的目录结构构建完成的效果

3. 导入依赖

在 Java 项目的 pom.xml 文件中添加 HBase 的客户端依赖，依赖添加完成的效果如文件 4-1 所示。

文件 4-1　pom.xml

```
1   <?xml version="1.0" encoding="UTF-8"?>
2   <project xmlns="http://maven.apache.org/POM/4.0.0"
3       xmlns:xsi="http://www.w3.org/2001/XMLSchema-instance"
4       xsi:schemaLocation="http://maven.apache.org/POM/4.0.0
5   http://maven.apache.org/xsd/maven-4.0.0.xsd">
6     <modelVersion>4.0.0</modelVersion>
7     <groupId>cn.itcast</groupId>
8     <artifactId>HBase_Chapter04</artifactId>
9     <version>1.0-SNAPSHOT</version>
10    <properties>
11      <maven.compiler.source>8</maven.compiler.source>
12      <maven.compiler.target>8</maven.compiler.target>
13    </properties>
14    <dependencies>
15      <dependency>
```

```
16        <groupId>org.apache.hbase</groupId>
17        <artifactId>hbase-shaded-client</artifactId>
18        <version>2.0.0</version>
19      </dependency>
20    </dependencies>
21 </project>
```

在文件 4-1 中,第 14~20 行代码为添加的内容,其中第 15~19 行代码为添加的 HBase 客户端依赖。

依赖添加完成后,确认添加的依赖是否存在于 Java 项目中,可以在图 4-4 的右侧选择 Maven 选项卡展开 Maven 窗口,在 Maven 窗口单击 Dependencies 折叠框,如图 4-6 所示。

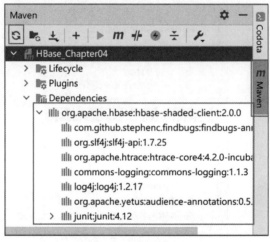

图 4-6 查看添加的依赖

从图 4-6 可以看出,添加的 HBase 客户端依赖已经成功添加到 Java 项目中,如果这里未显示添加的依赖则可以单击 🔄 按钮重新加载 pom.xml 文件。

脚下留心:配置 IP 与主机名映射

使用 HBase Java API 操作 HBase 之前,还需要在本地计算机的映射文件 hosts 中添加虚拟机 HBase01、HBase02 和 HBase03 的 IP 与主机名映射,以防止出现无法找到 HBase 服务的情况,这里以安装 Windows 操作系统的本机计算机为例,具体操作步骤如下。

(1) 以管理员身份运行 CMD(命令提示符),如图 4-7 所示。

(2) 在 CMD 执行如下命令进入本地计算机存放映射文件 hosts 的目录。

```
>cd C:\Windows\System32\drivers\etc
```

(3) 在 CMD 执行如下命令通过记事本编辑映射文件 hosts。

```
>notepad hosts
```

(4) 在映射文件 hosts 的尾部添加如下内容。

```
192.168.121.138 hbase01
192.168.121.139 hbase02
192.168.121.140 hbase03
```

图 4-7　以管理员身份运行 CMD

上述内容添加完成后保存退出映射文件 hosts 即可。

4.2　连接 HBase

连接 HBase 表示在 Java 应用程序中连接 HBase 集群，这是使用 HBase Java API 操作 HBase 的基础，HBase Java API 提供了 HBaseConfiguration 和 ConnectionFactory 类来实现连接 HBase 的操作，其中 HBaseConfiguration 类用于加载 HBase 的配置信息，ConnectionFactory 类用于通过 HBase 的配置信息创建连接。

接下来演示如何在 Java 应用程序中连接 HBase。在 Java 项目的 cn.itcast.hbasedemo.connect 包中创建 HBaseConnect 类，该类用于实现连接 HBase 的相关代码，在 HBaseConnect 类中创建 getConnect() 方法用于获取 HBase 连接，如文件 4-2 所示。

文件 4-2　HBaseConnect.java

```
1   public class HBaseConnect {
2     public static Connection getConnect() {
3       Connection conn =null;
4       try {
5           Configuration config =HBaseConfiguration.create();
6           //指定 ZooKeeper 集群中各个节点的主机名 hbase01、hbase02 和 hbase03
7           config.set("hbase.zookeeper.quorum","hbase01,hbase02,hbase03");
8           //指定 HBase 在 ZooKeeper 存储元数据的节点 /hbase-fully
9           config.set("zookeeper.znode.parent","/hbase-fully");
10          conn =ConnectionFactory.createConnection(config);
11      }
12      catch (Exception e){
13          e.printStackTrace();
14      }
15      return conn;
16    }
17  }
```

上述代码中，第 5～9 行代码用于设置 HBase 的配置信息。第 10 行代码用于根据 HBase 的配置信息创建 HBase 连接。

在获取 HBase 的连接之后，便可以根据实际需求对 HBase 进行相关操作，需要注意的是，为了避免资源浪费，在完成 HBase 的操作之后，需要及时关闭 HBase 连接以释放资源。这里在文件 4-2 中的 HBaseConnect 类中创建 closeConn() 方法关闭 HBase 连接，具体代码如下。

```
1   public static void closeConn() {
2     Connection connect =getConnect();
3     try {
4       if (connect.isClosed() ==false){
5         System.out.println("关闭 HBase 连接!!!!!!");
6         connect.close();
7       }
8     }catch (Exception e){
9       e.printStackTrace();
10    }
11  }
```

上述代码中，第 4～7 行代码用于判断 HBase 连接是否关闭，如果未关闭，则关闭 HBase 连接。

小提示：

默认情况下，Java 应用程序与 ZooKeeper 进行通信的端口号是 2181，如果服务器中 ZooKeeper 服务使用的端口号也是 2181，那么文件 4-2 中 ZooKeeper 集群中各个节点的主机名不需要加端口号，否则需要将文件 4-2 的第 7 行代码修改为如下格式。

```
config.set("hbase.zookeeper.quorum","hbase01:端口号,hbase02:端口号,hbase03:端口号");
```

上述内容中的端口号需要根据实际情况进行修改。

多学一招：通过 HBase 配置文件指定 HBase 配置信息

除了在 Java 应用程序中指定 HBase 的配置信息之外，还可以通过 HBase 配置文件指定 Java 应用程序中 HBase 的配置信息，我们仅需要将 HBase 的配置文件 hbase-site.xml 存放在 Java 项目的 resources 目录即可，此时在 Java 应用程序中调用 HBaseConfiguration 类的 create() 方法时，会自动加载配置文件 hbase-site.xml 中 HBase 的配置信息。

如将文件 4-2 的第 6～9 行代码注释，并将相关配置内容写入配置文件 hbase-site.xml，如文件 4-3 所示。

文件 4-3　hbase-site.xml

```
1   <?xml version="1.0"?>
2   <?xml-stylesheet type="text/xsl" href="configuration.xsl"?>
3   <configuration>
4     <property>
5       <name>hbase.zookeeper.quorum</name>
6       <value>hbase01,hbase02,hbase03</value>
7     </property>
8     <property>
9       <name>zookeeper.znode.parent</name>
10      <value>/hbase-fully</value>
11    </property>
12  </configuration>
```

4.3 命名空间管理

命名空间管理是指通过 HBase Java API 实现 Java 应用程序，对命名空间进行创建、删除、修改等操作。HBase Java API 提供了 Admin 类用于管理命名空间。本节演示如何通过 HBase Java API 来管理命名空间。

4.3.1 查看命名空间

Admin 类提供了 listNamespaceDescriptors() 方法用于查看命名空间，其程序结构如下。

```
NamespaceDescriptor[] namespaceList = admin.listNamespaceDescriptors();
```

上述程序结构中，admin 为 Admin 对象，该对象为 Admin 类的实例。namespaceList 为 listNamespaceDescriptors() 方法的返回值，该返回值是一个 NamespaceDescriptor 类型的数组，数组中的每个元素都是 NamespaceDescriptor 对象，该对象为 NamespaceDescriptor 类的实例，NamespaceDescriptor 对象包含了命名空间的名称和属性信息，其中命名空间的名称可以通过 NamespaceDescriptor 类的 getName() 方法获取。

接下来，在 Java 项目的 cn.itcast.hbasedemo.namespace 包中创建 GetNamespaceList 类，该类用于实现查看命名空间的功能，如文件 4-4 所示。

文件 4-4　GetNamespaceList.java

```
1   public class GetNamespaceList {
2     public static void main(String[] args) throws IOException{
3       //获取 HBase 连接
4       Connection connect = HBaseConnect.getConnect();
5       Admin admin = connect.getAdmin();
6       NamespaceDescriptor[] namespaceList =
7             admin.listNamespaceDescriptors();
8       System.out.println("HBase 的所有命名空间:");
9       System.out.println("--------------------------------");
10      for (int i =0;i<namespaceList.length;i++){
11        //获取 NamespaceDescriptor 对象
12        NamespaceDescriptor namespace =namespaceList[i];
13        //获取命名空间的名称
14        String namespaceName =namespace.getName();
15        System.out.println(namespaceName);
16      }
17      System.out.println("--------------------------------");
18      HBaseConnect.closeConn();
19    }
20  }
```

在文件 4-4 中，第 10～16 行代码通过遍历获取数组 namespaceList 中每个 NamespaceDescriptor 对象，并通过 NamespaceDescriptor 类的 getName() 方法获取每个命名空间的名称。

文件 4-4 的运行结果如图 4-8 所示。

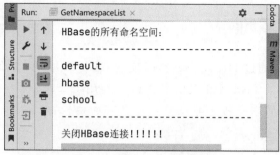

图 4-8 文件 4-4 的运行结果（1）

从图 4-8 可以看出，HBase 包含 default、hbase 和 school 这 3 个命名空间。

4.3.2 创建命名空间

Admin 类提供了 createNamespace()方法用于创建命名空间，其程序结构如下。

```
admin.createNamespace(namespaceDescriptor);
```

上述程序结构中，namespaceDescriptor 为 NamespaceDescriptor 对象，该对象通过 NamespaceDescriptor 类提供的方法创建，其程序结构如下。

```
NamespaceDescriptor namespaceDescriptor =
    NamespaceDescriptor
        .create("ns")
        [.addConfiguration("property_name","property_value")
        .addConfiguration("property_name","property_value")...]
        .build();
```

上述程序结构中，create()方法用于指定命名空间的名称 ns。addConfiguration()方法为可选，用于指定命名空间的属性(property_name)和属性值(property_value)。build()方法用于构建 NamespaceDescriptor 对象 namespaceDescriptor。

接下来，在 Java 项目的 cn.itcast.hbasedemo.namespace 包中创建 CreateNamespace 类，该类用于实现创建命名空间的功能，如文件 4-5 所示。

文件 4-5　CreateNamespace.java

```
1  public class CreateNamespace {
2    public static void main(String[] args) throws IOException {
3      Connection connect = HBaseConnect.getConnect();
4      Admin admin = connect.getAdmin();
5      NamespaceDescriptor namespaceDescriptor =
6          NamespaceDescriptor
7              .create("employee")
8              .addConfiguration("describe","record employee information")
9              .build();
10     admin.createNamespace(namespaceDescriptor);
11     HBaseConnect.closeConn();
12   }
13 }
```

在文件 4-5 中，第 5～9 行代码用于构建 NamespaceDescriptor 对象 namespaceDescriptor，其中第 7 行代码指定命名空间的名称为 employee。第 8 行代码指定命名空间的属性和属性值为 describe 和 record employee information。第 10 行代码根据 namespaceDescriptor 创建命名空间 employee。

文件 4-5 运行完成后，再次运行文件 4-4 的结果如图 4-9 所示。

图 4-9　文件 4-4 的运行结果（2）

从图 4-9 可以看出，HBase 存在命名空间 employee。

4.3.3　查看命名空间属性

Admin 类提供了 getNamespaceDescriptor()方法用于查看指定命名空间的属性，其程序结构如下。

```
NamespaceDescriptor descriptor = admin.getNamespaceDescriptor("ns");
```

上述程序结构中，ns 用于指定命名空间的名称。descriptor 为 getNamespaceDescriptor() 方法的返回值，该返回值是一个 NamespaceDescriptor 对象，该对象包含了命名空间的名称和属性信息，其中命名空间的属性信息可以通过 NamespaceDescriptor 类的 getConfiguration() 方法获取，该方法的返回值是一个 Map 集合，集合中每个元素的键和值分别表示命名空间的不同属性及其属性值。

接下来，在 Java 项目的 cn.itcast.hbasedemo.namespace 包中创建 GetNamespaceDesc 类，该类用于实现查看命名空间属性的功能，如文件 4-6 所示。

文件 4-6　GetNamespaceDesc.java

```
1  public class GetNamespaceDesc {
2    public static void main(String[] args) throws IOException {
3      Connection connect = HBaseConnect.getConnect();
4      Admin admin = connect.getAdmin();
5      NamespaceDescriptor employeeDescriptor =
6          admin.getNamespaceDescriptor("employee");
7      Map<String, String> employeeConfiguration =
8          employeeDescriptor.getConfiguration();
9      Set<String> keys = employeeConfiguration.keySet();
```

```
10        Iterator<String>keysIterator =keys.iterator();
11        if (keysIterator.hasNext()){
12            String key =keysIterator.next();
13            System.out.println("属性:"+key+"\t"+
14                "属性值:"+employeeConfiguration.get(key));
15        }
16        HBaseConnect.closeConn();
17    }
18 }
```

在文件 4-6 中,第 9~15 行代码通过遍历 Map 集合获取命名空间 employee 的属性。文件 4-6 的运行结果如图 4-10 所示。

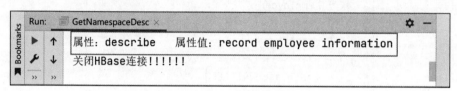

图 4-10　文件 4-6 的运行结果

从图 4-10 可以看出,命名空间 employee 包含属性 describe,其属性值为 record employee information。

4.3.4　修改命名空间

Admin 类提供了 modifyNamespace()方法用于修改命名空间的属性,其程序结构如下。

```
admin.modifyNamespace(namespaceDescriptor);
```

上述程序结构中,namespaceDescriptor 为 NamespaceDescriptor 对象,该对象包含了指定命名空间修改后的属性信息。

在修改命名空间的属性时,首先需要通过 Admin 类提供的 getNamespaceDescriptor()方法获取指定命名空间的 NamespaceDescriptor 对象。然后使用 NamespaceDescriptor 类提供的 setConfiguration()或 removeConfiguration()方法对 NamespaceDescriptor 对象中包含的属性信息进行修改。最后将修改后的 NamespaceDescriptor 对象作为参数传递给 Admin 类的 modifyNamespace()方法。关于 setConfiguration()或 removeConfiguration()方法的介绍如下。

- setConfiguration()方法用于添加属性,该方法包含两个参数,分别用于指定属性和属性值。如果添加的属性已存,那么将根据指定的属性值进行覆盖。
- removeConfiguration()方法用于删除属性,该方法包含一个参数,用于指定属性。

接下来,在 Java 项目的 cn.itcast.hbasedemo.namespace 包中创建 ModifyNamespace 类,该类用于实现修改命名空间的功能,如文件 4-7 所示。

文件 4-7　ModifyNamespace.java

```
1 public class ModifyNamespace {
2    public static void main(String[] args) throws IOException {
```

```
3      Connection connect =HBaseConnect.getConnect();
4      Admin admin =connect.getAdmin();
5      //获取命名空间 employee 的 NamespaceDescriptor 对象
6      NamespaceDescriptor employeeDescriptor =
7            admin.getNamespaceDescriptor("employee");
8      employeeDescriptor.setConfiguration("describe"
9            ,"new record employee information");
10     admin.modifyNamespace(employeeDescriptor);
11     System.out.println("添加属性 describe:"
12           +admin.getNamespaceDescriptor("employee")
13           .getConfiguration());
14     employeeDescriptor.setConfiguration("user","itcast");
15     admin.modifyNamespace(employeeDescriptor);
16     System.out.println("添加属性 user:"
17           +admin.getNamespaceDescriptor("employee")
18           .getConfiguration());
19     employeeDescriptor.removeConfiguration("user");
20     admin.modifyNamespace(employeeDescriptor);
21     System.out.println("删除属性 user:"
22           +admin.getNamespaceDescriptor("employee")
23           .getConfiguration());
24     HBaseConnect.closeConn();
25   }
26 }
```

在文件 4-7 中，第 8～10 行代码用于在命名空间 employee 添加属性 describe 及对应的属性值 new record employee information。第 14、15 行代码用于在命名空间 employee 添加属性 user 及对应的属性值 itcast。第 19、20 行代码用于删除命名空间 employee 的属性 user。

文件 4-7 的运行结果如图 4-11 所示。

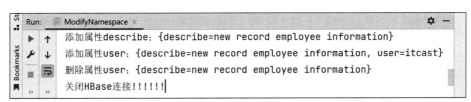

图 4-11　文件 4-7 的运行结果

从图 4-11 可以看出，在命名空间 employee 添加属性 describe 后，因为该属性已存在，所以命名空间 employee 并未增加新属性，而是将属性 describe 的属性值由 record employee information 修改为 new record employee information。在命名空间 employee 添加属性 user 后，由于该属性不存在，所以命名空间 employee 便新增了属性 user，其属性值为 itcast。在命名空间 employee 删除属性 user 之后，命名空间 employee 仅剩下属性 describe。

4.3.5　删除命名空间

Admin 类提供了 deleteNamespace() 方法用于删除命名空间，其程序结构如下。

```
admin.deleteNamespace("ns");
```

上述程序结构中,ns 用于指定要删除的命名空间。

接下来,在 Java 项目的 cn.itcast.hbasedemo.namespace 包中创建 DropNamespace 类,该类用于实现删除命名空间的功能,如文件 4-8 所示。

文件 4-8　DropNamespace.java

```
1  public class DropNamespace {
2    public static void main(String[] args) throws IOException {
3      Connection connect =HBaseConnect.getConnect();
4      Admin admin =connect.getAdmin();
5      admin.deleteNamespace("employee");
6      HBaseConnect.closeConn();
7    }
8  }
```

在文件 4-8 中,第 5 行代码用于删除命名空间 employee。

文件 4-8 运行完成后,再次运行文件 4-4 的运行结果如图 4-12 所示。

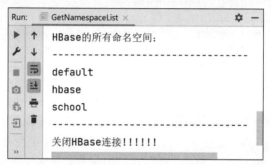

图 4-12　文件 4-4 的运行结果(3)

从图 4-12 可以看出,HBase 已经不存在命名空间 employee。

4.3.6　查看命名空间的表

Admin 类提供了 listTableNamesByNamespace()方法用于查看命名空间的表,其程序结构如下。

```
TableName[] table =admin.listTableNamesByNamespace("ns");
```

上述程序结构中,ns 用于指定要查看的命名空间。table 为 listTableNamesByNamespace()方法的返回值,该返回值是一个 TableName 类型的数组,数组中的每个元素都是一个 TableName 对象,该对象为 TableName 类的实例,TableName 对象包含了表名,可以通过 TableName 类提供的 getNameAsString()方法获取。

接下来,在 Java 项目的 cn.itcast.hbasedemo.namespace 包中创建 GetNamespaceTables 类,该类用于实现查看命名空间的表的功能,如文件 4-9 所示。

文件 4-9　GetNamespaceTables.java

```
1  public class GetNamespaceTables {
2    public static void main(String[] args) throws IOException {
```

```
3        Connection connect = HBaseConnect.getConnect();
4        Admin admin = connect.getAdmin();
5        TableName[] hbaseTables =
6              admin.listTableNamesByNamespace("hbase");
7        for (int i = 0; i < hbaseTables.length; i++) {
8            TableName hbaseTable = hbaseTables[i];
9            String tableName = hbaseTable.getNameAsString();
10           System.out.println(tableName);
11       }
12       HBaseConnect.closeConn();
13    }
14 }
```

在文件 4-9 中，第 7～11 行代码通过遍历数组 hbaseTables 获取每个 TableName 对象，并通过 TableName 类的 getNameAsString()方法获取表名。

文件 4-9 的运行结果如图 4-13 所示。

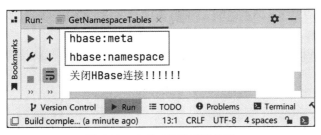

图 4-13　文件 4-9 的运行结果

从图 4-13 可以看出，命名空间 hbase 包含两个表 meta 和 namespace。需要说明的是，在查看命名空间的表时，表默认会与所属命名空间通过符号":"进行拼接。

4.4　表管理

表管理是指通过 HBase Java API 实现 Java 应用程序，对表进行创建、删除、修改等操作。HBase Java API 提供了 Admin 类用于管理表。本节演示如何通过 HBase Java API 来管理表。

4.4.1　创建表

Admin 类提供了 createTable()方法用于在特定命名空间中创建表，其程序结构如下。

```
admin.createTable(tableDescriptor);
```

上述程序结构中，tableDescriptor 为 TableDescriptor 对象，该对象实现了 TableDescriptor 接口。

在 HBase Java API 中，TableDescriptorBuilder 类提供了多个方法用于创建 TableDescriptor 对象，其常用的方法如表 4-1 所示。

表 4-1 TableDescriptorBuilder 类常用的方法

方法	描述
newBuilder(TableName name)	该方法用于初始化表,参数 name 用于指定表名,若需在指定命名空间创建表,则需将 name 指定为"命名空间:表"的格式,否则会默认在命名空间 default 创建表
setColumnFamily (ColumnFamilyDescriptor family)	该方法用于指定列族,参数 family 是一个 ColumnFamilyDescriptor 对象,该对象实现 ColumnFamilyDescriptor 接口,其包含了列族的名称和属性信息
setValue(String key, String value)	该方法用于根据用户指定的自定义属性和属性值来描述表,其中参数 key 和 value 分别用于指定自定义属性和属性值
setReadOnly(boolean readOnly)	该方法用于指定表是否开启只读模式:若参数 readOnly 的值为 true,则表开启只读模式;若参数 readOnly 的值为 false,则表关闭只读模式
build()	该方法用于构建 TableDescriptor 对象

在表 4-1 中,newBuilder()、setColumnFamily()和 build()方法为创建 TableDescriptor 对象时必须指定的方法,其他方法可以根据实际情况进行添加,因此创建 TableDescriptor 对象的基础程序结构如下。

```
TableDescriptor tableDescriptor =TableDescriptorBuilder
 .newBuilder(TableName.valueOf("table"))
 .setColumnFamily(columnFamilyDescriptor)
 .build();
```

上述程序结构中,由于 newBuilder()方法的参数值类型为 TableName,所以需要调用 TableName 类的 valueOf()方法将指定表名的类型进行转换。

在创建 TableDescriptor 对象时,必须指定 setColumnFamily()方法,而该方法的参数是一个 ColumnFamilyDescriptor 对象,因此在创建表时,还需要创建 ColumnFamilyDescriptor 对象。

在 HBase Java API 中,ColumnFamilyDescriptorBuilder 类提供了多个方法用于创建 ColumnFamilyDescriptor 对象,其常用的方法如表 4-2 所示。

表 4-2 ColumnFamilyDescriptorBuilder 类常用的方法

方法	描述
newBuilder(byte[] name)	该方法用于初始化列族,参数 name 用于指定列族的名称
setMaxVersions(int value)	用于指定列族存储数据的最大版本数,参数 value 用于指定具体数值
setMinVersions(int value)	用于指定列族中数据的最小版本数,参数 value 用于指定具体数值
setBlockCacheEnabled(boolean value)	用于设置列族是否开启 BlockCache,参数 value 的值为 true 表示开启,值为 false 表示关闭
setBlocksize(int value)	用于指定 HFile 中每个数据块的大小,参数 value 用于指定具体数据块的大小,单位为 kb
setBloomFilterType(BloomType value)	用于指定列族中布隆过滤器的工作模式,参数 value 的可选值为 BloomType.NONE(关闭)、BloomType.ROW(行模式)和 BloomType.ROWCOL(行列模式)

续表

方　法	描　述
setCompressionType（Algorithm value）	用于指定列族中数据的压缩格式，参数 value 的可选值为 Compression.Algorithm.NONE、Compression.Algorithm.GZ、Compression.Algorithm.LZ4、Compression.Algorithm.LZO、Compression.Algorithm.SNAPPY
setInMemory（boolean value）	用于指定列族存储的数据是否缓存到内存，参数 value 的值为 true 表示将数据缓存到内存，值为 false 表示不将数据缓存到内存
setTimeToLive（int value）	用于指定列族中数据的生存时间，参数 value 用于指定生存时间，单位为秒
setDataBlockEncoding（DataBlockEncoding value）	用于指定列族中数据的编码方式，参数 value 的可选值为 DataBlockEncoding.NONE、DataBlockEncoding.DIFF、DataBlockEncoding.FAST_DIFF、DataBlockEncoding.PREFIX、DataBlockEncoding.ROW_INDWX_V1
setKeepDeletedCells（KeepDeletedCells value）	用于指定是否保存列族中已删除的数据，参数 value 的可选值为 KeepDeletedCells.FALSE（不保存）、KeepDeletedCells.TRUE（保存）、KeepDeletedCells.TTL（保存并根据生存时间进行清除）
build()	该方法用于创建 ColumnFamilyDescriptor 对象

在表 4-2 中，newBuilder() 和 build() 方法为创建 ColumnFamilyDescriptor 对象时必须指定的方法，其他方法可以根据实际情况进行添加，因此创建 ColumnFamilyDescriptor 对象的基础程序结构如下。

```
ColumnFamilyDescriptor columnFamilyDescriptor =
    ColumnFamilyDescriptorBuilder
        .newBuilder("cf_name".getBytes())
        .build();
```

上述程序结构中，由于 newBuilder() 方法的参数值类型为 byte[]，所以需要将指定列族的类型进行转换。

需要说明的是，在创建 TableDescriptor 对象时，可以多次调用 setColumnFamily() 方法为表添加不同的列族，但是每次调用 setColumnFamily() 方法时，需要传入不同的 ColumnFamilyDescriptor 对象。

接下来，在 Java 项目的 cn.itcast.hbasedemo.table 包中创建 CreateTable 类，该类用于实现创建表的功能，如文件 4-10 所示。

文件 4-10　CreateTable.java

```
1  public class CreateTable {
2    public static void main(String[] args) throws IOException {
3      Connection connect =HBaseConnect.getConnect();
4      Admin admin =connect.getAdmin();
5      //指定列族的名称为 development_info
6      String cf1 ="development_info";
7      //指定列族的名称为 sale_info
8      String cf2 ="sale_info";
```

```
9       ColumnFamilyDescriptor developmentInfo =ColumnFamilyDescriptorBuilder
10          .newBuilder(cf1.getBytes())
11          .setMaxVersions(3)
12          .setInMemory(true)
13          .build();
14      ColumnFamilyDescriptor saleInfo =ColumnFamilyDescriptorBuilder
15          .newBuilder(cf2.getBytes())
16          .setBlocksize(131072)
17          .build();
18      TableDescriptor staffInfoTable =TableDescriptorBuilder
19          .newBuilder(TableName.valueOf("employee:staff_info"))
20          .setColumnFamily(developmentInfo)
21          .setColumnFamily(saleInfo)
22          .setValue("comment", "Employee information sheet")
23          .build();
24      if (!admin.tableExists(TableName.valueOf("employee:staff_info"))){
25              System.out.println("表不存在,创建表!!!!!");
26              admin.createTable(staffInfoTable);
27          }else {
28              System.out.println("表已经存在了,无法创建!!!!");
29          }
30      HBaseConnect.closeConn();
31   }
32 }
```

在文件 4-10 中,第 9~13 行代码用于创建 ColumnFamilyDescriptor 对象 developmentInfo,其中第 10 行代码用于指定列族名称为 development_info。第 11 行代码用于指定列族存储数据的最大版本数为 3。第 12 行代码用于将列族存储的数据缓存到内存。

第 14~17 行代码用于创建 ColumnFamilyDescriptor 对象 saleInfo,其中第 15 行代码用于指定列族名称为 sale_info。第 16 行代码用于指定 HFile 中每个数据块的大小为 131072。

第 18~23 行代码用于创建 TableDescriptor 对象 staffInfoTable,其中第 19 行代码用于指定表名 staff_info,及其所属的命名空间 employee。第 20 行代码用于根据 developmentInfo 为命名空间 employee 的表 staff_info 添加列族 development_info。第 21 行代码用于根据 saleInfo 为命名空间 employee 的表 staff_info 添加列族 sale_info。第 22 行代码用于指定命名空间 employee 中表的 staff_info 自定义属性 comment 及其属性值 Employee information sheet。

第 24~29 行代码通过 Admin 类提供的 tableExists()方法判断命名空间 employee 是否存在表 staff_info,如果不存在,则创建表 staff_info,这里判断表是否存在的目的是避免创建的表已存在而引发异常。

运行文件 4-5 创建命名空间 employee 之后,文件 4-10 的运行结果如图 4-14 所示。

从图 4-14 可以看出,成功在命名空间 employee 创建表 staff_info。

在虚拟机 HBase01 运行 HBase Shell,查看命名空间 employee 中表 staff_info 的信息,如图 4-15 所示。

从图 4-15 可以看出,命名空间 employee 中的表 staff_info 存在列族 development_info 和 sale_info,并且列族 development_info 中预定义属性 VERSIONS 和 IN_MEMORY 的属

图 4-14 文件 4-10 的运行结果

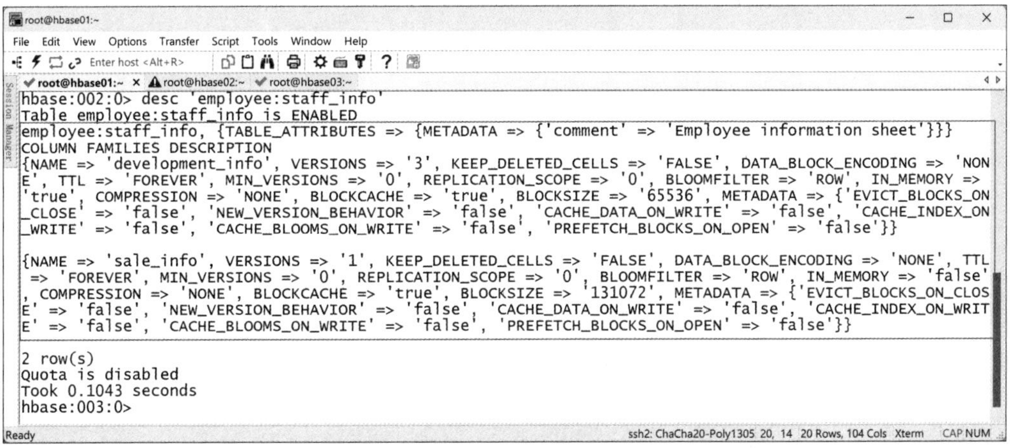

图 4-15 查看命名空间 employee 中表 staff_info 的信息（1）

性值，以及列族 staff_info 中预定义属性 BLOCKSIZE 的属性值与文件 4-10 指定的内容一致。

4.4.2 查看表信息

Admin 类提供了 getDescriptor()方法用于查看指定表的信息，其程序结构如下。

```
TableDescriptor tableDescriptor =
admin.getDescriptor(TableName.valueOf("table_name"));
```

上述程序结构中，tableDescriptor 为 TableDescriptor 对象，该对象包含了表和列族的属性信息，其中表的属性信息可以通过 TableDescriptor 接口提供的 getValues()方法获取；列族的属性信息存放在 ColumnFamilyDescriptor 类型的数组，可以通过 TableDescriptor 接口提供的 getColumnFamilies()方法获取该数组，数组中的每个元素都是 ColumnFamilyDescriptor 对象，该对象包含了列族的属性信息，可以通过 ColumnFamilyDescriptor 接口提供的 getValues()方法获取这些属性信息。

TableDescriptor 和 ColumnFamilyDescriptor 接口提供的 getValues()方法，其返回值都是一个 Map 集合，集合中每个元素的键和值分别表示表和列族的不同属性及其属性值。

接下来，在 Java 项目的 cn.itcast.hbasedemo.table 包中创建 GetTableDesc 类，该类用于实现查看表信息的功能，如文件 4-11 所示。

文件 4-11　GetTableDesc.java

```java
1   public class GetTableDesc {
2     public static void main(String[] args) throws IOException {
3       Connection connect = HBaseConnect.getConnect();
4       Admin admin = connect.getAdmin();
5       //查看命名空间 employee 中表 staff_info 的信息
6       TableDescriptor staffInfoDesc =
7             admin.getDescriptor(TableName.valueOf("employee:staff_info"));
8       //定义 Map 集合 tableAttributesMap 用于以键值对的形式存储表的属性和属性值
9       Map<String, String> tableAttributesMap = new HashMap<>();
10      //获取表 staff_info 的属性信息
11      Map<Bytes, Bytes> tableAttributes = staffInfoDesc.getValues();
12      Set<Bytes> tableKeybytes = tableAttributes.keySet();
13      Iterator<Bytes> tableKeyIterator = tableKeybytes.iterator();
14      while (tableKeyIterator.hasNext()){
15          Bytes tableKey = tableKeyIterator.next();
16          String key = String.valueOf(tableKey);
17          String value = String.valueOf(tableAttributes.get(tableKey));
18          tableAttributesMap.put(key,value);
19      }
20      ColumnFamilyDescriptor[] columnFamilies
21          = staffInfoDesc.getColumnFamilies();
22      //定义 Map 集合 columnFamiliesMap 用于以键值对的形式存储所有列族的属性和属性值
23      Map<String, String> cfAttributesMap = new HashMap<>();
24      for (int i = 0; i < columnFamilies.length; i++){
25          //获取 ColumnFamilyDescriptor 对象
26          ColumnFamilyDescriptor columnFamily = columnFamilies[i];
27          //获取列族的属性信息
28          Map<Bytes, Bytes> cfAttributes = columnFamily.getValues();
29          Set<Bytes> cfKeyBytes = cfAttributes.keySet();
30          Iterator<Bytes> cfKeyIterator = cfKeyBytes.iterator();
31          while (cfKeyIterator.hasNext()){
32              Bytes cfKey = cfKeyIterator.next();
33              String key = String.valueOf(cfKey);
34              String value = String.valueOf(cfAttributes.get(cfKey));
35              cfAttributesMap.put(key,value);
36          }
37          System.out.println("列族属性:"+columnFamily.getNameAsString()
38              +"=" +cfAttributesMap);
39      }
40      System.out.println("表属性:"+tableAttributesMap);
41      HBaseConnect.closeConn();
42    }
43  }
```

在文件 4-11 中，第 12～19 行代码通过遍历 Map 集合 tableAttributes 获取表 staff_info 的属性信息中每个属性及其对应的属性值，并将属性和属性值转换为 String 类型添加到 Map 集合 tableAttributesMap。

第 24～39 行代码首先通过遍历数组 columnFamilies 获取每个 ColumnFamilyDescriptor 对象，并通过当前 ColumnFamilyDescriptor 对象获取列族的名称和属性信息。然后通过遍历 Map 集合 cfAttributes，获取当前列族的属性信息中每个属性及其对应的属性值，并将属性和属性值转换为 String 类型添加到 Map 集合 cfAttributesMap。最后将当前列族的名称和属性信息打印到控制台。

文件 4-11 的运行结果如图 4-16 所示。

```
Run:    GetTableDesc
列族属性:development_info={NEW_VERSION_BEHAVIOR=false, KEEP_DELETED_CELLS=FALSE, BLOOMFILTER=ROW,
EVICT_BLOCKS_ON_CLOSE=false, BLOCKSIZE=65536, CACHE_DATA_ON_WRITE=false, CACHE_INDEX_ON_WRITE=false,
COMPRESSION=NONE, TTL=2147483647, VERSIONS=3, CACHE_BLOOMS_ON_WRITE=false, DATA_BLOCK_ENCODING=NONE,
PREFETCH_BLOCKS_ON_OPEN=false, MIN_VERSIONS=0, REPLICATION_SCOPE=0, BLOCKCACHE=true, IN_MEMORY=true}
列族属性:sale_info={NEW_VERSION_BEHAVIOR=false, KEEP_DELETED_CELLS=FALSE, BLOOMFILTER=ROW,
EVICT_BLOCKS_ON_CLOSE=false, BLOCKSIZE=131072, CACHE_DATA_ON_WRITE=false, CACHE_INDEX_ON_WRITE=false,
COMPRESSION=NONE, TTL=2147483647, VERSIONS=1, CACHE_BLOOMS_ON_WRITE=false, DATA_BLOCK_ENCODING=NONE,
PREFETCH_BLOCKS_ON_OPEN=false, MIN_VERSIONS=0, REPLICATION_SCOPE=0, BLOCKCACHE=true, IN_MEMORY=false}
表属性:{comment=Employee information sheet, IS_META=false}
关闭HBase连接!!!!!!
```

图 4-16　文件 4-11 的运行结果

图 4-16 展示了表 staff_info 的属性信息，以及列族 sale_info 和 development_info 的属性信息。需要说明的是，在 HBase Shell 查看列族的属性信息时，预定义属性 TTL 的属性值为 FOREVER，而在 Java 应用程序中查看列族的属性信息时，预定义属性 TTL 的属性值为 2147483647，这主要是因为 FOREVER 和 2147483647 都表示永久保留的意思，只不过在 Java 应用程序中会将 FOREVER 转换为数值的形式展示。

4.4.3　查看表

Admin 类提供了 listTableNames() 方法用于查看表，其程序结构如下。

```
TableName[] tableNames =admin.listTableNames();
```

上述程序结构中，tableNames 为 listTableNames() 方法的返回值，该返回值是一个 TableName 类型的数组，数组中的每个元素都是 TableName 对象，该对象为 TableName 类的实例，TableName 对象包含了表的名称。TableName 类提供了 getNameAsString() 方法用于获取表的名称。

接下来，在 Java 项目的 cn.itcast.hbasedemo.table 包中创建 GetTableList 类，该类用于实现查看表的功能，如文件 4-12 所示。

文件 4-12　GetTableList.java

```
1  public class GetTableList {
2    public static void main(String[] args) throws IOException {
3      Connection connect =HBaseConnect.getConnect();
4      Admin admin =connect.getAdmin();
5      TableName[] tableNames =admin.listTableNames();
6      for (int i =0;i<tableNames.length;i++){
7        String tableName =tableNames[i].getNameAsString();
8        System.out.println(tableName);
9      }
10     HBaseConnect.closeConn();
11   }
12 }
```

在文件 4-12 中，第 6~9 行代码，通过遍历数组 tableNames 获取每个表的名称。

文件 4-12 的运行结果如图 4-17 所示。

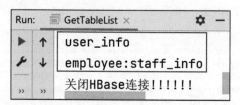

图 4-17　文件 4-12 的运行结果

从图 4-17 可以看出，HBase 共包含两个表，其中表 user_info 属于命名空间 default，表 staff_info 属于命名空间 employee。

4.4.4　停用和启用表

Admin 类提供了 disableTable() 和 enableTable() 方法用于停用和启用表，其程序结构如下。

```
# 停用表
admin.disableTable(TableName.valueOf("table_name"));
# 启用表
admin.enableTable(TableName.valueOf("table_name"));
```

上述程序结构中，table_name 用于指定表名，若需停用或启用指定命名空间的表，则需将 table_name 指定为"命名空间:表"的格式，否则默认使用命名空间 default。

接下来，在 Java 项目的 cn.itcast.hbasedemo.table 包中分别创建 DisableTable 和 EnableTable 类，这两个类分别用于实现停用和启用表的功能，如文件 4-13 和文件 4-14 所示。

文件 4-13　DisableTable.java

```
1   public class DisableTable {
2     public static void main(String[] args) throws IOException {
3       Connection connect =HBaseConnect.getConnect();
4       Admin admin =connect.getAdmin();
5       if (admin.isTableEnabled(TableName.valueOf("employee:staff_info"))){
6         System.out.println("表处于启用状态,接下来将停用表!!!!");
7         admin.disableTable(TableName.valueOf("employee:staff_info"));
8       }else {
9         System.out.println("表处于停用状态,无须停用表!!!");
10      }
11      HBaseConnect.closeConn();
12    }
13  }
```

在文件 4-13 中，第 5~10 行代码通过 Admin 类提供的 isTableEnabled() 方法判断命名空间 employee 的表 staff_info 是否处于启用状态，如果表处于启用状态则停用表，否则不进行任何操作。

文件 4-13 的运行结果如图 4-18 所示。

从图 4-18 可以看出，命名空间 employee 的表 staff_info 处于启用状态，此时停用该表。

图 4-18 文件 4-13 的运行结果

文件 4-14　EnableTable.java

```
1    public class EnableTable {
2      public static void main(String[] args) throws IOException {
3        Connection connect =HBaseConnect.getConnect();
4        Admin admin =connect.getAdmin();
5        if (admin.isTableDisabled(TableName.valueOf("employee:staff_info"))){
6          System.out.println("表处于停用状态,接下来将启用表!!!!");
7          admin.enableTable(TableName.valueOf("employee:staff_info"));
8        }else {
9          System.out.println("表处于启用状态,无须启用表!!!");
10       }
11       HBaseConnect.closeConn();
12     }
13   }
```

在文件 4-14 中,第 5～10 行代码通过 Admin 类提供的 isTableDisabled()方法判断命名空间 employee 的表 staff_info 是否处于停用状态,如果表处于停用状态则启用表,否则不进行任何操作。

文件 4-14 的运行结果如图 4-19 所示。

图 4-19 文件 4-14 的运行结果

从图 4-19 可以看出,命名空间 employee 的表 staff_info 处于停用状态,此时启用该表。

4.4.5 修改表

Admin 类提供了 modifyTable()方法用于修改特定表,其程序结构如下。

```
admin.modifyTable(tableDescriptor);
```

上述程序结构中,tableDescriptor 为 TableDescriptor 对象,该对象包含了表修改的详细信息。

修改表主要涉及表属性和列族的修改,它们的实现过程有所差异,具体介绍如下。

1. 修改表属性

修改表属性时,首先利用 Admin 类的 getDescriptor()方法获取特定表的 TableDescriptor 对象。然后借助 TableDescriptorBuilder 类提供的方法,在原 TableDescriptor 对象的基础上创

建新的 TableDescriptor 对象，并修改表属性。最后将新的 TableDescriptor 对象传递给 modifyTable()方法以实现表属性的修改。

TableDescriptorBuilder 类提供了 setValue()和 removeValue()方法用于添加和删除属性，其中 setValue()方法的使用已经在 4.4.1 节进行了介绍，这里不再赘述。使用 removeValue()方法删除属性时，需要传递一个属性名作为参数。

需要说明的是，如果使用 TableDescriptorBuilder 类的 setValue()方法向表添加属性时，该属性已经存在，那么会根据 setValue()方法指定的属性值进行覆盖。

2．修改列族

列族的修改可以细分为添加列族、删除列族和修改列族的属性，具体介绍如下。

1）添加列族

在添加列族时，首先通过 ColumnFamilyDescriptorBuilder 类提供的方法创建一个 ColumnFamilyDescriptor 对象。接着利用 Admin 类的 getDescriptor()方法获取特定表的 TableDescriptor 对象。然后借助 TableDescriptorBuilder 类提供的方法，在原 TableDescriptor 对象的基础上创建新的 TableDescriptor 对象，并将 ColumnFamilyDescriptor 对象作为参数传入 TableDescriptorBuilder 类提供的 setColumnFamily()方法。最后将新的 TableDescriptor 对象传递给 modifyTable()方法以实现添加列族。

2）删除列族

在删除列族时，首先利用 Admin 类的 getDescriptor()方法获取特定表的 TableDescriptor 对象。然后借助 TableDescriptorBuilder 类提供的方法，在原 TableDescriptor 对象的基础上创建新的 TableDescriptor 对象，并通过 TableDescriptorBuilder 类提供的 removeColumnFamily()方法指定删除的列族，该方法包含一个参数，用于指定列族名称。最后将新的 TableDescriptor 对象传递给 modifyTable()方法以实现删除列族。

3）修改列族的属性

在修改列族的属性时，首先通过 TableDescriptor 接口提供的 getColumnFamily()方法获取指定列族的 ColumnFamilyDescriptor 对象，该方法包含一个参数，用于指定列族名称。接着借助 ColumnFamilyDescriptorBuilder 类提供的方法，在原 ColumnFamilyDescriptor 对象的基础上创建新的 ColumnFamilyDescriptor 对象，并修改列族的属性。然后利用 Admin 类的 getDescriptor()方法获取特定表的 TableDescriptor 对象，并借助 TableDescriptorBuilder 类提供的方法，在原 TableDescriptor 对象的基础上创建新的 TableDescriptor 对象，并将新的 ColumnFamilyDescriptor 对象作为参数传入 TableDescriptorBuilder 类提供的 modifyColumnFamily()方法。最后将新的 TableDescriptor 对象传递给 modifyTable()方法以实现修改列族的属性。

接下来，在 Java 项目的 cn.itcast.hbasedemo.table 包中创建 ModifyTable 类，该类用于实现修改表的功能，如文件 4-15 所示。

文件 4-15　ModifyTable.java

```
1    public class ModifyTable {
2      public static void main(String[] args) throws IOException {
3        Connection connect = HBaseConnect.getConnect();
4        Admin admin = connect.getAdmin();
5        //指定修改命名空间 employee 的表 staff_info
6        TableDescriptor staffInfoDesc =
```

```
7        admin.getDescriptor(TableName.valueOf("employee:staff_info"));
8    //指定修改属性的列族 sale_info
9    ColumnFamilyDescriptor saleInfoCF =
10       staffInfoDesc.getColumnFamily("sale_info".getBytes());
11   ColumnFamilyDescriptor modifySaleInfoCF =ColumnFamilyDescriptorBuilder
12       .newBuilder(saleInfoCF)
13       .setMaxVersions(1)
14       .build();
15   ColumnFamilyDescriptor financeInfoCF =ColumnFamilyDescriptorBuilder
16       .newBuilder("finance_info".getBytes())
17       .setInMemory(true)
18       .build();
19   TableDescriptor modifyStaffInfoDesc =TableDescriptorBuilder
20       .newBuilder(staffInfoDesc)
21       .removeColumnFamily("development_info".getBytes())
22       .setColumnFamily(financeInfoCF)
23       .modifyColumnFamily(modifySaleInfoCF)
24       .setValue("comment", "New employee information sheet")
25       .setValue("user","itcast")
26       .setValue("createtime","2022-02-02")
27       .removeValue("user".getBytes())
28       .build();
29   admin.modifyTable(modifyStaffInfoDesc);
30   HBaseConnect.closeConn();
31  }
32 }
```

在文件 4-15 中，第 11～14 行代码在 ColumnFamilyDescriptor 对象 saleInfoCF 的基础上创建新的 ColumnFamilyDescriptor 对象 modifySaleInfoCF，将列族存储数据的最大版数修改为 1。

第 15～18 行代码创建 ColumnFamilyDescriptor 对象 financeInfoCF，指定列族名称为 finance_info，并且指定将列族存储的数据缓存到内存。

第 19～28 行代码在 TableDescriptor 对象 staffInfoDesc 的基础上创建新的 TableDescriptor 对象 modifyStaffInfoDesc，其中第 21 行代码用于删除列族 development_info；第 22 行代码用于根据 financeInfoCF 添加列族 finance_info；第 23 行代码用于根据 modifySaleInfoCF 修改列族 sale_info 的属性；第 24 行代码用于为表添加属性 comment 及其属性值 New employee information sheet；第 25 行代码用于为表添加属性 user 及其属性值 itcast；第 26 行代码用于为表添加属性 createtime 及其属性值 2022-02-02；第 27 行代码用于删除表的属性 user。

运行文件 4-15 之后，在 HBase Shell 执行 "desc 'employee:staff_info'" 命令，查看命名空间 employee 中表 staff_info 的信息，如图 4-20 所示。

从图 4-20 可以看出，命名空间 employee 的表 staff_info 发生了一些变化，具体内容如下。

- 属性 comment 的属性值修改为 New employee information sheet。
- 添加了属性 createtime，其属性值为 2022-02-02。
- 删除了属性 user。

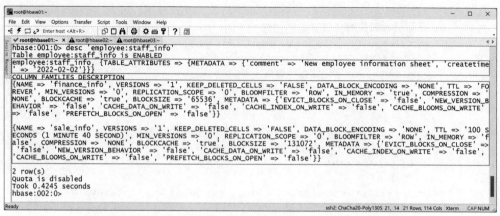

图 4-20 查看命名空间 employee 中表 staff_info 的信息（2）

- 添加了列族 finance_info，其预定义属性 IN_MEMORY 的属性值为 true。
- 列族 development_info 已经被删除了。
- 列族 sale_info 的预定义属性 VERSIONS，其属性值修改为 1。

4.4.6 删除表

删除表时应该始终保持严谨的态度，以避免潜在的风险和不可逆的影响。此外，在生活中时刻保持严谨的态度也是至关重要的，它有助于我们提高工作效率、减少错误，并培养出精确、可靠的工作习惯。Admin 类提供了 deleteTable()方法用于删除表，其程序结构如下。

```
admin.deleteTable(TableName.valueOf("table_name"));
```

接下来，在 Java 项目的 cn.itcast.hbasedemo.table 包中创建 DeleteTable 类，该类用于实现删除表的功能，如文件 4-16 所示。

文件 4-16 DeleteTable.java

```
1  public class DeleteTable {
2    public static void main(String[] args) throws IOException {
3      Connection connect =HBaseConnect.getConnect();
4      Admin admin =connect.getAdmin();
5      //指定删除命名空间 employee 中的表 staff_info
6      String tableName ="employee:staff_info";
7      if (admin.tableExists(TableName.valueOf(tableName))){
8        System.out.println("表存在,可以删除表!!!!!");
9        admin.disableTable(TableName.valueOf(tableName));
10       admin.deleteTable(TableName.valueOf(tableName));
11     }else {
12       System.out.println("表不存在,请先创建表!!!!");
13     }
14     HBaseConnect.closeConn();
15   }
16 }
```

在文件 4-16 中，第 7～13 行代码，用于判断删除的表是否存在，如果表存在则停用并删除表,如果表不存在则不进行任何操作。

运行文件 4-16 之后,在 HBase Shell 执行 list 命令查看表,如图 4-21 所示。

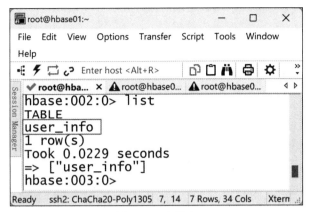

图 4-21　查看表

从图 4-21 可以看出,HBase 的命名空间 employee 中已经不存在表 staff_info。

4.5　数据管理

数据管理是指通过 HBase Java API 实现 Java 应用程序,对数据进行插入、查询、追加、删除操作。对数据保持真实和准确的态度是在操作数据时应该遵循的原则。通过遵循这一原则,我们能够更好地应用数据,并取得长期的成功和可持续的发展。HBase Java API 提供了 Table 类用于管理数据。本节演示如何通过 HBase Java API 来管理数据。

4.5.1　插入数据

Table 类提供的 put()方法用于向表插入数据,其程序结构如下。

```
table.put(puts);
```

上述程序结构中,table 为 Table 对象,该对象为 Table 类的实例。puts 为 Put 对象,该对象为 Put 类的实例。

Put 对象通过实例化 Put 类的方式创建,其程序结构如下。

```
Put put =new Put(Bytes.toBytes("rowKey"));
```

上述程序结构中,rowKey 用于指定行键。需要说明的是,每个 Put 对象仅用于向指定行添加单元格。如果需要向不同行添加单元格,那么需要创建多个 Put 对象。

Put 类提供了 addColumn()方法用于指定单元格的信息,其程序结构如下。

```
Put putOne =put.addColumn(
    Bytes.toBytes("columnfamily"),
    Bytes.toBytes("qualifier"),
    [timestamp,]
    Bytes.toBytes("value")
    );
```

上述程序结构中，columnfamily 用于指定列族名称；qualifier 用于指定列标识的名称；timestamp 为可选，用于指定时间戳；value 用于指定数据。

需要说明的是，addColumn()方法返回的同样是一个 Put 对象，该对象需要作为参数传递到 Table 类的 put()方法，实现插入数据。

接下来，在 Java 项目的 cn.itcast.hbasedemo.data 包中创建 PutValue 类，该类用于实现插入数据的功能，如文件 4-17 所示。

文件 4-17　PutValue.java

```java
public class PutValue {
  public static void main(String[] args) throws IOException {
    Connection conn =HBaseConnect.getConnect();
    //指定向命名空间 employee 的表 staff_info 插入数据
    Table table =conn.getTable(TableName.valueOf("employee:staff_info"));
    //指定行键为 staff001
    Put put =new Put(Bytes.toBytes("staff001"));
    Put put1 =put.addColumn(
       Bytes.toBytes("development_info"),
       Bytes.toBytes("staff_name"),
       System.currentTimeMillis(),
       Bytes.toBytes("zhangsan"));
    Put put2 =put.addColumn(
       Bytes.toBytes("development_info"),
       Bytes.toBytes("staff_age"),
       System.currentTimeMillis(),
       Bytes.toBytes("26"));
    Put put3 =put.addColumn(
       Bytes.toBytes("development_info"),
       Bytes.toBytes("staff_phone"),
       System.currentTimeMillis(),
       Bytes.toBytes("17664487906"));
    Put put4 =put.addColumn(
       Bytes.toBytes("sale_info"),
       Bytes.toBytes("staff_name"),
       Bytes.toBytes("wangwu"));
    Put put5 =put.addColumn(
       Bytes.toBytes("sale_info"),
       Bytes.toBytes("staff_age"),
       Bytes.toBytes("23"));
    Put put6 =put.addColumn(
       Bytes.toBytes("sale_info"),
       Bytes.toBytes("staff_phone"),
       Bytes.toBytes("17880657921"));
    table.put(put1);
    table.put(put2);
    table.put(put3);
    table.put(put4);
    table.put(put5);
    table.put(put6);
    HBaseConnect.closeConn();
  }
}
```

在文件 4-17 中，第 8～12 行代码用于向行键为 staff001 的行添加单元格，分别指定列族、列标识、时间戳和数据为 development_info、staff_name、本地系统的时间戳和 zhangsan。

第 13～17 行代码向行键为 staff001 的行添加单元格，分别指定列族、列标识、时间戳和数据为 development_info、staff_age、本地系统的时间戳和 26。

第 18～22 行代码向行键为 staff001 的行添加单元格，分别指定列族、列标识、时间戳和数据为 development_info、staff_phone、本地系统的时间戳和 17664487906。

第 23～26 行代码向行键为 staff001 的行添加单元格，分别指定列族、列标识和数据为 sale_info、staff_name 和 wangwu。

第 27～30 行代码向行键为 staff001 的行添加单元格，分别指定列族、列标识和数据为 sale_info、staff_age 和 23。

第 31～34 行代码向行键为 staff001 的行添加单元格，分别指定列族、列标识和数据为 sale_info、staff_phone 和 17880657921。

由于在 4.4.6 节已经删除了命名空间 employee 的表 staff_info，所以在运行文件 4-17 之前，需要先运行文件 4-10 在命名空间 employee 创建的表 staff_info，当文件 4-17 运行完成后，在 HBase Shell 执行"scan 'employee:staff_info'"命令查询命名空间 employee 中表 staff_info 的数据，如图 4-22 所示。

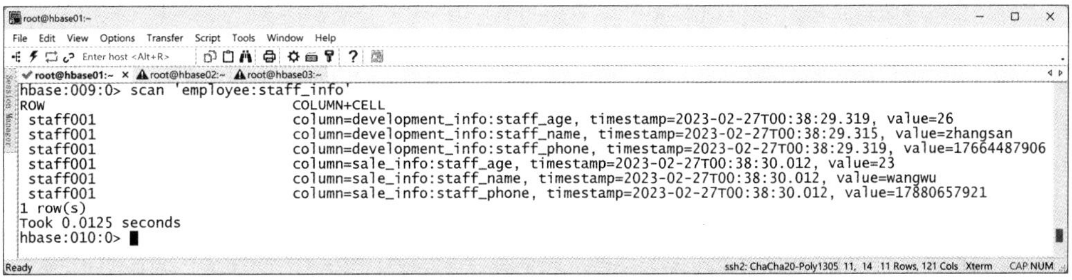

图 4-22　查询命名空间 employee 中表 staff_info 的数据（1）

从图 4-22 可以看出，表 staff_info 存在 6 个单元格，这些单元格的数据分别是 26、zhangsan、17664487906、23、wangwu 和 17880657921。

4.5.2　查询数据

Table 类提供了两种方法用于查询指定表的数据，它们分别是 getScanner()方法和 get()方法，具体介绍如下。

1. getScanner()方法

getScanner()方法用于查询表的多行数据，其程序结构如下。

```
ResultScanner resultScanner = table.getScanner(scan);
```

上述程序结构中，scan 为 Scan 对象，该对象为 Scan 类的实例。resultScanner 为 getScanner()方法的返回值，该返回值是一个 ResultScanner 对象，该对象存储了查询结果，通过遍历该对象可以获取查询结果中的每个单元格。

Scan 对象通过实例化 Scan 类的方式创建，其程序结构如下。

```
Scan scan = new Scan();
```

Scan 类提供了 addFamily() 和 addColumn() 方法用于查询指定列族或列的多行数据，其中 addFamily() 方法包含一个参数，该参数的类型为 byte[]，用于指定列族。addColumn() 方法包含两个参数，这两个参数的类型为 byte[]，分别用于指定列族和列标识。默认情况下，当 getScanner() 方法传入的 Scan 对象没有调用 addFamily() 或 addColumn() 方法时，查询表的所有行。

接下来，在 Java 项目的 cn.itcast.hbasedemo.data 包中创建 ScanValue 类，该类基于 getScanner() 方法实现查询数据的功能，如文件 4-18 所示。

文件 4-18　ScanValue.java

```
1   public class ScanValue {
2     private static Connection conn;
3     private static Table table;
4     public static void main(String[] args) throws IOException {
5       conn = HBaseConnect.getConnect();
6       //指定查询命名空间 employee 中表 staff_info 的数据
7       table = conn.getTable(TableName.valueOf("employee:staff_info"));
8       System.out.println("----------查询表的数据----------------");
9       Scan scan = new Scan();
10      //查询表
11      getResult(scan);
12      System.out.println("---------查询列族 sale_info 的数据-------------");
13      //指定列族 sale_info
14      Scan scanColumnFamily = scan.addFamily(Bytes.toBytes("sale_info"));
15      //查询列族 sale_info
16      getResult(scanColumnFamily);
17      System.out.println("----查询列 sale_info:staff_name 的数据----");
18      //指定列 sale_info:staff_name
19      Scan scanQualifier = scan.addColumn(
20          Bytes.toBytes("sale_info"),
21          Bytes.toBytes("staff_name"));
22      //查询列 sale_info:staff_name
23      getResult(scanQualifier);
24      HBaseConnect.closeConn();
25    }
26    public static void getResult(Scan scan) throws IOException {
27      //获取查询结果
28      ResultScanner resultScaner = table.getScanner(scan);
29      for (Result result : resultScaner) {
30        List<Cell> cells = result.listCells();
31        for (Cell cell : cells) {
32          //获取当前单元格的行键
33          String rowKey = new String(
34              cell.getRowArray(),
35              cell.getRowOffset(),
36              cell.getRowLength());
37          //获取当前单元格的列族
38          String columnfamily = new String(
39              cell.getFamilyArray(),
40              cell.getFamilyOffset(),
41              cell.getFamilyLength());
42          //获取当前单元格的列标识
```

```
43            String qualifier =new String(
44                cell.getQualifierArray(),
45                cell.getQualifierOffset(),
46                cell.getQualifierLength());
47            //获取当前单元格的时间戳
48            long timestamp =cell.getTimestamp();
49            //获取单元格的数据
50            String value =new String(
51                cell.getValueArray(),
52                cell.getValueOffset(),
53                cell.getValueLength());
54            System.out.println(
55                "行键:"+rowKey+"\t"
56                +"列族:"+columnfamily+"\t"
57                +"列标识:"+qualifier+"\t"
58                +"时间戳:"+timestamp+"\t"
59                +"数据:"+value
60            );
61         }
62      }
63   }
64 }
```

在文件 4-18 中,第 26~63 行代码定义的 getResult()方法用于遍历查询结果中的每个单元格,并将每个单元格的信息输出到控制台。

文件 4-18 的运行结果如图 4-23 所示。

```
----------查询表的数据--------------
行键: staff001   列族: development_info   列标识: staff_age    时间戳: 1679499099003   数据: 26
行键: staff001   列族: development_info   列标识: staff_name   时间戳: 1679499098999   数据: zhangsan
行键: staff001   列族: development_info   列标识: staff_phone  时间戳: 1679499099003   数据: 17664487906
行键: staff001   列族: sale_info          列标识: staff_age    时间戳: 1679499099220   数据: 23
行键: staff001   列族: sale_info          列标识: staff_name   时间戳: 1679499099220   数据: wangwu
行键: staff001   列族: sale_info          列标识: staff_phone  时间戳: 1679499099220   数据: 17880657921
----------查询列族sale_info的数据--------------
行键: staff001   列族: sale_info          列标识: staff_age    时间戳: 1679499099220   数据: 23
行键: staff001   列族: sale_info          列标识: staff_name   时间戳: 1679499099220   数据: wangwu
行键: staff001   列族: sale_info          列标识: staff_phone  时间戳: 1679499099220   数据: 17880657921
----------查询列sale_info:staff_name的数据--------------
行键: staff001   列族: sale_info          列标识: staff_name   时间戳: 1679499099220   数据: wangwu
关闭HBase连接!!!!!!
```

图 4-23 文件 4-18 的运行结果

从图 4-23 可以看出,命名空间 employee 的表 staff_info 包含 6 个单元格,列族 sale_info 包含 3 个单元格,列 sale_info:staff_name 包含 1 个单元格。

2. get()方法

get()方法用于根据行键查询表中指定行的数据,其程序结构如下。

```
Result result =table.get(get);
```

上述程序结构中,get 为 Get 对象,该对象为 Get 类的实例。result 为 get()方法的返回值,该返回值是一个 Result 对象,该对象存储了查询结果。Result 类提供了 listCells()方法用于获取查询结果中的所有单元格，listCells()方法的返回值是一个 Cell 类型的 List 集合，该集合中的每个元素为一个 Cell 对象，该对象包含了单元格的信息。

Get 对象通过实例化 Get 类的方式创建，其程序结构如下。

```
Get get = new Get(Bytes.toBytes("rowKey"));
```

上述程序结构中，rowKey 用于指定行键。

Get 类同样提供了 addFamily()和 addColumn()方法用于查询指定列族或列的数据，这两个方法的使用方式与 Scan 类的 addFamily()和 addColumn()方法相同，这里不再赘述。默认情况下，当 get()方法传入的 Get 对象没有调用 addFamily()或 addColumn()方法时，查询指定行的所有数据。

接下来，在 Java 项目的 cn.itcast.hbasedemo.data 包中创建 GetValue 类，该类基于 get()方法实现查询数据的功能，如文件 4-19 所示。

文件 4-19　GetValue.java

```
1   public class GetValue {
2     private static Connection conn;
3     private static Table table;
4     public static void main(String[] args) throws IOException {
5       conn = HBaseConnect.getConnect();
6       //指定查询命名空间 employee 中表 staff_info 的数据
7       table = conn.getTable(TableName.valueOf("employee:staff_info"));
8       System.out.println("-----查询行键 staff001 的行数据-------");
9       //指定行键 staff001
10      Get get = new Get(Bytes.toBytes("staff001"));
11      //查询行键 staff001 的行
12      getValue(get);
13      System.out.println("---查询行键 staff001 的行中列族为 sale_info 的数据---");
14      //指定列族 sale_info
15      Get getColumnFamily = get.addFamily(Bytes.toBytes("sale_info"));
16      //查询列族 sale_info
17      getValue(getColumnFamily);
18      System.out.println("-查询行键 staff001 的行中列为 sale_info:staff_name 的数据-");
19      //指定列 sale_info:staff_name
20      Get getQualifier = get.addColumn(
21          Bytes.toBytes("sale_info"),
22          Bytes.toBytes("staff_name"));
23      //查询列 sale_info:staff_name
24      getValue(getQualifier);
25      HBaseConnect.closeConn();
26    }
27    public static void getValue(Get get) throws IOException {
28      Result result = table.get(get);
29      List<Cell> cells = result.listCells();
30      for (Cell cell : cells) {
31        //获取当前单元格的行键
32        String rowKey = new String(
33            cell.getRowArray(),
34            cell.getRowOffset(),
```

```
35          cell.getRowLength());
36      //获取当前单元格的列族
37      String columnfamily =new String(
38          cell.getFamilyArray(),
39          cell.getFamilyOffset(),
40          cell.getFamilyLength());
41      //获取当前单元格的列标识
42      String qualifier =new String(
43          cell.getQualifierArray(),
44          cell.getQualifierOffset(),
45          cell.getQualifierLength());
46      //获取当前单元格的时间戳
47      long timestamp =cell.getTimestamp();
48      //获取当前单元格的数据
49      String value =new String(
50          cell.getValueArray(),
51          cell.getValueOffset(),
52          cell.getValueLength());
53      System.out.println(
54          "行键:"+rowKey+"\t"
55          +"列族:"+columnfamily+"\t"
56          +"列标识:"+qualifier+"\t"
57          +"时间戳:"+timestamp+"\t"
58          +"数据:"+value
59      );
60     }
61   }
62 }
```

在文件 4-19 中，第 27～61 行代码定义的 getValue()方法用于遍历查询结果中的每个单元格，并将每个单元格的信息输出到控制台。

文件 4-19 的运行结果如图 4-24 所示。

```
Run:    GetValue ×
-----查询行键staff001的行数据-------
行键: staff001   列族: development_info   列标识: staff_age    时间戳: 1679499099003   数据: 26
行键: staff001   列族: development_info   列标识: staff_name   时间戳: 1679499098999   数据: zhangsan
行键: staff001   列族: development_info   列标识: staff_phone  时间戳: 1679499099003   数据: 17664487906
行键: staff001   列族: sale_info   列标识: staff_age    时间戳: 1679499099220   数据: 23
行键: staff001   列族: sale_info   列标识: staff_name   时间戳: 1679499099220   数据: wangwu
行键: staff001   列族: sale_info   列标识: staff_phone  时间戳: 1679499099220   数据: 17880657921
---查询行键staff001的行中列族为sale_info的数据---
行键: staff001   列族: sale_info   列标识: staff_age    时间戳: 1679499099220   数据: 23
行键: staff001   列族: sale_info   列标识: staff_name   时间戳: 1679499099220   数据: wangwu
行键: staff001   列族: sale_info   列标识: staff_phone  时间戳: 1679499099220   数据: 17880657921
-查询行键staff001的行中列为sale_info:staff_name的数据-
行键: staff001   列族: sale_info   列标识: staff_name   时间戳: 1679499099220   数据: wangwu
关闭HBase连接!!!!!!
```

图 4-24　文件 4-19 的运行结果

从图 4-24 可以，行键为 staff001 的行共包含 6 个单元格，行键为 staff001 的行中列族 sale_info 包含 3 个单元格，行键为 staff001 的行中列 sale_info：staff_name 包含 1 个单元格。

> 📖 **多学一招：条件查询**

条件查询是指根据指定条件查询表的数据，常见的条件查询包括限制查询的行，以及查询不同版本的数据，具体介绍如下。

1. 限制查询的行

Scan 类提供了 3 个方法用于限制查询的行，它们分别是 setLimit()、withStartRow() 和 withStopRow() 方法，具体介绍如下。

1) setLimit() 方法

setLimit() 方法用于查询前 N 行，N 通过该方法的参数指定，如查询前 2 行数据，则示例代码如下。

```
scan.setLimit(2);
```

2) withStartRow() 方法

withStartRow() 方法用于指定查询的起始行，使用该方法时需要传递一个行键作为参数，如指定查询起始行的行键为 staff002，则示例代码如下。

```
scan.withStartRow(Bytes.toBytes("staff002"));
```

需要说明的是，withStartRow() 方法默认从起始行开始查询至表的最后一行。

3) withStopRow() 方法

withStopRow() 方法用于指定查询的结束行，使用该方法时需要传递一个行键作为参数，如指定查询结束行的行键为 staff002，则示例代码如下。

```
scan.withStopRow(Bytes.toBytes("staff002"));
```

需要说明的是，withStartRow() 方法默认从表的第一行开始查询至结束行，但是查询结果不包含结束行。也可以同时使用 withStartRow() 方法和 withStopRow() 方法指定查询的行区间，行区间的查询结果同样不包含结束行。

2. 查询不同版本的数据

Scan 和 Get 类都提供了 readVersions() 方法获取每个单元格最新的 N 个版本，N 通过该方法的参数指定，如使用 getScanner() 方法查询数据时，获取每个单元格最新的 3 个版本，则示例代码如下。

```
scan.readVersions(3);
```

4.5.3 追加数据

Table 类提供了 append() 方法用于追加数据，其程序结构如下。

```
table.append(append);
```

上述程序结构中，append 为 Append 对象，该对象通过实例化 Append 类创建，其程序结构如下。

```
Append append =new Append(Bytes.toBytes("rowKey"));
```

上述程序结构中，rowKey 用于指定行键。Append 类提供了 addColumn() 方法用于指定追加数据的单元格信息,以及追加的数据内容,该方法包含 3 个参数,分别用于指定列族、列标识和追加的数据。

接下来,在 Java 项目的 cn.itcast.hbasedemo.data 包中创建 AppendValue 类,该类用于实现追加数据的功能,如文件 4-20 所示。

文件 4-20　AppendValue.java

```java
1   public class AppendValue {
2     private static Connection conn;
3     private static Table table;
4     public static void main(String[] args) throws IOException {
5       conn = HBaseConnect.getConnect();
6       //指定向命名空间 employee 的表 staff_info 追加数据
7       table = conn.getTable(TableName.valueOf("employee:staff_info"));
8       //指定行键为 staff001
9       Append append = new Append(Bytes.toBytes("staff001"));
10      append.addColumn(
11        Bytes.toBytes("sale_info"),
12        Bytes.toBytes("staff_name"),
13        Bytes.toBytes("(dimission)")
14      );
15      table.append(append);
16      HBaseConnect.closeConn();
17    }
18  }
```

在文件 4-20 中,第 10~14 行代码用于指定数据所在单元格的列族和列标识为 sale_info 和 staff_name,并且指定追加的数据为(dimission)。

文件 4-20 运行完成后,在 HBase Shell 执行"scan 'employee:staff_info'"命令查询命名空间 employee 中表 staff_info 的数据,如图 4-25 所示。

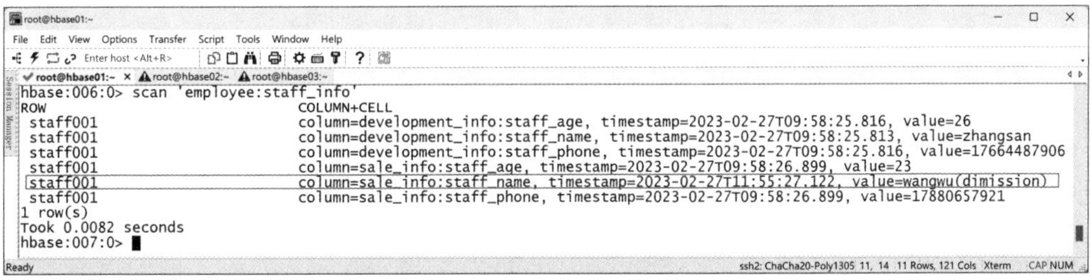

图 4-25　查询命名空间 employee 中表 staff_info 的数据(2)

从图 4-25 可以看出,行键为 staff001 并且列为 sale_info:staff_name 的单元格,其在原始数据 wangwu 的基础上成功追加了数据(dimission)。

4.5.4　删除数据

Table 类提供了 delete()方法用于删除数据,其程序结构如下。

```
table.delete(delete);
```

上述程序结构中,delete 为 Delete 对象,该对象通过实例化 Delete 类创建,其程序结构如下。

```
Delete deleteRow =new Delete(Bytes.toBytes("rowKey"));
```

上述程序结构中，rowKey 用于指定行键。Delete 类提供了 addFamily()和 addColumn()方法用于删除指定列族或列的数据，其中 addFamily()方法包含一个参数，该参数的类型为 byte[]，用于指定列族。addColumn()方法包含两个参数，这两个参数的类型为 byte[]，分别用于指定列族和列标识。默认情况下，当 delete()方法传入的 Delete 对象没有调用 addFamily()方法或 addColumn()方法时删除指定行的数据。

接下来，在 Java 项目的 cn.itcast.hbasedemo.data 包中创建 DeleteValue 类，该类用于实现删除数据的功能，如文件 4-21 所示。

文件 4-21　DeleteValue.java

```
1   public class DeleteValue {
2     private static Connection conn;
3     private static Table table;
4     public static void main(String[] args) throws IOException {
5         conn =HBaseConnect.getConnect();
6         //指定删除命名空间 employee 中表 staff_info 的数据
7         table =conn.getTable(TableName.valueOf("employee:staff_info"));
8         //指定行键为 staff001
9         Delete deleteRow =new Delete(Bytes.toBytes("staff001"));
10        //指定列族为 sale_info
11        deleteRow.addFamily(Bytes.toBytes("sale_info"));
12        //指定列为 development_info:staff_phone
13        deleteRow.addColumn(
14            Bytes.toBytes("development_info")
15            ,Bytes.toBytes("staff_phone")
16        );
17        table.delete(deleteRow);
18        HBaseConnect.closeConn();
19     }
20  }
```

上述代码用于对表 staff_info 进行删除数据的操作，分别删除行键为 staff001 的行中列族为 sale_info 的数据，以及行键为 staff001 的行中列为 development_info:staff_phone 的数据。

文件 4-21 运行完成后，在 HBase Shell 执行"scan 'employee:staff_info'"命令查询命名空间 employee 中表 staff_info 的数据，如图 4-26 所示。

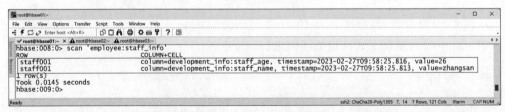

图 4-26　查询命名空间 employee 中表 staff_info 的数据（3）

从图 4-26 可以看出，行键为 staff001 的行中已经不存在列族为 sale_info 和列为 development_info:staff_phone 的数据。

4.6 本章小结

本章主要讲解了通过 HBase 的 Java API 操作,首先讲解了如何构建开发环境,以及连接 HBase,包括构建 Java 项目、构建项目目录结构、导入依赖,以及在 Java 应用程序中连接 HBase 集群。接着讲解了命名空间管理的相关操作,包括查看命名空间、创建命名空间、查看命名空间属性、修改命名空间、删除命名空间和查看命名空间的表。然后讲解了表管理的相关操作,包括创建表、查看表信息、查看表、停用和启用表、修改表和删除表。最后讲解了数据管理的相关操作,包括插入数据、查询数据、追加数据和删除数据。希望通过本章的学习,读者可以熟练掌握 HBase 的 Java API 操作,能够在实际应用场景中,灵活运用 HBase Java API 在 Java 应用程序中操作 HBase 的命名空间、表和数据。

4.7 课后习题

一、填空题

1. HBase Java API 中用于加载 HBase 配置信息的类是_____。
2. HBase Java API 提供了_____类用于实现命名空间的管理。
3. Admin 类提供用于创建命名空间的方法是_____。
4. Table 类提供用于删除数据的方法是_____。
5. Table 类提供用于查询数据的方法包括 get() 和_____。

二、判断题

1. 创建 HBase 连接时必须指定 ZooKeeper 集群的端口号。( )
2. 在 Java 应用程序中可以使用配置文件 hbase-site.xml 指定 HBase 的配置信息。( )
3. HBase Java API 提供了 Admin 类用于实现表的管理。( )
4. 插入数据时,每个 Put 对象可以向不同行添加单元格。( )
5. 使用 Admin 类提供的 append() 方法追加数据时,需要传递一个字符串作为参数。( )

三、选择题

1. 下列选项中,用于指定列族中数据生存时间的方法是( )。
   A. setTimeToLive()   B. setTTL()
   C. setTimeLive()   D. setLive()
2. 下列选项中,用于添加列族的方法是( )。
   A. setColumnFamily() B. addColumnFamily()
   C. addFamily()   D. setFamily()
3. 下列选项中,关于 Admin 类提供的 listNamespaceDescriptors() 方法返回值描述正确的是( )。
   A. 该方法的返回值是一个 NamespaceDescriptor 类型的数组
   B. 该方法的返回值是一个 NamespaceDescriptor 类型的 Map 集合

C. 该方法的返回值是一个 NamespaceDescriptor 类型的对象

D. 该方法的返回值是一个 NamespaceDescriptor 类型的 List 集合

4. 下列选项中，属于 Admin 类提供的用于删除表的方法是（　　）。

　　A. deleteTable()　　　　　　　　B. dropTable()

　　C. deleteTableDescriptors()　　　D. dropTableDescriptors()

5. 下列选项中，属于 Admin 类提供的用于修改表的方法是（　　）。

　　A. modifyTable()　　　　　　　　B. alterTable()

　　C. modifyTableDescriptors()　　　D. alterTableDescriptors()

四、简答题

1. 简述创建 TableDescriptor 时必须指定的方法，以及每个方法的作用。

2. 简述修改表时添加列族的实现方式。

第 5 章
HBase过滤器

学习目标

- 了解过滤器原理,能够说出基于过滤器查询数据的流程。
- 掌握过滤器的使用,能够灵活运用不同类型的过滤器查询数据。

过滤器(Filter)是一种在 HBase 中用于查询和筛选数据的工具。它可以根据行键、列族、列标识等信息快速过滤掉表中不符合特定条件的数据,从而提高查询性能和减少数据传输。HBase 提供了多种类型的过滤器,如值过滤器、行过滤器等,用户可以根据实际需求选择适合的过滤器类型来指定过滤条件。在 HBase 中,可以通过 HBase Java API 或 HBase Shell 使用过滤器。本章重点介绍使用 HBase Java API 来使用过滤器的方法。

5.1 过滤器原理

过滤器的实现原理是,当客户端基于过滤器读取 HBase 的数据时,HBase 只会将表中符合过滤器指定条件的数据返回给客户端,这样可以避免不符合过滤器指定条件的数据被传输到客户端,减轻网络传输和客户端的压力。

那么过滤器是如何避免不符合过滤器条件的数据被传输到客户端的呢?这主要是因为 HBase 采用谓词下推(predicate push down)的规则执行过滤器的操作,所谓谓词下推是指将过滤器尽可能下推到距离数据源最近的地方执行,以尽早完成数据的过滤。同样地,在学习和工作中,人们可以借鉴谓词下推的原则,将注意力集中在关键的事物上,能够更好地管理时间和资源,取得更好的成果。由于在 HBase 中,数据是由 RegionServer 进行管理的,所以过滤器会被 HBase 传输到 RegionServer 执行,此时只有符合过滤器条件的数据才会被传输到客户端。例如,客户端基于过滤器执行 scan 命令查询 HBase 表数据时的执行流程如图 5-1 所示。

在图 5-1 中,过滤器在客户端(Client)执行 scan 命令时被创建,创建完成后会被序列化为网络传输的格式,然后通过 RPC 协议分发到 HBase 集群中管理相关表数据的 RegionServer,在 RegionServer 中过滤器会通过反序列化被还原,并且在 RegionScanner 中基于过滤器进行查询数据的操作,最终将符合过滤器条件的数据返回给客户端。

在客户端查询数据时,常用的操作之一是通过过滤器扫描表。扫描表是指使用 HBase Shell 提供的 scan 命令或 HBase Java API 中 Table 类的 getScanner()方法来查询数据。本章的后续内容将重点介绍如何使用 HBase Java API 在 Java 应用程序中通过过滤器进行扫描表。

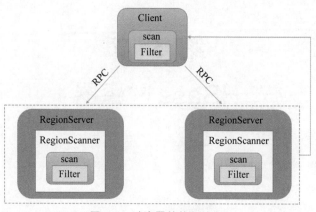

图 5-1 过滤器的执行流程

Scan 类提供了 setFilter() 方法用于为扫描表设置过滤器,其程序结构如下。

```
scan.setFilter(Filter);
```

上述程序结构中,scan 为 Scan 类的实例,Filter 用于指定设置的过滤器。

5.2 环境准备

在进行某项事务前,充足的准备能够使我们更好地发挥自己的潜力,提高自身能力和素质。这包括深入学习相关知识,积累相关经验,以及适时地进行规划。通过充分准备,能够为自己创造更多机会,增加成功的可能性,并提高对事务的把控能力和执行效果。

本章后续的内容主要通过在 IntelliJ IDEA 实现 Java 应用程序,演示如何基于过滤器查询数据,为了后续内容讲解的便利,这里事先对相关环境进行准备,包括构建 Java 项目、导入依赖、启动集群环境、连接 HBase、创建命名空间、创建表,以及向表插入数据等,具体操作步骤如下。

1. 构建 Java 项目

在 IntelliJ IDEA 基于 Maven 构建 Java 项目 HBase_Chapter05,并且创建包 cn.itcast.hbasedemo.connect 和 cn.itcast.hbasedemo.filter,前者用于存放连接 HBase 相关操作的 Java 文件,后者用于存放过滤器相关操作的 Java 文件,项目构建完成的效果如图 5-2 所示。

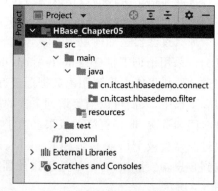

图 5-2 项目构建完成的效果

2. 导入依赖

在 Java 项目的 pom.xml 文件中添加 HBase 的客户端依赖和操作 CSV 文件的依赖,依赖添加完成的效果如文件 5-1 所示。

文件 5-1　pom.xml

```
1  <?xml version="1.0" encoding="UTF-8"?>
2  <project xmlns="http://maven.apache.org/POM/4.0.0"
3           xmlns:xsi="http://www.w3.org/2001/XMLSchema-instance"
4           xsi:schemaLocation="http://maven.apache.org/POM/4.0.0
5  http://maven.apache.org/xsd/maven-4.0.0.xsd">
```

```
6      <modelVersion>4.0.0</modelVersion>
7      <groupId>cn.itcast</groupId>
8      <artifactId>HBase_Chapter03</artifactId>
9      <version>1.0-SNAPSHOT</version>
10     <properties>
11         <maven.compiler.source>8</maven.compiler.source>
12         <maven.compiler.target>8</maven.compiler.target>
13     </properties>
14     <dependencies>
15     //操作 CSV 文件的依赖
16     <dependency>
17         <groupId>net.sourceforge.javacsv</groupId>
18         <artifactId>javacsv</artifactId>
19         <version>2.0</version>
20     </dependency>
21         //HBase 的客户端依赖
22     <dependency>
23         <groupId>org.apache.hbase</groupId>
24         <artifactId>hbase-shaded-client</artifactId>
25         <version>2.0.0</version>
26     </dependency>
27     </dependencies>
28 </project>
```

3.启动集群环境

在虚拟机 HBase01、HBase02 和 HBase03 按照 ZooKeeper、Hadoop 和 HBase 的顺序启动相关集群,本章使用基于完全分布式模式部署的 HBase 集群。

4.连接 HBase

在 Java 项目的 cn.itcast.hbasedemo.connect 包中创建 HBaseConnect 类,该类用于实现连接 HBase 的功能,如文件 5-2 所示。

文件 5-2　HBaseConnect.java

```
1  public class HBaseConnect {
2      public static Connection getConnect() {
3        Connection conn =null;
4        try {
5            Configuration config =HBaseConfiguration.create();
6            config.set("hbase.zookeeper.quorum","hbase01,hbase02,hbase03");
7            config.set("zookeeper.znode.parent","/hbase-fully");
8            conn =ConnectionFactory.createConnection(config);
9        }
10       catch (Exception e){
11           e.printStackTrace();
12       }
13       return conn;
14     }
15     public static void closeConn() {
16       Connection connect =getConnect();
17       try {
18           if (connect.isClosed() ==false){
19               System.out.println("关闭 HBase 连接!!!!!!");
20               connect.close();
21           }
```

```
22          }catch (Exception e){ 23          e.printStackTrace();
24      }
25  }
26 }
```

文件 5-2 的内容与 4.2 节中文件 4-2 的内容一致,这里不再赘述。

5. 创建命名空间

创建命名空间 commodity,该命名空间用于存放本章相关操作的表。在 HBase Shell 执行如下命令。

```
>create_namespace 'commodity'
```

6. 创建表

在命名空间 commodity 中创建表 fruit_table,并指定列族 fruit_info 和 sale_info,其中列族 fruit_info 用于存储水果信息,列族 sale_info 用于存放销售信息。在 HBase Shell 执行如下命令。

```
>create 'commodity:fruit_table','fruit_info','sale_info'
```

7. 向表插入数据

将数据文件 fruit_info.csv 存储的水果销售数据插入命名空间 commodity 的表 fruit_table,有关数据文件 fruit_info.csv 的内容如图 5-3 所示。

	A	B	C	D	E	F	G
1	fruit001	Banana	Tropical and subtropical fruits	Yunnan	5.5	157	863.5
2	fruit002	Apple	Kernel fruits	Shandong	6.8	284	1931.2
3	fruit003	Pear	Kernel fruits	Anhui	4.6	452	2079.2
4	fruit004	Grape	Berries	Xinjiang	10.5	313	3286.5
5	fruit005	Durian	Tropical and subtropical fruits	Hainan	45	156	7020
6	fruit006	Strawberry	Berries	Hebei	28	429	12012
7	fruit007	Jujube	Stone fruits	Shandong	13	249	3237
8	fruit008	Orange	Citrus fruits	Jiangxi	7.5	471	3532.5
9	fruit009	Peach	Stone fruits	Beijing	6.1	143	872.3
10	fruit010	Grapefruit	Citrus fruits	Guangxi	6.5	293	1904.5
11	fruit011	Persimmon	Kernel fruits	Liaoning	6.7	273	1829.1
12	fruit012	Watermelon	Melon fruits	Henan	2.4	415	996
13	fruit013	Hamimelon	Melon fruits	Xinjiang	6.5	286	1859
14	fruit014	Pitaya	Tropical and subtropical fruits	Guangxi	7	371	2597
15	fruit015	Lichee	Tropical and subtropical fruits	Hainan	15	425	6375
16	fruit016	Lemon	Citrus fruits	Yunnan	17	388	6596
17	fruit017	Coconut	Tropical and subtropical fruits	Hainan	11	349	3839
18	fruit018	Kiwifruit	Berries	Sichuan	14.5	355	5147.5
19	fruit019	Hawthorn	Kernel fruits	Shanxi	6.6	476	3141.6
20	fruit020	Cherry	Stone fruits	Shandong	35	229	8015

图 5-3 数据文件 fruit_info.csv 的内容

在图 5-3 中,每行数据的字段按照从左到右的顺序依次表示水果编号、水果名称、水果类型、水果产地、单价(单位是元/千克)、销售量(单位是千克)和总销售额(单位是元)。

在插入数据时,如果使用 HBase Shell 的方式实现,数字类型的数据(如总销售额和单价)会被转换为字符串类型进行存储,这将导致后续无法使用过滤器基于数字类型的数据进行过滤。因此,这里通过编写 Java 应用程序的方式实现插入数据的操作。

在 Java 项目的 cn.itcast.hbasedemo.connect 包中创建 LoadCsvData 类,该类用于将数据文件 fruit_info.csv 的数据插入命名空间 commodity 的表 fruit_table,具体代码如文件 5-3 所示。

文件 5-3　LoadCsvData.java

```java
1   public class LoadCsvData {
2       private static Connection conn;
3       private static Table table;
4       public static void main(String[] args) throws IOException {
5           //连接 HBase
6           conn = HBaseConnect.getConnect();
7           //向命名空间 commodity 的表 fruit_table 插入数据
8           table = conn.getTable(TableName.valueOf("commodity:fruit_table"));
9           //指定数据文件 fruit_info.csv 的存储路径
10          String path = "D:\\Data\\fruit_info.csv";
11          //水果编号
12          String fruitNo = "";
13          //水果名称
14          String fruitName = "";
15          //水果类型
16          String fruitType = "";
17          //水果产地
18          String fruitOrigin = "";
19          //单价
20          BigDecimal unitPrice = null;
21          //销售量
22          Long quantity = 0L;
23          //总销售额
24          BigDecimal totalSale = null;
25          //通过定义的 readCsvByCsvReader() 方法获取数据文件的数据
26          ArrayList<String[]> csvData = readCsvByCsvReader(path);
27          for (int i = 0; i < csvData.size(); i++) {
28              ArrayList<Put> puts = new ArrayList<>();
29              fruitNo = csvData.get(i)[0];
30              fruitName = csvData.get(i)[1];
31              fruitType = csvData.get(i)[2];
32              fruitOrigin = csvData.get(i)[3];
33              unitPrice = new BigDecimal(csvData.get(i)[4]);
34              quantity = Long.valueOf(csvData.get(i)[5]);
35              totalSale = new BigDecimal(csvData.get(i)[6]);
36              Put put = new Put(Bytes.toBytes(fruitNo));
37              Put put1 = put.addColumn(
38                      Bytes.toBytes("fruit_info"),
39                      Bytes.toBytes("fruitName"),
40                      Bytes.toBytes(fruitName));
41              Put put2 = put.addColumn(
42                      Bytes.toBytes("fruit_info"),
43                      Bytes.toBytes("fruitType"),
44                      Bytes.toBytes(fruitType));
45              Put put3 = put.addColumn(
46                      Bytes.toBytes("fruit_info"),
47                      Bytes.toBytes("fruitOrigin"),
48                      Bytes.toBytes(fruitOrigin));
49              Put put4 = put.addColumn(
50                      Bytes.toBytes("sale_info"),
51                      Bytes.toBytes("unitPrice"),
```

```java
52                    Bytes.toBytes(unitPrice));
53            Put put5 =put.addColumn(
54                    Bytes.toBytes("sale_info"),
55                    Bytes.toBytes("quantity"),
56                    Bytes.toBytes(quantity));
57            Put put6 =put.addColumn(
58                    Bytes.toBytes("sale_info"),
59                    Bytes.toBytes("totalSale"),
60                    Bytes.toBytes(totalSale));
61            puts.add(put1);
62            puts.add(put2);
63            puts.add(put3);
64            puts.add(put4);
65            puts.add(put5);
66            puts.add(put6);
67            table.put(puts);
68        }
69    HBaseConnect.closeConn();
70    }
71    public static ArrayList<String[]>readCsvByCsvReader(String filePath) {
72       ArrayList<String[]>arrList =new ArrayList<String[]>();
73       try {
74           CsvReader reader =new CsvReader(
75                filePath,
76                ',',
77                Charset.forName("UTF-8"));
78           while (reader.readRecord()) {
79                arrList.add(reader.getValues());
80           }
81           reader.close();
82       } catch (Exception e) {
83           e.printStackTrace();
84       }
85       return arrList;
86    }
87 }
```

在文件 5-3 中，第 27~68 行代码用于遍历集合，获取数据文件的每行数据。然后，从当前行数据中提取水果编号、水果名称、水果类型、水果产地、单价、销售量和总销售额，并将它们赋值给相应的变量。最后，使用水果编号作为行键，将水果名称、水果类型、水果产地、单价、销售量和总销售额插入命名空间 commodity 的表 fruit_table 中相应的列。

第 71~86 行代码定义的 readCsvByCsvReader()方法用于读取 CSV 文件，并将文件中的每行数据存储为集合 csvData 的元素。

8. 验证数据是否插入成功

文件 5-3 运行完成后，执行 "scan 'commodity:fruit_table',{LIMIT => 2}" 命令查询命名空间 commodity 中表 fruit_table 的前两行数据，如图 5-4 所示。

从图 5-4 可以看出，数据文件 fruit_info.csv 的数据成功插入命名空间 commodity 的表 fruit_table 中。

需要说明的是，HBase Shell 只能正常显示字符串类型的数据，而列 sale_info：unitPrice、sale_info：quantity 和 sale_info：totalSale 的数据是数字类型，因此以二进制形式

扬帆起航

水木书荟

如果知识是通向未来的大门,
我们愿意为你打造一把打开这扇门的钥匙!

https://www.shuimushuhui.com/

图书详情 | 配套资源 | 课程视频 | 会议资讯 | 图书出版

清华大学出版社
TSINGHUA UNIVERSITY PRESS

May all your wishes come true

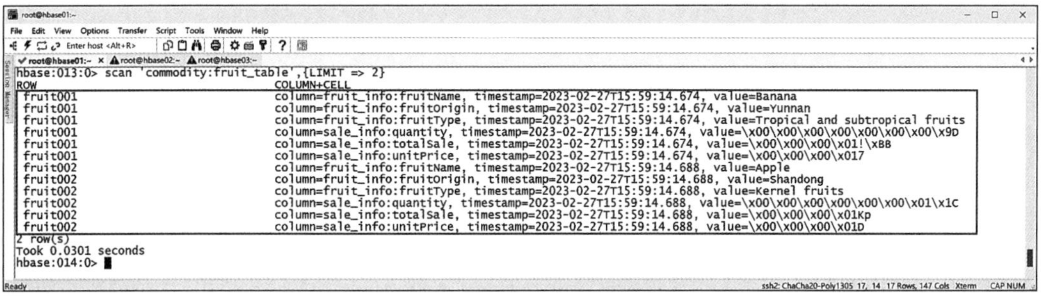

图 5-4　查询命名空间 commodity 中表 fruit_table 的前两行数据

进行显示。

5.3　值过滤器

值过滤器(ValueFilter)基于数据进行过滤。在使用值过滤器扫描表时,HBase 会逐条检查指定表中的数据,并将其与用户定义的条件进行比较。如果数据满足用户定义的条件,HBase 会将该数据所在的单元格返回给客户端。

HBase Java API 提供了 ValueFilter 类用于创建值过滤器,其程序结构如下。

```
ValueFilter valueFilter =
    new ValueFilter(
        compareoperator,
        comparator
    );
```

上述程序结构中,valueFilter 用于定义值过滤器的名称。compareoperator 用于指定比较关系,如大于、等于、小于等。comparator 用于指定比较器,比较器根据比较关系来确定比较的方式,例如比较字符串是否相等、比较数字的大小关系等。通过将比较关系和比较器结合使用,可以形成完整的条件,用于值过滤器进行数据过滤。

接下来对 HBase Java API 常用的比较关系和比较器进行介绍,如表 5-1 和表 5-2 所示。

表 5-1　HBase Java API 常用的比较关系

比 较 关 系	描　　述
CompareOperator.LESS	用于指定小于的比较关系
CompareOperator.LESS_OR_EQUAL	用于指定小于或等于的比较关系
CompareOperator.EQUAL	用于指定相等的比较关系
CompareOperator.NOT_EQUAL	用于指定不相等的比较关系
CompareOperator.GREATER_OR_EQUAL	用于指定大于或等于的比较关系
CompareOperator.GREATER	用于指定大于的比较关系

表 5-2 HBase Java API 常用的比较器

比 较 器	描 述
new NullComparator()	用于比较数据是否等于 null
new BinaryComparator(value)	用于将行键、列族、数据等信息视为字节数组与字节数组 value 进行比较,如搭配比较关系 CompareOperator.EQUAL 使用,比较数据是否等于 value
new SubstringComparator(value)	用于将行键、列族、数据等信息视为字符串与字符串 value 进行比较,如搭配比较关系 CompareOperator.EQUAL 使用,比较列族是否等于 value
new LongComparator(value)	将数据与 Long 类型的数值 value 进行比较,如搭配比较关系 CompareOperator.LESS 使用,比较数据是否小于 value
new RegexStringComparator(value)	用于将行键、列族、数据等信息视为字符串与正则表达式 value 进行匹配,如搭配比较关系 CompareOperator.EQUAL 使用,比较数据是否匹配正则表达式
new BinaryPrefixComparator(value)	用于将行键、列族、数据等信息的前缀视为字节数组与字节数组 value 进行比较,如搭配比较关系 CompareOperator.EQUAL 使用,比较列族的前缀是否等于 value
new BigDecimalComparator(value)	用于将数据与 BigDecimal 类型的数值 value 进行比较,如搭配比较关系 CompareOperator.LESS 使用,比较数据是否小于 value

接下来演示如何在 Java 应用程序中使用值过滤器查询数据。在 Java 项目的 cn.itcast.hbasedemo.filter 包中创建 ValueFilterDemo 类,该类用于查询命名空间为 commodity 的表 fruit_table 中水果产地为 Hainan 的水果编号,具体代码如文件 5-4 所示。

文件 5-4 ValueFilterDemo.java

```
1   public class ValueFilterDemo {
2     private static Connection conn;
3     private static Table table;
4     public static void main(String[] args) throws IOException {
5       conn =HBaseConnect.getConnect();
6       //指定查询命名空间 commodity 中表 fruit_table 的数据
7       table =conn.getTable(TableName.valueOf("commodity:fruit_table"));
8       Scan scan =new Scan();
9       //指定查询列族 fruit_info 的数据
10      scan.addFamily(Bytes.toBytes("fruit_info"));
11      //创建值过滤器
12      ValueFilter valueFilter =new ValueFilter(
13          CompareOperator.EQUAL,
14          new BinaryComparator(Bytes.toBytes("Hainan"))
15      );
16      //设置值过滤器
17       scan.setFilter(valueFilter);
18      for (Result result : table.getScanner(scan)) {
19         List<Cell> cells =result.listCells();
20         for (Cell cell : cells) {
21             String rowkey =new String(
22                 cell.getRowArray(),
```

```
23                            cell.getRowOffset(),
24                            cell.getRowLength()
25                    );
26                    System.out.println("水果编号:"+rowkey);
27            }
28        }
29        HBaseConnect.closeConn();
30    }
31 }
```

在文件 5-4 中,第 12～15 行代码创建值过滤器 valueFilter,该过滤器用于比较数据是否等于 Hainan。第 18～28 行代码用于查询数据并遍历查询结果,获取查询结果中每个单元格的行键,即每个水果的水果编号。

文件 5-4 的运行结果如图 5-5 所示。

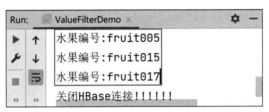

图 5-5 文件 5-4 的运行结果

从图 5-5 可以看出,水果产地为 Hainan 的水果编号包括 fruit005、fruit015 和 fruit017。

5.4 列值过滤器

列值过滤器(ColumnValueFilter)基于列进行过滤。在使用列值过滤器扫描表时,HBase 会逐条检查指定列的数据,并将其与用户定义的条件进行比较。如果数据满足用户定义的条件,HBase 会将该数据所在的单元格返回给客户端。

HBase Java API 提供了 ColumnValueFilter 类用于创建列值过滤器,其程序结构如下。

```
ColumnValueFilter columnValueFilter =
    new ColumnValueFilter(
        columnfamily,
        qualifier,
        compareoperator,
        comparator
    );
```

上述程序结构中,columnValueFilter 用于定义列值过滤器的名称,columnfamily 用于指定列族,qualifier 用于指定列标识,compareoperator 和 comparator 分别用于指定比较关系和比较器。

接下来演示如何在 Java 应用程序中使用列值过滤器查询数据。在 Java 项目的 cn.itcast.hbasedemo.filter 包中创建 ColumnValueFilterDemo 类,该类用于查询命名空间为 commodity 的表 fruit_table 中总销售额大于或等于 5000 的水果编号及其总销售额,具体代码如文件 5-5 所示。

文件 5-5　ColumnValueFilterDemo.java

```java
1   public class ColumnValueFilterDemo {
2     private static Connection conn;
3     private static Table table;
4     public static void main(String[] args) throws IOException {
5       conn =HBaseConnect.getConnect();
6       //指定查询命名空间 commodity 中表 fruit_table 的数据
7       table =conn.getTable(TableName.valueOf("commodity:fruit_table"));
8       Scan scan =new Scan();
9       //创建列值过滤器
10      ColumnValueFilter columnValueFilter =new ColumnValueFilter(
11              Bytes.toBytes("sale_info"),
12              Bytes.toBytes("totalSale"),
13              CompareOperator.GREATER_OR_EQUAL,
14              new BigDecimalComparator(new BigDecimal(5000)));
15      //设置列值过滤器
16      scan.setFilter(columnValueFilter);
17      for (Result result : table.getScanner(scan)) {
18          List<Cell> cells =result.listCells();
19          for (Cell cell : cells) {
20              String rowkey =new String(
21                  cell.getRowArray(),
22                  cell.getRowOffset(),
23                  cell.getRowLength()
24              );
25              BigDecimal value =Bytes.toBigDecimal(
26                  cell.getValueArray(),
27                  cell.getValueOffset(),
28                  cell.getValueLength()
29              );
30              System.out.println("水果编号:" +rowkey
31                  +"\t" +"总销售额:" +value);
32          }
33      }
34      HBaseConnect.closeConn();
35    }
36  }
```

在文件 5-5 中，第 10～14 行代码创建列值过滤器 columnValueFilter，该过滤器用于比较列 sale_info:totalSale 的数据是否大于或等于 5000。第 17～33 行代码用于查询数据并遍历查询结果，获取查询结果中每个单元格的行键和数据，即每个水果的水果编号和总销售额。

文件 5-5 的运行结果如图 5-6 所示。

从图 5-6 可以看出，水果的总销售额大于或等于 5000 的水果编号包括 fruit005、fruit006、fruit015、fruit016、fruit018 和 fruit020，它们的总销售额分别是 7020、12012、6375、6596、5147.5 和 8015。

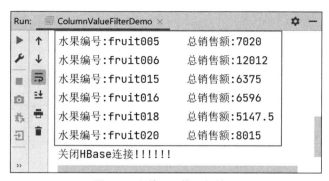

图 5-6　文件 5-5 的运行结果

5.5　单列值过滤器

单列值过滤器（SingleColumnValueFilter）与列值过滤器相似，同样基于列进行过滤。不同的是，在使用单列值过滤器扫描表时，如果数据满足用户定义的条件，HBase 会将该数据所在的行返回给客户端。

HBase Java API 提供了 SingleColumnValueFilter 类用于创建单列值过滤器，其程序结构如下。

```
SingleColumnValueFilter singleColumnValueFilter =
    new SingleColumnValueFilter(
        columnfamily,
        qualifier,
        compareoperator,
        comparator
    );
```

上述程序结构中，SingleColumnValueFilter 用于定义单列值过滤器的名称，columnfamily 用于指定列族，qualifier 用于指定列标识，compareoperator 和 comparator 分别用于指定比较关系和比较器。

接下来演示如何在 Java 应用程序中使用单列值过滤器查询数据。在 Java 项目的 cn.itcast.hbasedemo.filter 包中创建 SingleColumnValueFilterDemo 类，该类用于查询命名空间为 commodity 的表 fruit_table 中水果类型为 Berries 的水果名称，以及它们的水果产地和总销售额，具体代码如文件 5-6 所示。

文件 5-6　SingleColumnValueFilterDemo.java

```
1  public class SingleColumnValueFilterDemo {
2    private static Connection conn;
3    private static Table table;
4    public static void main(String[] args) throws IOException {
5        conn = HBaseConnect.getConnect();
6        //指定查询命名空间 commodity 中表 fruit_table 的数据
7        table = conn.getTable(TableName.valueOf("commodity:fruit_table"));
8        Scan scan = new Scan();
```

```
 9       //创建单列值过滤器
10       SingleColumnValueFilter singleColumnValueFilter =
11           new SingleColumnValueFilter(
12               Bytes.toBytes("fruit_info"),
13               Bytes.toBytes("fruitType"),
14               CompareOperator.EQUAL,
15               new BinaryComparator(Bytes.toBytes("Berries"))
16           );
17       //设置单列值过滤器
18       scan.setFilter(singleColumnValueFilter);
19       for (Result result : table.getScanner(scan)) {
20           System.out.print("水果名称:" +new String(result.getValue(
21               Bytes.toBytes("fruit_info"),
22               Bytes.toBytes("fruitName"))) +"\t");
23           System.out.print("水果产地:" +new String(result.getValue(
24               Bytes.toBytes("fruit_info"),
25               Bytes.toBytes("fruitOrigin"))) +"\t");
26           System.out.print("总销售额:" +Bytes.toBigDecimal(result.getValue(
27               Bytes.toBytes("sale_info"),
28               Bytes.toBytes("totalSale"))) +"\n");
29       }
30       HBaseConnect.closeConn();
31   }
32 }
```

在文件5-6中，第10~15行代码创建单列值过滤器SingleColumnValueFilter，该过滤器用于比较列fruit_info:fruitType的数据是否等于Berries。第19~29行代码用于查询数据并遍历查询结果，获取查询结果的每一行中列fruit_info:fruitName、fruit_info:fruitOrigin和sale_info:totalSale的数据，即水果名称、水果产地和总销售额。

文件5-6的运行结果如图5-7所示。

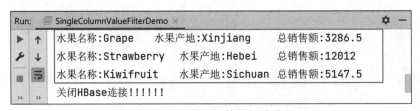

图5-7　文件5-6的运行结果

从图5-7可以看出，水果类型为Berries的水果名称包括Grape、Strawberry和Kiwifruit，其中水果名称为Grape的水果产地是Xinjiang，总销售额是3286.5；水果名称为Strawberry的水果产地是Hebei，总销售额是12012；水果名称为Kiwifruit的水果产地是Sichuan，总销售额是5147.5。

5.6　行过滤器

行过滤器(RowFilter)基于行键进行过滤。在使用行过滤器扫描表时，HBase会逐条检查指定表中的行，并将它们的行键与用户定义的条件进行比较。如果行键符合用户定义的条件,HBase 会将对应的行返回给客户端。

HBase Java API 提供了 RowFilter 类用于创建行过滤器,其程序结构如下。

```
RowFilter rowFilter =
    new RowFilter(
            compareoperator,
            comparator
        );
```

上述程序结构中,rowFilter 用于定义行过滤器的名称,compareoperator 和 comparator 分别用于指定比较关系和比较器。

接下来演示如何在 Java 应用程序中使用行过滤器查询数据。在 Java 项目的 cn.itcast. hbasedemo.filter 包中创建 RowFilterDemo 类,该类用于查询命名空间为 commodity 的表 fruit_table 中,水果编号小于或等于 fruit002 的水果信息和销售信息,具体代码如文件 5-7 所示。

文件 5-7　RowFilterDemo.java

```
1  public class RowFilterDemo {
2    private static Connection conn;
3    private static Table table;
4    public static void main(String[] args) throws IOException {
5        conn =HBaseConnect.getConnect();
6        //指定查询命名空间 commodity 中表 fruit_table 的数据
7        table =conn.getTable(TableName.valueOf("commodity:fruit_table"));
8        Scan scan =new Scan();
9        //创建行过滤器
10       RowFilter rowFilter =new RowFilter(
11               CompareOperator.LESS_OR_EQUAL,
12               new BinaryComparator(Bytes.toBytes("fruit002")));
13       //设置行过滤器
14       scan.setFilter(rowFilter);
15         for (Result result : table.getScanner(scan)) {
16           System.out.print("水果名称:" +new String(result.getValue(
17                   Bytes.toBytes("fruit_info"),
18                   Bytes.toBytes("fruitName"))) +"\t");
19           System.out.print("水果类型:" +new String(result.getValue(
20                   Bytes.toBytes("fruit_info"),
21                   Bytes.toBytes("fruitType"))) +"\t");
22           System.out.print("水果产地:" +new String(result.getValue(
23                   Bytes.toBytes("fruit_info"),
24                   Bytes.toBytes("fruitOrigin"))) +"\t");
25           System.out.print("单价:" +Bytes.toBigDecimal(result.getValue(
26                   Bytes.toBytes("sale_info"),
27                   Bytes.toBytes("unitPrice"))) +"\t");
28           System.out.print("销售量:" +Bytes.toLong(result.getValue(
29                   Bytes.toBytes("sale_info"),
30                   Bytes.toBytes("quantity"))) +"\t");
31           System.out.print("总销售额:" +Bytes.toBigDecimal(result.getValue(
32                   Bytes.toBytes("sale_info"),
33                   Bytes.toBytes("totalSale"))) +"\n");
```

```
34          }
35          HBaseConnect.closeConn();
36      }
37 }
```

在文件 5-7 中，第 10~12 行代码用于创建行过滤器，该过滤器用于比较行键是否小于或等于 fruit002。第 15~34 行代码用于查询数据并遍历查询结果，获取查询结果的每一行中列 fruit_info：fruitName、fruit_info：fruitType、fruit_info：fruitOrigin、sale_info：unitPrice、sale_info：quantity 和 sale_info：totalSale 的数据，即水果名称、水果类型、水果产地、单价、销售量和总销售额。

文件 5-7 的运行结果如图 5-8 所示。

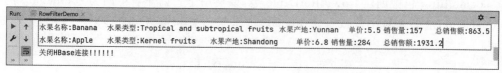

图 5-8　文件 5-7 的运行结果

从图 5-8 可以看出，水果编号小于或等于 fruit002 的水果名称包括 Banana 和 Apple，其中 Banana 的水果类型、水果产地、单价、销售量和总销售额分别为 Tropical and subtropical fruits、Yunnan、5.5、157 和 863.5；Apple 的水果类型、水果产地、单价、销售量和总销售额分别为 Kernel fruits、Shandong、6.8、284 和 1931.2。

5.7　列族过滤器

列族过滤器（FamilyFilter）基于列族进行过滤。在使用列族过滤器扫描表时，HBase 会逐个检查指定表中的列族，并将其与用户定义的条件进行比较。如果列族符合用户定义的条件，HBase 会将包含该列族的行返回给客户端。

HBase Java API 提供了 FamilyFilter 类用于创建列族过滤器，其程序结构如下。

```
FamilyFilter familyFilter =
    new FamilyFilter(
            compareoperator,
            comparator
    );
```

上述程序结构中，familyFilter 用于定义列族过滤器的名称，compareoperator 和 comparator 分别用于指定比较关系和比较器。

接下来演示如何在 Java 应用程序中使用列族过滤器查询数据。在 Java 项目的 cn.itcast.hbasedemo.filter 包中创建 FamilyFilterDemo 类，该类用于查询命名空间为 commodity 的表 fruit_table 中所有水果的信息，具体代码如文件 5-8 所示。

文件 5-8　FamilyFilterDemo.java

```
1 public class FamilyFilterDemo {
2     private static Connection conn;
3     private static Table table;
```

```java
4   public static void main(String[] args) throws IOException {
5       conn =HBaseConnect.getConnect();
6       //指定查询命名空间commodity中表fruit_table的数据
7       table =conn.getTable(TableName.valueOf("commodity:fruit_table"));
8       Scan scan =new Scan();
9       //创建列族过滤器
10      FamilyFilter familyFilter =new FamilyFilter(
11              CompareOperator.EQUAL,
12              new BinaryComparator(Bytes.toBytes("fruit_info")));
13      //设置列族过滤器
14      scan.setFilter(familyFilter);
15      for (Result result : table.getScanner(scan)) {
16          System.out.print("水果名称:" +new String(result.getValue(
17                  Bytes.toBytes("fruit_info"),
18                  Bytes.toBytes("fruitName"))) +"\t");
19          System.out.print("水果产地:" +new String(result.getValue(
20                  Bytes.toBytes("fruit_info"),
21                  Bytes.toBytes("fruitOrigin"))) +"\t");
22          System.out.print("水果类型:" +new String(result.getValue(
23                  Bytes.toBytes("fruit_info"),
24                  Bytes.toBytes("fruitType"))) +"\n");
25      }
26      HBaseConnect.closeConn();
27  }
28  }
```

在文件5-8中,第10~12行代码创建列族过滤器familyFilter,该过滤器用于比较列族是否等于fruit_info。第15~25行代码用于查询数据并遍历查询结果,获取查询结果的每一行中列fruit_info:fruitName、fruit_info:fruitOrigin和fruit_info:fruitType的数据,即水果名称、水果产地和水果类型。

文件5-8的运行结果如图5-9所示。

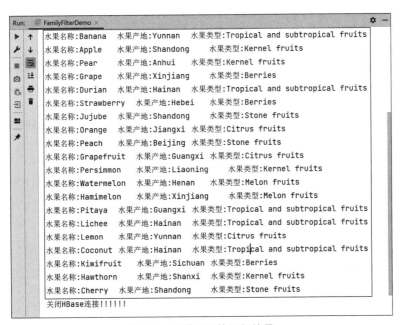

图5-9 文件5-8的运行结果

在图 5-9 中，显示了每个水果的信息，如水果名称为 Banana 的水果产地为 Yunnan，水果类型为 Tropical and subtropical fruits。

5.8 列过滤器

列过滤器（QualifierFilter）基于列标识进行过滤。在使用列过滤器扫描表时，HBase 会逐个检查指定表的列标识，并将其与用户定义的条件进行比较。如果列标识满足用户定义的条件，HBase 会将该列标识所指向的单元格返回给客户端。

HBase Java API 提供了 QualifierFilter 类用于创建列过滤器，其程序结构如下。

```
QualifierFilter qualifierFilter =
    new QualifierFilter(
        compareoperator,
        comparator
    );
```

上述程序结构中，qualifierFilter 用于定义列过滤器的名称，compareoperator 和 comparator 分别用于指定比较关系和比较器。

接下来演示如何在 Java 应用程序中使用列过滤器查询数据。在 Java 项目的 cn.itcast.hbasedemo.filter 包中创建 QualifierFilterDemo 类，该类用于查询命名空间为 commodity 的表 fruit_table 中每个水果的水果编号和总销售量，具体代码如文件 5-9 所示。

文件 5-9　QualifierFilterDemo.java

```
1   public class QualifierFilterDemo {
2     private static Connection conn;
3     private static Table table;
4     public static void main(String[] args) throws IOException {
5       conn =HBaseConnect.getConnect();
6       //指定查询命名空间 commodity 中表 fruit_table 的数据
7       table =conn.getTable(TableName.valueOf("commodity:fruit_table"));
8       Scan scan =new Scan();
9       //创建列过滤器
10      QualifierFilter qualifierFilter =
11              new QualifierFilter(
12                  CompareOperator.EQUAL,
13                  new BinaryPrefixComparator(Bytes.toBytes("quan")));
14      //设置列过滤器
15      scan.setFilter(qualifierFilter);
16      for (Result result : table.getScanner(scan)) {
17        List<Cell> cells =result.listCells();
18        for (Cell cell : cells) {
19            String rowkey =new String(
20                cell.getRowArray(),
21                cell.getRowOffset(),
22                cell.getRowLength()
23            );
24            long value =Bytes.toLong(
25                cell.getValueArray(),
```

```
26                        cell.getValueOffset(),
27                        cell.getValueLength()
28                );
29                System.out.println("水果编号:"+rowkey
30                        +"\t"+"销售量:"+value);
31            }
32        }
33        HBaseConnect.closeConn();
34    }
35 }
```

在文件 5-9 中,第 10~13 行代码用于创建列过滤器 qualifierFilter,该过滤器比较列标识的前缀是否等于 quan。通过比较列标识的前缀是否等于 quan,可以获取列标识为 quantity 的单元格。这些单元格中存储了每种水果总销售量的数据。第 16~32 行代码用于查询数据并遍历查询结果,获取查询结果中每个单元格的行键和数据,即每个水果的水果编号和总销售量。

文件 5-9 的运行结果如图 5-10 所示。

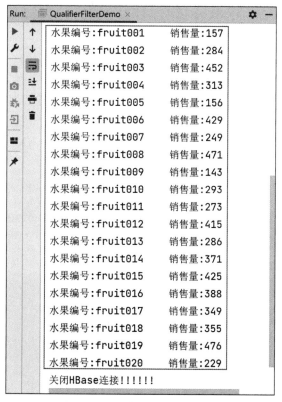

图 5-10 文件 5-9 的运行结果

在图 5-10 中,显示了每个水果的水果编号和总销售量,如水果编号为 fruit010 的水果,其总销售量为 293。

5.9 时间戳过滤器

时间戳过滤器(TimestampsFilter)基于时间戳进行过滤。在使用时间戳过滤器扫描表时,HBase 会逐个检查指定表中的单元格,并将它们的时间戳与用户定义的条件进行比较。如果时间戳满足用户定义的条件,HBase 会将包含该时间戳的单元格返回给客户端。

HBase Java API 提供了 TimestampsFilter 类用于创建时间戳过滤器,其程序结构如下。

```
TimestampsFilter timestampsFilter =
            new TimestampsFilter(Arrays.asList(timestamps));
```

上述程序结构中,timestampsFilter 用于定义时间戳过滤器的名称。timestamps 用于指定时间戳列表,时间戳列表可以包含多个时间戳,每个时间戳都会进行比较。

需要说明的是,默认情况下,向 HBase 插入数据时,每个单元格的时间戳是由 RegionServer 所在服务器的系统时间生成,并且时间戳默认精确到毫秒级别。然而,由于系统时间的不确定性,这些时间戳存在较大的不一致性,因此使用时间戳过滤器会变得不太方便。

为了解决这个问题,建议在向 HBase 插入数据时,使用自定义的时间戳而不依赖于服务器系统时间。通过使用自定义时间戳,可以确保时间戳的顺序和一致性,从而便于在后续的操作中使用时间戳过滤器来扫描表。

接下来演示如何在 Java 应用程序中使用时间戳过滤器查询数据,具体操作步骤如下。

(1) 出于测试目的,这里向命名空间 commodity 的表 fruit_table 添加一个单元格,该单元格的行键、列族、列标识和数据分别为 fruit021、fruit_info、fruitName 和 Pomegranate,并且自定义时间戳为 1。在 HBase Shell 执行如下命令。

```
>put 'commodity:fruit_table','fruit021','fruit_info:fruitName','Pomegranate',1
```

(2) 在 Java 项目的 cn.itcast.hbasedemo.filter 包中创建 TimestampsFilterDemo 类,该类用于查询命名空间为 commodity 的表 fruit_table 中时间戳为 1 的单元格的数据,具体代码如文件 5-10 所示。

文件 5-10　TimestampsFilterDemo.java

```
1  public class TimestampsFilterDemo {
2    private static Connection conn;
3    private static Table table;
4    public static void main(String[] args) throws IOException {
5        conn =HBaseConnect.getConnect();
6        //指定查询命名空间 commodity 中表 fruit_table 的数据
7        table =conn.getTable(TableName.valueOf("commodity:fruit_table"));
8        Scan scan =new Scan();
9        //创建时间戳过滤器
10       TimestampsFilter timestampsFilter =
11           new TimestampsFilter(Arrays.asList(1L));
```

```
12          //设置时间戳过滤器
13          scan.setFilter(timestampsFilter);
14          for (Result result : table.getScanner(scan)) {
15              List<Cell>cells =result.listCells();
16              for (Cell cell : cells) {
17                  String value =new String(
18                      cell.getValueArray(),
19                      cell.getValueOffset(),
20                      cell.getValueLength()
21                  );
22                  long timestamp =cell.getTimestamp();
23                  System.out.println(value+"\t"+timestamp);
24              }
25          }
26          HBaseConnect.closeConn();
27      }
28  }
```

在文件 5-10 中,第 10~11 行代码用于创建时间戳过滤器 timestampsFilter,该过滤器用于比较时间戳是否等于 1。第 14~25 行代码用于查询数据并遍历查询结果,获取查询结果中每个单元格的数据和时间戳。

(3) 文件 5-10 的运行结果如图 5-11 所示。

图 5-11 文件 5-10 的运行结果

从图 5-11 可以看出,时间戳为 1 的单元格,其数据为 Pomegranate 1。

5.10 装饰过滤器

装饰过滤器是一种用于增强过滤器功能的包装器,它可以在现有过滤器的基础上进行功能扩展,以实现更复杂的过滤。HBase 提供了两种类型的装饰过滤器,它们分别是跳转过滤器(SkipFilter)和全匹配过滤器(WhileMatchFilter),本节详细介绍这两种装饰过滤器的使用。

5.10.1 跳转过滤器

跳转过滤器用于跳过不满足指定条件的行,从而提高查询效率。例如,使用值过滤器扫描表时,比较数据是否不等于 Berries,在不使用跳转过滤器的情况下,查询结果包含数据不等于 Berries 的单元格。而使用跳转过滤器的情况下,一旦检测到某一单元格的数据等于 Berries,那么便会跳过对应单元格所在的行,并且该行不会存在于查询结果中。

HBase Java API 提供了 SkipFilter 类用于创建跳转过滤器,其程序结构如下。

```
SkipFilter skipFilter =new SkipFilter(filter);
```

上述程序结构中，skipFilter 用于定义跳转过滤器的名称，filter 用于指定过滤器。

接下来演示如何在 Java 应用程序中使用跳转过滤器查询数据，这里出于测试目的，分别演示不使用跳转过滤器和使用跳转过滤器扫描表的效果，具体操作步骤如下。

（1）在 Java 项目的 cn.itcast.hbasedemo.filter 包中创建 SkipFilterDemo 类，该类通过值过滤器获取命名空间为 commodity 的表 fruit_table 中数据不等于 Berries 的单元格，具体代码如文件 5-11 所示。

文件 5-11　SkipFilterDemo.java

```java
1  public class SkipFilterDemo {
2      private static Connection conn;
3      private static Table table;
4      public static void main(String[] args) throws IOException {
5          conn = HBaseConnect.getConnect();
6          //指定查询命名空间 commodity 中表 fruit_table 的数据
7          table = conn.getTable(TableName.valueOf("commodity:fruit_table"));
8          Scan scan = new Scan();
9          //创建值过滤器
10         ValueFilter valueFilter = new ValueFilter(
11                 CompareOperator.NOT_EQUAL,
12                 new BinaryComparator(Bytes.toBytes("Berries")));
13         //设置值过滤器
14         scan.setFilter(valueFilter);
15         for (Result result : table.getScanner(scan)) {
16             Object value = null;
17             List<Cell> cells = result.listCells();
18             for (Cell cell : cells) {
19                 String rowkey = new String(
20                     cell.getRowArray(),
21                     cell.getRowOffset(),
22                     cell.getRowLength()
23                 );
24                 String family = new String(
25                     cell.getFamilyArray(),
26                     cell.getFamilyOffset(),
27                     cell.getFamilyLength()
28                 );
29                 String qualifier = new String(
30                     cell.getQualifierArray(),
31                     cell.getQualifierOffset(),
32                     cell.getQualifierLength()
33                 );
34                 if (qualifier.equals("quantity") ||
35                         qualifier.equals("totalSale") ||
36                         qualifier.equals("unitPrice")){
37                     value = Bytes.toBigDecimal(
38                         cell.getValueArray(),
39                         cell.getValueOffset(),
40                         cell.getValueLength()
41                     );
42                 }else {
43                     value = new String(
44                         cell.getValueArray(),
45                         cell.getValueOffset(),
46                         cell.getValueLength()
47                     );
48                 }
49                 System.out.println("行键:"+rowkey +"\t"
50                     +"列族:"+family +"\t"
51                     +"列标识:"+qualifier +"\t"
52                     +"数据:"+value +"\t");
```

```
53              }
54          }
55          HBaseConnect.closeConn();
56      }
57  }
```

在文件 5-11 中，第 10～12 行代码创建值过滤器 valueFilter，该过滤器用于比较数据是否不等于 Berries。第 15～54 行代码用于查询数据并遍历查询结果，获取查询结果中每个单元格的行键、列族、列标识和数据。

文件 5-11 运行结果的部分内容如图 5-12 所示。

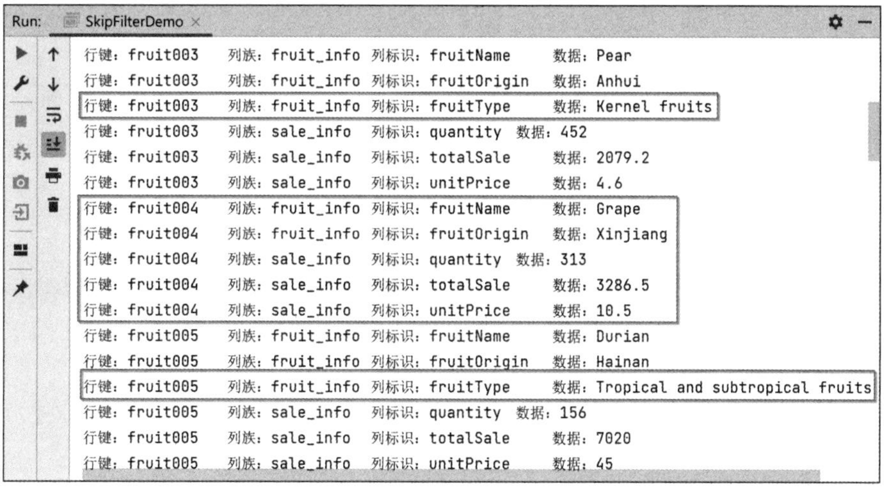

图 5-12 文件 5-11 运行结果的部分内容（1）

从图 5-12 可以看出，行键为 fruit004 的行相比较于其他行缺少了一个列族和列标识分别为 fruit_info 和 fruitType 的单元格，这是因为该单元格的数据等于 Berries，所以被值过滤器过滤掉了，不包含在查询结果中。

（2）使用跳转过滤器装饰值过滤器 valueFilter，并为扫描表设置跳转过滤器，将文件 5-11 的第 14 行代码修改为如下代码。

```
//创建跳转过滤器
SkipFilter skipFilter =new SkipFilter(valueFilter);
//设置跳转过滤器
scan.setFilter(skipFilter);
```

文件 5-11 运行结果的部分内容如图 5-13 所示。

从图 5-13 可以看出，查询结果中不包含行键为 fruit004 的行，说明该行中包含数据等于 Berries 的单元格，因此跳转过滤器直接跳过行键为 fruit004 的行。

5.10.2 全匹配过滤器

全匹配过滤器用于在不满足指定条件时立即停止查询，它通过提前停止查询，节省查询时间和资源消耗。例如，使用值过滤器扫描表时，比较数据是否不等于 Berries，在不使用全匹配过滤器的情况下，查询结果包含数据不等于 Berries 的所有单元格。而使用全匹配过滤

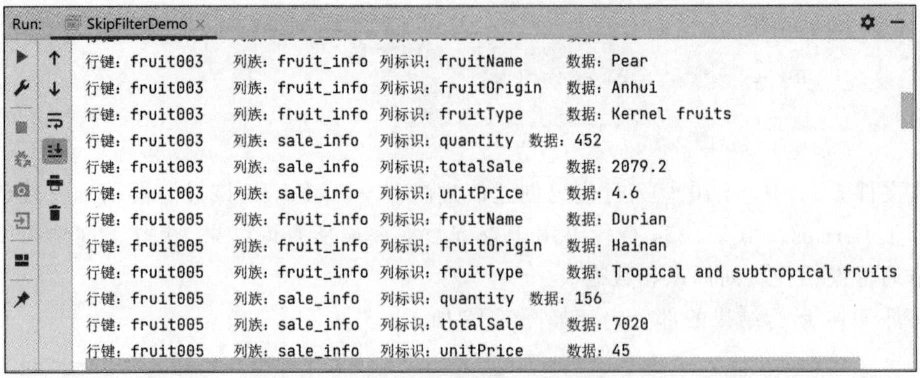

```
Run: SkipFilterDemo
行键: fruit003   列族: fruit_info   列标识: fruitName    数据: Pear
行键: fruit003   列族: fruit_info   列标识: fruitOrigin  数据: Anhui
行键: fruit003   列族: fruit_info   列标识: fruitType    数据: Kernel fruits
行键: fruit003   列族: sale_info    列标识: quantity     数据: 452
行键: fruit003   列族: sale_info    列标识: totalSale    数据: 2079.2
行键: fruit003   列族: sale_info    列标识: unitPrice    数据: 4.6
行键: fruit005   列族: fruit_info   列标识: fruitName    数据: Durian
行键: fruit005   列族: fruit_info   列标识: fruitOrigin  数据: Hainan
行键: fruit005   列族: fruit_info   列标识: fruitType    数据: Tropical and subtropical fruits
行键: fruit005   列族: sale_info    列标识: quantity     数据: 156
行键: fruit005   列族: sale_info    列标识: totalSale    数据: 7020
行键: fruit005   列族: sale_info    列标识: unitPrice    数据: 45
```

图 5-13　文件 5-11 运行结果的部分内容（2）

器的情况下，一旦检测到某个单元格的数据等于 Berries，那么便会立即停止查询。因此，在查询结果中可能存在部分数据不等于 Berries 的单元格未被包含。

HBase Java API 提供了 WhileMatchFilter 类用于创建全匹配过滤器，其程序结构如下。

```
WhileMatchFilter whileMatchFilter =new WhileMatchFilter(filter);
```

上述程序结构中，whileMatchFilter 用于定义全匹配过滤器的名称，filter 用于指定过滤器。

接下来演示如何在 Java 应用程序中使用全匹配过滤器查询数据。本案例基于文件 5-11 实现，因此当全匹配过滤器检测到命名空间为 commodity 的表 fruit_table 中某一单元格的数据等于 Berries 时，便会立即停止查询。这里将文件 5-11 的第 14 行代码修改为如下代码。

```
//创建全匹配过滤器
WhileMatchFilter whileMatchFilter =new WhileMatchFilter(valueFilter);
//设置全匹配过滤器
scan.setFilter(whileMatchFilter);
```

文件 5-11 的运行结果如图 5-14 所示。

从图 5-12 可以看出，对于行键为 fruit004、列族为 fruit_info、列标识为 fruitOrigin 的单元格，它的下一个单元格的数据等于 Berries，因此在不使用装饰过滤器的情况下，仅仅是数据等于 Berries 的单元格不存在于查询结果中。相比之下，通过对比图 5-14 可以看出，当使用全匹配过滤器时，一旦检测到单元格的数据等于 Berries，便立即停止查询。

5.11　分页过滤器

分页过滤器（PageFilter）用于对查询结果进行分页处理。在使用分页过滤器扫描表时，当查询结果返回的行数达到每页指定的行数时，表示当前页的数据已经收集完毕，此时开始收集下一页的数据。如果在收集下一页的数据时，剩余行数小于每页指定的行数，说明当前页已经是最后一页。

HBase Java API 提供了 PageFilter 类用于创建分页过滤器，其程序结构如下。

```
Run:     SkipFilterDemo ×
行键: fruit001    列族: fruit_info   列标识: fruitName      数据: Banana
行键: fruit001    列族: fruit_info   列标识: fruitOrigin    数据: Yunnan
行键: fruit001    列族: fruit_info   列标识: fruitType      数据: Tropical and subtropical fruits
行键: fruit001    列族: sale_info    列标识: quantity   数据: 157
行键: fruit001    列族: sale_info    列标识: totalSale      数据: 863.5
行键: fruit001    列族: sale_info    列标识: unitPrice      数据: 5.5
行键: fruit002    列族: fruit_info   列标识: fruitName      数据: Apple
行键: fruit002    列族: fruit_info   列标识: fruitOrigin    数据: Shandong
行键: fruit002    列族: fruit_info   列标识: fruitType      数据: Kernel fruits
行键: fruit002    列族: sale_info    列标识: quantity   数据: 284
行键: fruit002    列族: sale_info    列标识: totalSale      数据: 1931.2
行键: fruit002    列族: sale_info    列标识: unitPrice      数据: 6.8
行键: fruit003    列族: fruit_info   列标识: fruitName      数据: Pear
行键: fruit003    列族: fruit_info   列标识: fruitOrigin    数据: Anhui
行键: fruit003    列族: fruit_info   列标识: fruitType      数据: Kernel fruits
行键: fruit003    列族: sale_info    列标识: quantity   数据: 452
行键: fruit003    列族: sale_info    列标识: totalSale      数据: 2079.2
行键: fruit003    列族: sale_info    列标识: unitPrice      数据: 4.6
行键: fruit004    列族: fruit_info   列标识: fruitName      数据: Grape
行键: fruit004    列族: fruit_info   列标识: fruitOrigin    数据: Xinjiang
关闭HBase连接!!!!!!
```

图 5-14　文件 5-11 的运行结果

```
PageFilter pageFilter =new PageFilter(pageSize);
```

上述程序结构中，pageFilter 用于定义分页过滤器的名称，pageSize 用于指定每页的行数。

接下来演示如何在 Java 应用程序中使用分页过滤器查询数据。在 Java 项目的 cn.itcast.hbasedemo.filter 包中创建 PageFilterDemo 类，该类用于查询命名空间为 commodity 的表 fruit_table 中的所有行，并对查询结果进行分页处理，具体代码如文件 5-12 所示。

文件 5-12　PageFilterDemo.java

```
1   public class PageFilterDemo {
2     private static Connection conn;
3     private static Table table;
4     public static void main(String[] args) throws IOException {
5         conn =HBaseConnect.getConnect();
6         //指定查询命名空间 commodity 中表 fruit_table 的数据
7         table =conn.getTable(TableName.valueOf("commodity:fruit_table"));
8         byte[] lastRowKey =null;
9         int page =1;
10        //创建分页过滤器
11        PageFilter pageFilter =new PageFilter(10);
12        while (true){
13            System.out.println("-----------第"+page+"页-------------");
14            page++;
15            Scan scan =new Scan();
16            //设置分页过滤器
17            scan.setFilter(pageFilter);
18            if (lastRowKey !=null){
19                scan.withStartRow(lastRowKey,false);
```

```
20              }
21              int count = 0;
22              for (Result result : table.getScanner(scan)) {
23                  System.out.print(new String(result.getRow())+"\t");
24                  lastRowKey = result.getRow();
25                  count++;
26              }
27              System.out.println();
28              if (count <10){
29                  break;
30              }
31          }
32      HBaseConnect.closeConn();
33      }
34 }
```

在文件 5-12 中，第 11 行代码用于创建分页过滤器 pageFilter，指定每页包含的行数为 10。第 18~20 行代码判断行键是否为 null，如果行键不为 null，那么将当前行键作为起始行键查询数据，从而获取每页的行。第 22~26 行代码遍历每页的行，并获取每行的行键。第 28~30 行代码用于判断当前页的行数是否小于 10，如果小于 10 说明当前页是最后一页。

文件 5-12 的运行结果如图 5-15 所示。

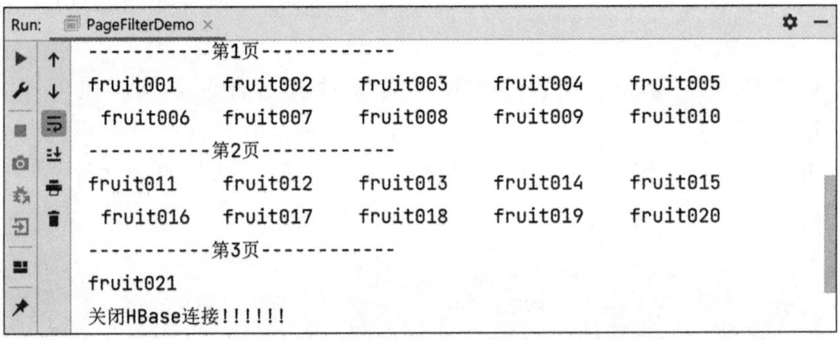

图 5-15 文件 5-12 的运行结果

从图 5-15 可以看出，分页过滤器将查询结果分为 3 页，其中第 1 页包含行键为 fruit001~fruit010 的 10 行数据；第 2 页包含行键为 fruit011~fruit020 的 10 行数据；第 3 页包含行键为 fruit021 的 1 行数据。

5.12 过滤器列表

过滤器列表（FilterList）可以将多个过滤器按照指定的逻辑关系组合在一起，从而实现更加复杂的过滤操作。过滤器列表支持两种逻辑关系，它们分别是 MUST_PASS_ALL 和 MUST_PASS_ONE，前者表示所有过滤器都必须匹配才能通过过滤，后者表示只要有一个过滤器匹配即可通过过滤。

例如，在过滤器列表中添加两个值过滤器，一个用于比较数据是否大于或等于 3000，另一个用于比较数据是否小于或等于 5000，如果逻辑关系为 MUST_PASS_ALL，那么查询结果只包含数据大于或等于 3000 并且小于或等于 5000 的单元格。如果逻辑关系为 MUST_PASS_ONE，那么查询结果包含数据大于或等于 3000 或者小于或等于 5000 的单元格。

HBase Java API 提供了 FilterList 类用于创建过滤器列表，其程序结构如下。

```
FilterList filterList =
new FilterList(Operator,Arrays.asList(filter,filter,...));
```

上述程序结构中，filterList 用于定义过滤器列表的名称，filter 用于指定过滤器。在过滤器列表中可以指定多个过滤器，这些过滤器可以是相同类型的过滤器或者不同类型的过滤器。在过滤器列表中指定过滤器的顺序决定了它们执行的顺序。

Operator 为可选，用于指定逻辑关系，其可选值包括 FilterList.Operator.MUST_PASS_ALL 和 FilterList.Operator.MUST_PASS_ONE，其中前者为默认值，表示逻辑关系为 MUST_PASS_ALL，后者表示逻辑关系为 MUST_PASS_ONE。

接下来演示如何在 Java 应用程序中使用过滤器列表查询数据。在 Java 项目的 cn.itcast.hbasedemo.filter 包中创建 FilterListDemo 类，该类用于查询命名空间为 commodity 的表 fruit_table 中水果的总销售额大于或等于 3000，并且小于或等于 5000 的水果编号及其总销售额，具体代码如文件 5-13 所示。

文件 5-13　FilterListDemo.java

```
1   public class FilterListDemo {
2     private static Connection conn;
3     private static Table table;
4     public static void main(String[] args) throws IOException {
5         conn =HBaseConnect.getConnect();
6         //指定查询命名空间 commodity 中表 fruit_table 的数据
7         table =conn.getTable(TableName.valueOf("commodity:fruit_table"));
8         Scan scan =new Scan();
9         scan.addColumn(
10            Bytes.toBytes("sale_info"),
11            Bytes.toBytes("totalSale"));
12        //创建值过滤器
13        ValueFilter valueFilter1 =
14            new ValueFilter(CompareOperator.GREATER_OR_EQUAL,
15                new BigDecimalComparator(new BigDecimal("3000")));
16        //创建值过滤器
17        ValueFilter valueFilter2 =
18            new ValueFilter(CompareOperator.LESS_OR_EQUAL,
19                new BigDecimalComparator(new BigDecimal("5000")));
20        //创建过滤器列表
21        FilterList filterList =new FilterList(
22            Arrays.asList(
23                valueFilter1,
24                valueFilter2));
25        //设置过滤器列表
26        scan.setFilter(filterList);
27        for (Result result : table.getScanner(scan)) {
28           List<Cell> cells =result.listCells();
29           for (Cell cell : cells) {
30               String rowkey =new String(
```

```
31                     cell.getRowArray(),
32                     cell.getRowOffset(),
33                     cell.getRowLength()
34             );
35             BigDecimal value =Bytes.toBigDecimal(
36                     cell.getValueArray(),
37                     cell.getValueOffset(),
38                     cell.getValueLength()
39             );
40             System.out.println("水果编号:" +rowkey
41                     +"\t" +"总销售额:" +value);
42         }
43     }
44     HBaseConnect.closeConn();
45   }
46 }
```

在文件 5-13 中，第 13~15 行代码创建值过滤器 valueFilter1，该过滤器用于比较数据是否大于或等于 3000。第 17~19 行代码创建值过滤器 valueFilter2，该过滤器用于比较数据是否小于或等于 5000。第 21~24 行代码创建过滤器列表 filterList，并添加值过滤器 valueFilter1 和值过滤器 valueFilter2。第 27~43 行代码用于查询数据并遍历查询结果，获取查询结果中每个单元格的行键和数据，即水果编号和总销售额。

文件 5-13 的运行结果如图 5-16 所示。

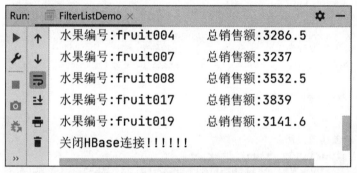

图 5-16　文件 5-13 的运行结果

从图 5-16 可以看出，总销售额大于或等于 3000 并且小于或等于 5000 的水果编号包括 fruit004、fruit007、fruit008、fruit017 和 fruit019。

5.13　本章小结

本章主要讲解了 HBase 过滤器，首先讲解了过滤器的原理。然后讲解了环境准备，包括构建 Java 项目、创建表和向表插入数据等。最后讲解了各种类型过滤器的使用，包括值过滤器、列值过滤器、单列值过滤器、行过滤器、列族过滤器、列过滤器、时间戳过滤器、装饰过滤器、分页过滤器和过滤器列表。希望通过本章的学习，读者可以熟练掌握 HBase 过滤器的使用，能够在实际应用场景中灵活运用不同过滤器查询数据。

5.14 课后习题

一、填空题

1. HBase Java API 中用于创建值过滤器的类是_____。
2. 用于在创建过滤器时指定大于比较关系的是_____。
3. 用于在创建过滤器时指定比较两个 Long 类型数据的比较器是_____。
4. HBase Java API 中用于创建时间戳过滤器的类是_____。
5. HBase Java API 中用于创建过滤器列表的类是_____。

二、判断题

1. CompareOperator.GREATER_AND_EQUAL 用于指定大于或等于的比较关系。（　　）
2. 跳转过滤器用于在不满足指定条件时立即停止查询。（　　）
3. new StringComparator(value)用于比较两个字符串。（　　）
4. 时间戳过滤器可以根据时间范围过滤。（　　）
5. 列过滤器根据列标识进行过滤。（　　）

三、选择题

1. 下列选项中,用于创建单列值过滤器的类是(　　)。
   A. ValueFilter B. ColumnValueFilter
   C. SingleColumnValueFilter D. QualifierValueFilter
2. 下列选项中,属于装饰过滤器的是(　　)。
   A. WhileMatchFilter B. PageFilter
   C. TimestampsFilter D. SingleColumnValueFilter
3. 下列选项中,属于过滤器列表逻辑关系的是(　　)。（多选）
   A. MUST_PASS_ALL B. MUST_PASS_ONE
   C. MUST_PASS_AND D. MUST_PASS_OR
4. 下列选项中,需要在创建过滤器时指定比较关系和比较器的过滤器是(　　)。
   A. 跳转过滤器 B. 时间戳过滤器
   C. 分页过滤器 D. 单列值过滤器
5. 下列选项中,需要在创建过滤器时指定列标识的过滤器是(　　)。
   A. 列过滤器　　B. 列值过滤器　　C. 列族过滤器　　D. 值过滤器

四、简答题

1. 简述过滤器的原理。
2. 简述 ColumnValueFilter 和 SingleColumnValueFilter 的区别。

第 6 章
HBase高级应用

学习目标

- 了解 HBase 协处理器,能够描述不同类型协处理器的作用。
- 熟悉协处理器的使用,能够完成协处理器的加载和卸载操作。
- 掌握协处理器的定义,能够独立完成定义不同类型协处理器的程序。
- 了解 Region 的自动拆分,能够描述不同拆分策略的含义。
- 掌握 Region 的预拆分,能够在创建表时实现预拆分。
- 了解 Region 的合并,能够描述实现 Region 合并的作用。
- 掌握 HBase 的快照,能够叙述快照的作用以及实现快照的相关操作。

HBase 基础使用让读者熟悉常规的操作和方法,而高级应用则需要从新的角度思考问题,尝试创新的解决方案。通过深入了解相关技术的高级运用,能够培养我们创新思维和问题解决能力,提高我们面对复杂问题时的应变能力和灵活性。这种能力的培养对于学术研究和创新精神具有重要的意义。

通过前面几个章节的学习,相信读者已经掌握了 HBase 的基本使用,不过在实际的工作过程中,还需要掌握 HBase 的一些高级应用,如协处理器、预拆分、快照等,通过这些高级应用,不仅可以提升 HBase 的执行效率,还可以确保数据的安全性。本章详细讲解 HBase 的高级应用。

6.1 协处理器

通常情况下,在处理 HBase 的数据时,会通过客户端获取数据并根据业务逻辑进行计算,不过在数据量非常大的时候,需要客户端拥有足够的内存来处理这么多的数据,这对于客户端的计算能力来说有着不小的要求,此时就可以使用 HBase 的协处理器(Coprocessor)将计算放置在 RegionServer 运行,减轻网络开销和客户端的压力,从而获得很好的性能提升。本节针对 HBase 的协处理器进行详细讲解。

6.1.1 协处理器简介

协处理器是 HBase 在 0.92 版本中添加的新特性,它可以让开发者将自定义的代码提交到 RegionServer 运行,并且允许用户通过监听事件,来完成一些特定的功能。HBase 协处理器可分为 Observer 和 Endpoint 两种类型,具体介绍如下。

1. Observer

Observer 类似于传统关系数据库的监听器（Tigger），它可以看作散布在 RegionServer 中的回调函数，当一些特定事件发生之前或之后被 RegionServer 调用，在事件发生之前被调用的回调函数以 pre 开头，在事件发生之后被调用的回调函数以 post 开头。HBase 允许用户根据实际需求重写指定的回调函数以实现特定功能。例如，在 HBase Shell 执行 get 命令查询数据，此时查询数据的操作可以看作一个事件，该事件在 RegionServer 发生之前会调用回调函数 preGet()，该事件在 RegionServer 发生之后会调用回调函数 postGet()。

2. Endpoint

Endpoint 类似于传统关系数据库的处理过程，它允许客户端将用户自定义的代码放置在 RegionServer 执行，并将执行结果返回给客户端。从一定程度上说，Endpoint 可以提高 HBase 的处理性能。

例如，在 HBase 中存在一张数据量非常大的表，现有一个需求要统计该表中的最大值，通常的做法是查询表的所有数据，将查询结果缓存在客户端，然后在客户端编写求最大值的代码获取查询结果中的最大值。这种方式的弊端是无法利用集群并行计算的能力，而是把所有计算过程都放置在客户端进行处理，其效率非常低。而使用 Endpoint 时，用户可以将求最大值的代码放置在 RegionServer，此时便可以利用集群并行计算的优势来并发执行，并将计算结果返回给客户端进行进一步处理。

6.1.2 加载协处理器

使用协处理器之前，需要先将协处理器加载到 HBase。HBase 提供了两种加载协处理器的方式，它们分别是静态加载和动态加载，具体介绍如下。

1. 静态加载

静态加载是指通过 HBase 的配置文件 hbase-site.xml 来加载协处理器，此时协处理器可以作用于所有表。HBase 提供了 4 种参数用于在配置文件中加载协处理器，如表 6-1 所示。

表 6-1 加载协处理器的参数

参　　数	参　数　值	含　　义
hbase.coprocessor. region.classes	自定义类 ［|优先级］	用于加载 Observer 和 Endpoint 类型的协处理器，当加载 Observer 类型的协处理器时，可以通过用户重写的回调函数处理数据相关的事件，如删除数据、查询数据等；当加载 Endpoint 类型的协处理器时，可以通过用户自定义的代码对数据进行处理
hbase.coprocessor. regionserver.classes	自定义类 ［|优先级］	用于加载 Observer 类型的协处理器，可以通过用户重写的回调函数处理 RegionServer 相关的事件，如 Region 合并、Region 拆分等
hbase.coprocessor. wal.classes	自定义类 ［|优先级］	用于加载 Observer 类型的协处理器，可以通过用户重写的回调函数处理 HLog 相关的事件
hbase.coprocessor. master.classes	自定义类 ［|优先级］	用于加载 Observer 类型的协处理器，可以通过用户重写的回调函数处理表和命名空间相关的事件，如创建命名空间、创建表、删除表等

在表 6-1 中，自定义类表示用户在重写回调函数或自定义代码时创建的 Java 类，并且为全路径的格式，即包含类名和包名，如 Java 类 HelloHBase 存在于包 cn.itcast.

coprocessor，那么参数值中自定义类的格式为 cn.itcast.coprocessor.HelloHBase。如果同一参数中需要加载多个协处理器，那么每个自定义类通过逗号进行分隔。优先级为可选，用于指定多个协处理器执行的顺序，优先级的值为整数，值越小优先级越高。

接下来通过一个示例来演示如何使用静态加载的方式加载 Endpoint 类型的协处理器，通过用户自定义的代码对数据进行处理，具体示例代码如下。

```xml
<property>
    <name>hbase.coprocessor.region.classes</name>
    <value>cn.itcast.coprocessor.HelloHBase</value>
</property>
```

上述示例代码表示通过自定义类 HelloHBase 对数据进行处理。

注意：使用静态加载的方法加载协处理器时，自定义类需要封装为 jar 文件的形式存放在 HBase 安装目录的 lib 目录下，并且需要重新启动 HBase 才可以加载新添加的协处理器。

2. 动态加载

动态加载是指通过 HBase Shell 或 HBase Java API 加载协处理器，此时协处理器只能作用于指定的表。相比较于静态加载来说，动态加载可以在 HBase 运行过程中加载协处理器，因此更加便于使用，不过动态加载也存在一定的局限性，那就是只能加载用于处理数据的协处理器。

接下来分别介绍如何通过 HBase Shell 和 HBase Java API 实现动态加载，具体内容如下。

（1）通过 HBase Shell 实现动态加载。

通过 HBase Shell 实现动态加载协处理器的语法格式如下。

```
alter '[namespace:]table_name', METHOD =>'table_att',
'Coprocessor'=>'JarFile|CalssName|[Priority]|[arg1=value,arg2=value,...]'
```

针对上述语法格式中需要用户指定的内容进行介绍。

namespace 为可选，用于指定表所属的命名空间。如果没有指定命名空间，那么将使用默认的命名空间 default。table_name 用于指定表的名称。

JarFile 用于指定 jar 文件的路径。如果 jar 文件存放在本地文件系统，需要确保所有 RegionServer 所在的服务器上都存在相同路径下的 jar 文件，以便保证所有 RegionServer 都能够读取到该 jar 文件。然而，更简单的方法是将 jar 文件上传到 HDFS，这样所有的 RegionServer 都可以直接从 HDFS 中读取到 jar 文件。

CalssName 用于指定 Java 类，该类为全路径的格式。Priority 为可选，用于指定协处理器的优先级，其值为整数。arg1=value...为可选，用于指定 Java 类所需的参数及参数值。

接下来通过一个示例来演示如何使用 HBase Shell 实现动态加载协处理器，具体示例代码如下。

```
>alter 'itcast:coprocessor_table', METHOD =>'table_att',
'Coprocessor'=>'hdfs://192.168.121.138:9820/hbasejar/coprocessor.jar|
cn.itcast.hbase.coprocessor||'
```

上述示例代码用于向命名空间 itcast 的表 coprocessor_table 加载协处理器，其中 jar 文

件 coprocessor.jar 位于 HDFS 的/hbasejar 目录，并且指定 Java 类为 cn.itcast.hbase.coprocessor。这里需要注意的是，示例代码中相连的两个"|"中间没有空格。

（2）通过 HBase Java API 实现动态加载。

在 HBase Java API 中，TableDescriptorBuilder 类提供了 setCoprocessor()方法用于在创建 TableDescriptor 对象时动态加载协处理器，关于 TableDescriptorBuilder 类和 TableDescriptor 对象的相关介绍读者可参考 4.4.1 节的内容。

通过 HBase Java API 实现动态加载的语法格式如下。

```
TableDescriptorBuilder.setCoprocessor(coprocessorDescriptor);
```

上述语法格式中，coprocessorDescriptor 为 CoprocessorDescriptor 对象，该对象用于描述协处理器。

在 HBase Java API 中，CoprocessorDescriptorBuilder 类提供了 newBuilder()、setJarPath()和 build()方法用于创建 CoprocessorDescriptor 对象，其中 newBuilder()方法用于指定 Java 类；setJarPath()方法用于指定 jar 文件的路径；build()方法用于构建 CoprocessorDescriptor 对象。

关于创建 CoprocessorDescriptor 对象的程序结构如下。

```
CoprocessorDescriptor buildCoprocessor =
    CoprocessorDescriptorBuilder
        .newBuilder(className)
        .setJarPath(path)
        .build();
```

上述程序结构中，className 用于指定 Java 类，该类为全路径的格式，path 用于指定 jar 文件所在路径。

接下来通过一个示例来演示使用 HBase Java API 实现动态加载协处理器，具体示例代码如下。

```
public class TestCoprocessor {
  public static void main(String[] args) throws IOException {
    TableName tableName =TableName.valueOf("itcast:coprocessor_table");
    Path path =
    new Path("hdfs://192.168.121.138:9820/hbasejar/coprocessor.jar");
    Configuration config =HBaseConfiguration.create();
    config.set("hbase.zookeeper.quorum","hbase01,hbase02,hbase03");
    config.set("zookeeper.znode.parent","/hbase-fully");
    Connection connection =ConnectionFactory.createConnection(config);
    Admin admin =connection.getAdmin();
    CoprocessorDescriptor buildCoprocessor =
        CoprocessorDescriptorBuilder
            .newBuilder(cn.itcast.hbase.coprocessor)
            .setJarPath(path)
            .build();
    TableDescriptor tableDescriptor =
        TableDescriptorBuilder
            .newBuilder(tableName)
            .setColumnFamily(
```

```
                    ColumnFamilyDescriptorBuilder
                        .newBuilder(Bytes.toBytes("base_info"))
                        .build()
                )
                .setCoprocessor(buildCoprocessor)
                .build();
            admin.modifyTable(tableDescriptor);
            connection.close();
    }
}
```

上述示例代码用于向命名空间 itcast 中的表 coprocessor_table 加载协处理器,其中 jar 文件 coprocessor.jar 位于 HDFS 的/hbasejar 目录,并且指定 Java 类为 cn.itcast.hbase.coprocessor。

> **多学一招:其他与协处理器相关的参数**

HBase 的配置文件 hbase-site.xml 中除了包含可以加载协处理器的参数之外,还包含 3 个常用于配置协处理器的参数,具体介绍如下。

1. 参数 hbase.coprocessor.enabled

用于开启 HBase 的协处理器,该参数默认的参数值为 true,表示开启协处理器,如果想要关闭协处理器,则可以将参数值修改为 false。

2. 参数 hbase.coprocessor.user.enabled

用于启用或禁止动态加载协处理器,该参数的默认值为 true,表示启动动态加载协处理器,如果想要关闭动态加载协处理器,可以将参数值修改为 false。

3. 参数 hbase.coprocessor.abortonerror

用于判断 HBase 在启动过程中加载配置文件中指定的协处理器失败时,是否终止启动。该参数的默认值为 true,表示即使在加载配置文件中指定的协处理器失败的情况下,HBase 的启动仍将正常进行。

6.1.3 卸载协处理器

如果想要删除已加载到 HBase 的协处理器,那么需要在 HBase 中对指定协处理器进行卸载操作。HBase 提供了两种卸载协处理器的方式,分别是静态卸载和动态卸载,具体介绍如下。

1. 静态卸载

静态卸载是指删除 HBase 配置文件 hbase-site.xml 中加载协处理器的相关配置,然后重新启动 HBase 即可。

2. 动态卸载

动态卸载是指通过 HBase Shell 或 HBase Java API 来删除指定的协处理器。

接下来分别介绍如何通过 HBase Shell 和 HBase Java API 实现动态卸载,具体内容如下。

(1)通过 HBase Shell 实现动态卸载。

通过 HBase Shell 实现动态卸载协处理器的语法格式如下。

```
alter '[namespace:]table_name', METHOD =>'table_att_unset',NAME =>,
NAME =>'coprocessorName'
```

上述语法格式中,coprocessorName 用于指定协处理器的名称,默认情况下第 1 个加载的协处理器名称为 coprocessor＄1,第 2 个加载的协处理器名称为 coprocessor＄2,以此类推,也可以通过执行查询表信息的命令确认协处理器的名称。

接下来通过一个示例来演示如何使用 HBase Shell 动态卸载协处理器,具体示例代码如下。

```
alter 'itcast:coprocessor_table', METHOD =>'table_att_unset',NAME =>
   'coprocessor$1'
```

上述示例代码用于卸载命名空间 itcast 中的表 coprocessor_table 的协处理器,该协处理器的名称为 coprocessor＄1。

(2) 通过 HBase Java API 实现动态卸载。

TableDescriptor 接口提供了 removeCoprocessor()方法用于卸载协处理器,其语法格式如下。

```
tableDescriptor.removeCoprocessor(className);
```

上述语法格式中,tableDescriptor 为 TableDescriptor 对象。className 用于指定加载协处理器时指定的 Java 类,该类为全路径的格式。

接下来通过一个示例来演示如何使用 HBase Java API 动态卸载协处理器,具体示例代码如下。

```
public class TestCoprocessor {
    public static void main(String[] args) throws IOException {
        TableName tableName =TableName.valueOf("itcast:coprocessor_table");
        Configuration config =HBaseConfiguration.create();
        config.set("hbase.zookeeper.quorum","hbase01,hbase02,hbase03");
        config.set("zookeeper.znode.parent","/hbase-fully");
        Connection connection =ConnectionFactory.createConnection(config);
        Admin admin =connection.getAdmin();
        TableDescriptor tableDescriptor =admin.getDescriptor(tableName);
        tableDescriptor.removeCoprocessor(cn.itcast.hbase.coprocessor);
        admin.modifyTable(tableName, tableDescriptor);
        connect.close();
    }
}
```

上述示例代码用于卸载命名空间 itcast 中表 coprocessor_table 的协处理器,该协处理器的 Java 类为 cn.itcast.hbase.coprocessor。

6.1.4 定义 Observer 类型的协处理器

HBase Java API 提供了 4 种接口用于重写不同类型的回调函数,分别是 RegionServerObserver、RegionObserver、MasterObserver 和 WALObserver,具体介绍如下。

1. RegionServerObserver

RegionServerObserver 接口允许用户重写与 RegionServer 相关事件的回调函数,其常用的回调函数如表 6-2 所示。

表 6-2 RegionServerObserver 接口常用的回调函数

回调函数	含义
preStopRegionServer()	在 RegionServer 停止之前调用
preExecuteProcedures()	在 HBase 执行 Procedure 之前调用
postExecuteProcedures()	在 HBase 执行 Procedure 之后调用

在表 6-2 中提到的 Procedure 可以理解为 HBase 的存储过程。

2. RegionObserver

RegionObserver 接口允许用户重写与数据相关事件的回调函数,其常用的回调函数如表 6-3 所示。

表 6-3 RegionObserver 接口常用的回调函数

回调函数	含义
postAppend()	在客户端请求追加数据之后调用
postDelete()	在客户端请求删除数据之后调用
postPut()	在客户端请求插入数据之后调用
postGetOp()	在客户端请求获取数据之后调用
postExists()	在客户端请求获取数据时判断表是否存在之后调用
postScannerClose()	在客户端请求关闭扫描之后调用
postScannerFilterRow()	在客户端请求行过滤器之后调用
postScannerNext()	在客户端请求扫描下一行数据之后调用
postScannerOpen()	在客户端请求开启扫描之后调用
preAppend()	在客户端请求追加数据之前调用
preDelete()	在客户端请求删除数据之前调用
preExists()	在客户端请求获取数据时判断表是否存在之前调用
prePut()	在客户端请求插入数据之前调用
preGetOp()	在客户端请求获取数据之前调用
preScannerClose()	在客户端请求关闭扫描之前调用
preScannerNext()	在客户端请求扫描下一行数据之前调用
preScannerOpen()	在客户端请求开启扫描之前调用

需要说明的是,表 6-3 中的获取数据是指使用 HBase Shell 提供的 get 命令或 HBase Java API 中 Table 类的 get()方法来查询数据。扫描是指使用 HBase Shell 提供的 scan 命

令或 HBase Java API 在 Table 类的 getScanner() 方法来查询数据。

3. MasterObserver

MasterObserver 接口允许用户重写与命名空间和表相关事件的回调函数，其常用的回调函数如表 6-4 所示。

表 6-4 MasterObserver 接口常用的回调函数

回调函数	含义
postCreateNamespace()	在客户端请求创建命名空间之后调用
postCreateTable()	在客户端请求创建表之后调用
postDeleteNamespace()	在客户端请求删除命名空间之后调用
postDeleteTable()	在客户端请求删除表之后调用
postDisableTable()	在客户端请求禁用表之后调用
postEnableTable()	在客户端请求启用表之后调用
postGetClusterMetrics()	在客户端请求获取集群状态之后调用
postGetNamespaceDescriptor()	在客户端请求获取命名空间描述信息之后调用
postGetTableDescriptors()	在客户端请求获取表信息之后调用
postGetTableNames()	在客户端请求获取表名之后调用
postGetUserPermissions()	在客户端请求获取用户权限之后调用
postGrant()	在客户端请求赋予用户权限之后调用
postHasUserPermissions()	在客户端请求判断用户是否具有权限之后调用
postListNamespaceDescriptors()	在客户端请求获取所有命名空间的描述信息之后调用
postListNamespaces()	在客户端请求获取所有命名空间之后调用
postModifyNamespace()	在客户端请求修改命名空间属性之后调用
postModifyTable()	在客户端请求修改表属性之后调用
postRevoke()	在客户端请求撤销用户权限之后调用
postTruncateTable()	在客户端请求清空表数据之后调用
preCreateNamespace()	在客户端请求创建命名空间之前调用
preCreateTable()	在客户端请求创建表之前调用
preDeleteNamespace()	在客户端请求删除命名空间之前调用
preDeleteTable()	在客户端请求删除表之前调用
preDisableTable()	在客户端请求禁用表之前调用
preEnableTable()	在客户端请求启用表之前调用
preGetClusterMetrics()	在客户端请求获取集群状态之前调用
preGetNamespaceDescriptor()	在客户端请求获取命名空间描述信息之前调用
preGetTableDescriptors()	在客户端请求获取表信息之前调用

续表

回调函数	含义
preGetTableNames()	在客户端请求获取表名之前调用
preGetUserPermissions()	在客户端请求获取用户权限之前调用
preGrant()	在客户端请求赋予用户权限之前调用
preHasUserPermissions()	在客户端请求判断用户是否具有权限之前调用
preListNamespaceDescriptors()	在客户端请求获取所有命名空间的描述信息之前调用
preListNamespaces()	在客户端请求获取所有命名空间之前调用
preModifyNamespace()	在客户端请求修改命名空间属性之前调用
preModifyTable()	在客户端请求修改表属性之前调用
preRevoke()	在客户端请求撤销用户权限之前调用
preTruncateTable()	在客户端请求清空表数据之前调用

4．WALObserver

WALObserver 接口允许用户重写 HLog 相关事件的回调函数，其常用的回调函数如表 6-5 所示。

表 6-5　WALObserver 接口常用的回调函数

回调函数	含义
postWALRoll()	在客户端请求回滚当前 HLog 之后调用
preWALRoll()	在客户端请求回滚当前 HLog 之前调用

在定义 Observer 类型的协处理器时，需要根据实际业务逻辑，在用户创建的 Java 类中实现 RegionServerObserver、RegionObserver、MasterObserver 或 WALObserver 接口，并重写接口对应的回调函数来实现特定功能。除此之外，创建的 Java 类还需要实现对应的协处理器接口 RegionServerCoprocessor、RegionCoprocessor、MasterCoprocessor 或 WALCoprocessor，并且重写对应接口的 getRegionServerObserver()、getRegionObserver()、getMasterObserver()或 getWALObserver()方法，使定义的协处理器生效。

接下来通过一个案例来讲解如何定义和使用 Observer 类型的协处理器，这里以常用的 RegionObserver 接口为例进行演示，具体操作步骤如下。

（1）构建 Java 项目。在 IntelliJ IDEA 中基于 Maven 构建 Java 项目 HBase_Chapter06。构建 Java 项目的相关操作可参照 4.1 节，这里不再赘述。

（2）导入项目依赖。在 Java 项目的 pom.xml 文件中添加 HBase 服务的依赖，依赖添加完成的效果如文件 6-1 所示。

文件 6-1　pom.xml

```
1    <?xml version="1.0" encoding="UTF-8"?>
2    <project xmlns="http://maven.apache.org/POM/4.0.0"
3        xmlns:xsi="http://www.w3.org/2001/XMLSchema-instance"
4        xsi:schemaLocation="http://maven.apache.org/POM/4.0.0
```

```xml
5          http://maven.apache.org/xsd/maven-4.0.0.xsd">
6   <modelVersion>4.0.0</modelVersion>
7   <groupId>cn.itcast</groupId>
8   <artifactId>HBase_Chapter06</artifactId>
9   <version>1.0-SNAPSHOT</version>
10  <properties>
11      <maven.compiler.source>8</maven.compiler.source>
12      <maven.compiler.target>8</maven.compiler.target>
13  </properties>
14  <dependencies>
15      <dependency>
16          <groupId>org.apache.hbase</groupId>
17          <artifactId>hbase-server</artifactId>
18          <version>2.4.9</version>
19      </dependency>
20  </dependencies>
21  </project>
```

在文件 6-1 中，第 15～19 行代码为添加的 HBase 服务依赖。

（3）定义 Observer 类型的协处理器。在 Java 项目创建包 cn.itcast.hbasedemo.coprocessor 并且在包中创建 ObserverCoprocessorDemo 类，在类中实现 RegionCoprocessor 和 RegionObserver 接口，并重写回调函数 postPut()，定义插入数据之后的业务逻辑，如文件 6-2 所示。

文件 6-2　ObserverCoprocessorDemo.java

```java
1   public class ObserverCoprocessorDemo
2           implements RegionCoprocessor,RegionObserver {
3     @Override
4     public void postPut(
5             ObserverContext<RegionCoprocessorEnvironment>ctx,
6             Put put,
7             WALEdit edit) throws IOException {
8       Connection connection =ctx.getEnvironment().getConnection();
9       Table table =connection
10              .getTable(TableName.valueOf("itcast:user_info1"));
11      table.put(put);
12      table.close();
13    }
14    @Override
15    public Optional<RegionObserver>getRegionObserver() {
16      return Optional.of(this);
17    }
18  }
```

在文件 6-2 中，第 3～13 行代码重写回调函数 postPut()，并且指定业务逻辑为向加载该协处理器的表插入数据之后，将插入的数据一并插入命名空间 itcast 中的表 user_info1。第 14～17 行代码重写 RegionCoprocessor 接口的 getRegionObserver() 方法，用于使定义的协处理器生效。

注意：加载该协处理器的表需要与命名空间 itcast 的表 user_info1 具有相同的列族。

（4）封装 jar 文件。在 IntelliJ IDEA 的右侧单击 Maven 按钮，然后双击折叠框 Lifecycle 下的 package 选项，即可在 IntelliJ IDEA 的控制台看到 jar 文件的封装流程及 jar

文件的存储路径，如图 6-1 所示。

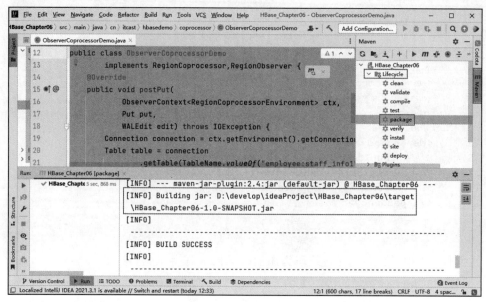

图 6-1 封装 jar 文件

从图 6-1 可以看出，封装的 jar 文件存放在 D:\develop\ideaProject\HBase_Chapter06\target\路径下，并且 jar 文件的名称为 HBase_Chapter06-1.0-SNAPSHOT.jar，这里为了便于后续使用，将该 jar 文件重命名为 Observer.jar。

（5）上传 jar 文件到虚拟机。在虚拟机 HBase01 的 /export/data 目录执行 rz 命令，将 jar 文件 Observer.jar 上传到虚拟机 HBase01 的 /export/data 目录。

（6）上传 jar 文件到 HDFS。在虚拟机 HBase01 执行 "hdfs dfs -mkdir -p /Chapter06/HBaseJar" 命令在 HDFS 创建目录 /Chapter06/HBaseJar，然后将 jar 文件 Observer.jar 上传到 HDFS 的 /Chapter06/HBaseJar 目录，命令如下。

```
$hdfs dfs -put /export/data/Observer.jar /Chapter06/HBaseJar
```

（7）创建命名空间和表。为了便于后续测试定义的协处理器，这里在 HBase 创建命名空间 itcast，并且在该命名空间中创建表 user_info 和 user_info1，在 HBase Shell 执行下列命令。

```
# 创建命名空间 itcast
>create_namespace 'itcast'
# 在命名空间 itcast 中创建表 user_info，并且指定列族 base_info
>create 'itcast:user_info','base_info'
# 在命名空间 itcast 中创建表 user_info1，并且指定列族 base_info
>create 'itcast:user_info1','base_info'
```

（8）加载协处理器。使用 HBase Shell 动态加载协处理器，将协处理器加载到命名空间 itcast 的表 user_info，在 HBase Shell 执行下列命令。

```
>alter 'itcast:user_info', METHOD =>'table_att',
'Coprocessor'=>'hdfs://hbase01:9820/Chapter06/HBaseJar/
Observer.jar|cn.itcast.hbasedemo.coprocessor.ObserverCoprocessorDemo||'
```

需要说明的是,读者在 HBase Shell 输入上述命令时无须换行。上述命令执行完成后,在 HBase Shell 执行"desc 'itcast:user_info'"查看命名空间 itcast 中表 user_info 的信息,如图 6-2 所示。

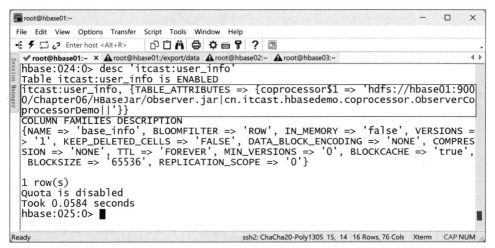

图 6-2　查看命名空间 itcast 中表 user_info 的信息

从图 6-2 可以看出,在命名空间 itcast 中,表 user_info 的信息出现了协处理器的相关信息,说明成功向命名空间 itcast 的表 user_info 加载协处理器。

(9)测试协处理器。向命名空间 itcast 中表 user_info 的列 base_info:user_name(列族:列名)插入数据,在 HBase Shell 执行如下命令。

```
>put 'itcast:user_info','user001','base_info:user_name','zhangsan'
```

上述命令执行完成后,分别在 HBase Shell 执行"scan 'itcast:user_info'"和"scan 'itcast:user_info1'"命令查询命名空间 itcast 中表 user_info 和 user_info1 的数据,如图 6-3 所示。

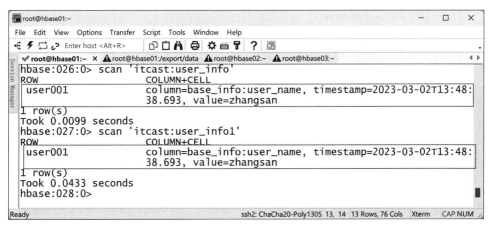

图 6-3　查询命名空间 itcast 中表 user_info 和 user_info1 的数据

从图 6-3 可以看出,向命名空间 itcast 中表 user_info 的列 base_info:user_name 插入数据之后,同时也向命名空间 itcast 中表 user_info1 的列 base_info:user_name 插入了同样的数据,因此说明成功定义了 Observer 类型的协处理器。

需要注意的是，如果根据业务逻辑需要对定义的协处理器进行调整，那么需要先在指定表中卸载该协处理器，然后重新加载调整过后的协处理器，与此同时，如果重新加载协处理器时 jar 文件的名称没有发生变化，则还需要重启 HBase。

6.1.5 定义 Endpoint 类型的协处理器

定义 Endpoint 类型的协处理器时，用户需要在定义协处理器的 Java 类中实现 RegionCoprocessor 接口，并且继承一个序列化类，该序列化类是一个 Java 类，用于 Endpoint 类型的协处理器与客户端和 RegionServer 之间建立通信。序列化类是通过 ProtoBuf 生成的，ProtoBuf 是 Google 开发的一套在数据存储和网络通信时用于协议编解码的工具库，可以用于数据序列化。

ProtoBuf 根据用户定义的 proto 文件生成特定的序列化类，proto 文件是一个后缀为 .proto 的文件，用于协处理器与客户端和 RegionServer 通信时，指定消息传递的消息格式和传输协议。该文件的基本结构如下。

```
option java_package ="packageName";
option java_outer_classname ="className";
option java_generic_services =true;
option java_generate_equals_and_hash =true;
option optimize_for =SPEED;
message requestName {
    fieldModifiers fieldType fieldName =identifier;
     ...
}
message responseName {
    fieldModifiers fieldType fieldName =identifier;
     ...
}
service serviceName {
  rpc functionName(requestName)
     returns (responseName);
}
```

针对上述基本结构的具体介绍如下。

- packageName 用于声明生成序列化类所在包的名称。
- className 用于声明生成序列化类的名称。
- requestName 用于指定发送消息的消息体名称。
- fieldModifiers 用于指定消息体中字段的修饰符，修饰符包括 required、optional 和 repeated，其中修饰符 required 修饰的字段在发送消息时必须指定 1 个值；修饰符 optional 修饰的字段在发送消息时可以有选择性地发送 0 或 1 个值；修饰符 repeated 修饰的字段在发送消息时可以有选择性地发送 1 或多个值，多个值以数组的形式发送。
- fieldType 用于指定消息体中字段的数据类型，常用的数据类型包括 double、float、int32、int64、string、bytes、bool。
- fieldName 用于指定消息体中字段的名称。注意，同一消息体中字段的名称不能重复。

- identifier 用于指定消息体中字段的标识号,标识号的取值范围为[1,2~29]的整数,不过建议标识号的取值范围为[1,15],因为标识号大于 15 时会占用 2 字节。注意,同一消息体中字段的标识号不能重复。
- responseName 用于指定响应消息的消息体名称。
- serviceName 用于定义服务的名称,其中 rpc 表示使用 RPC 服务进行消息传递。
- functionName 用于定义方法名称,该方法能够接收发送的消息并返回响应消息。

proto 文件创建完成后便可以通过 ProtoBuf 提供的命令生成对应的序列化类,其语法格式如下。

```
protoc --proto_path=protoFilePath --java_out=src
```

上述语法格式中,protoFilePath 用于指定 proto 文件的路径;src 用于指定生成序列化类的目录。需要注意的是,proto 文件的路径必须为相对路径,如./test.proto,并且与等号之间需要添加一个空格。

接下来通过一个案例来讲解如何定义及使用 Endpoint 类型的协处理器,该案例定义的协处理器用于对指定列的数据进行聚合运算,具体操作步骤如下。

1. 安装 ProtoBuf

使用 ProtoBuf 生成序列化类之前需要先安装 ProtoBuf,这里在虚拟机 HBase02 安装版本为 2.5.0 的 ProtoBuf,具体操作步骤如下。

(1)下载 ProtoBuf。访问 ProtoBuf 在 GitHub 托管的地址下载 ProtoBuf 源代码的压缩包 protobuf-2.5.0.tar.gz。

(2)上传 ProtoBuf。在虚拟机 HBase02 的/export/software 目录执行 rz 命令将压缩包 protobuf-2.5.0.tar.gz 上传到虚拟机 HBase02 的/export/software 目录。

(3)部署 ProtoBuf。以解压缩的方式将 ProtoBuf 的源代码部署到虚拟机 HBase02 的/export/servers 目录,具体命令如下。

```
$ tar -zxvf /export/software/protobuf-2.5.0.tar.gz -C /export/servers/
```

(4)编译 ProtoBuf。通过 gcc 编译器编译 ProtoBuf 的源代码,以此来实现 ProtoBuf 的安装,不过在正式编译 ProtoBuf 的源代码之前需要在虚拟机 HBase02 中安装 gcc 编译器和 C++ 库,具体命令如下。

```
$ yum install -y gcc gcc-c++
```

上述命令执行完成后,进入虚拟机 HBase02 的/export/servers/protobuf-2.5.0 目录执行下列编译 ProtoBuf 源代码的命令。

```
$ ./configure -prefix=/usr/local/
$ make
$ make install
```

上述 3 条命令在执行完成后,若没有出现 error 的提示信息,则说明成功编译 ProtoBuf 的源代码,此时可以在虚拟机 HBase02 执行"protoc --version"命令查看当前虚拟机中安装 ProtoBuf 的版本号,如图 6-4 所示。

从图 6-4 可以看出 ProtoBuf 的版本号为 2.5.0。

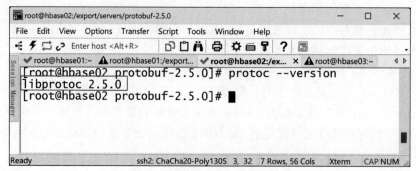

图 6-4 查看 ProtoBuf 的版本号

2. 生成序列化类

在定义 Endpoint 类型的协处理器之前需要先通过 ProtoBuf 生成对应的序列化类，具体操作步骤如下。

（1）在虚拟机 HBase02 的 /export/data 目录执行"vi sum.proto"命令创建 proto 文件 sum.proto，在该文件中添加如下内容。

```
1   option java_package ="cn.itcast.hbasedemo.coprocessor";
2   option java_outer_classname ="Sum";
3   option java_generic_services =true;
4   option java_generate_equals_and_hash =true;
5   option optimize_for =SPEED;
6   message SumRequest {
7       required string family =1;
8       required string column =2;
9   }
10  message SumResponse {
11      required int64 sum =1   [default =0];
12  }
13  service SumService {
14    rpc getSum(SumRequest)
15      returns (SumResponse);
16  }
```

上述代码中，第 1 行代码声明生成序列化类所在包的名称为 cn.itcast.hbasedemo.coprocessor。第 2 行代码声明序列化类的名称为 Sum。

第 6~9 行代码指定发送消息的消息体名称为 SumRequest，该消息体中存在数据类型为 string 的字段 family 和 column，它们的标识号分别为 1 和 2，这两个字段用于在后续对指定列的数据进行聚合运算时，客户端向协处理器发送具体的列族和列标识。

第 10~12 行代码指定响应消息的消息体名称为 SumResponse，该消息体中存在数据类型为 int64 的字段 sum，其标识号为 1 并且默认值为 0，该字段用于后续将聚合结果的消息响应给客户端。

第 13~16 行代码定义服务的名称为 SumService，并且定义 Sum() 方法接收发送的消息并返回响应消息，以及指定服务类型为 RPC 服务。

在文件 sum.proto 中添加上述内容之后保存退出即可。

（2）通过 proto 文件 sum.proto 生成序列化类。在虚拟机 HBase02 的 /export/data 目

录执行如下命令。

```
$protoc --proto_path=./sum.proto --java_out=/export/data
```

上述命令执行完成后,会根据 proto 文件 sum.proto 声明的包名称在虚拟机的/export/data 目录下生成/cn/itcast/hbasedemo/coprocessor 目录,该目录下会生成序列化类 Sum.java。

3. 下载序列化类

在虚拟机 HBase02 的/export/data/cn/itcast/hbasedemo/coprocessor 目录执行"sz Sum.java"命令,将生成的序列化类 Sum.java 下载到本地计算机。具体下载到本机计算机的路径,可以在 SecureCRT 依次选择 Options→Session Options 选项打开 Session Options 窗口,在该窗口中选择 X/Y/Zmodem 选项进行查看,如图 6-5 所示。

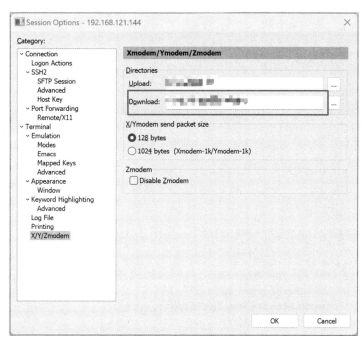

图 6-5 Session Options 窗口

在图 6-5 中的 Download 输入框中显示了序列化类 Sum.java 下载到本地计算机的路径,读者可访问该路径查看下载的序列化类 Sum.java。

4. 添加序列化类

将生成的序列化类 Sum.java 复制到 Java 项目 HBase_Chapter06 的包 cn.itcast.hbasedemo.coprocessor。

5. 导入项目依赖

在 Java 项目 HBase_Chapter06 的 pom.xml 文件中添加 ProtoBuf 的依赖,具体内容如下。

```
<dependency>
    <groupId>com.google.protobuf</groupId>
    <artifactId>protobuf-java</artifactId>
```

```
        <version>2.5.0</version>
</dependency>
```

上述依赖添加完成后，复制到 Java 项目 HBase_Chapter06 的序列化类 Sum.java 便不会再报错。

6. 定义 Endpoint 类型的协处理器

在 Java 项目 HBase _ Chapter06 的包 cn. itcast. hbasedemo. coprocessor 中创建 EndpointCoprocessorDemo 类，在类中继承 Sum.SumService 类并实现 RegionCoprocessor 接口，如文件 6-3 所示。

文件 6-3　EndpointCoprocessorDemo.java

```
1   public class EndpointCoprocessorDemo extends Sum.SumService
2         implements RegionCoprocessor {
3     private RegionCoprocessorEnvironment env;
4     @Override
5     public Iterable<Service> getServices() {
6         return Collections.singleton(this);
7     }
8     @Override
9     public void start(CoprocessorEnvironment env) throws IOException {
10        if (env instanceof RegionCoprocessorEnvironment) {
11            this.env = (RegionCoprocessorEnvironment)env;
12        } else {
13      throw new CoprocessorException("Must be loaded on a table region!");
14        }
15    }
16    @Override
17    public void stop(CoprocessorEnvironment env) throws IOException {
18    }
19    @Override
20    public void getSum(RpcController controller
21            , Sum.SumRequest request
22            , RpcCallback<Sum.SumResponse>done) {
23        Scan scan =new Scan();
24        scan.addFamily(Bytes.toBytes(request.getFamily()));
25        scan.addColumn(Bytes.toBytes(
26                request.getFamily()),
27                Bytes.toBytes(request.getColumn()));
28        Sum.SumResponse response =null;
29        InternalScanner scanner =null;
30        try {
31            scanner =env.getRegion().getScanner(scan);
32            List<Cell> results =new ArrayList<>();
33            boolean hasMore =false;
34            long sum =0L;
35            byte[] data =null;
36            do {
37                hasMore =scanner.next(results);
38                for (Cell cell : results) {
39                    data =CellUtil.cloneValue(cell);
```

```
40                String str =new String(data);
41                sum =sum +Long.valueOf(str);
42              }
43              results.clear();
44          } while (hasMore);
45          response =Sum.SumResponse.newBuilder().setSum(sum).build();
46      } catch (IOException ioe) {
47          ResponseConverter.setControllerException(controller, ioe);
48      } finally {
49          if (scanner !=null) {
50              try {
51                  scanner.close();
52              } catch (IOException ignored) {}
53          }
54      }
55      done.run(response);
56    }
57 }
```

在文件 6-3 中，第 4~7 行代码重写 RegionCoprocessor 接口的 getServices()方法用于获取 RPC 服务。第 8~15 行代码重写 RegionCoprocessor 接口的 start()方法用于运行协处理器。第 16~18 行代码重写 RegionCoprocessor 接口的 stop()方法用于编写触发停止协处理器运行的条件。

第 19~56 行代码重写 Sum 类的 getSum()方法用于指定协处理器的业务逻辑，其中第 24~27 行代码用于根据 proto 文件 sum.proto 中发送消息的消息体中字段 family 和 column 的值查询数据。第 31~44 行代码用于遍历获取的查询结果，并进行聚合运算。第 45 行代码用于将聚合运算的结果做为响应消息。第 55 行代码用于向客户端发送响应消息。

7．封装 jar 文件

在 IntelliJ IDEA 的右侧单击 Maven 按钮，然后双击折叠框 Lifecycle 下的 package 选项，即可在 IntelliJ IDEA 的控制台看到 jar 文件的封装流程及 jar 文件的存储路径。这里为了便于后续使用，将该 jar 文件的默认名称 HBase_Chapter06-1.0-SNAPSHOT.jar 重命名为 Endpoint.jar。

8．上传 jar 文件到虚拟机

在虚拟机 HBase01 的/export/data 目录执行 rz 命令，将 jar 文件 Endpoint.jar 上传到虚拟机 HBase01 的/export/data 目录。

9．上传 jar 文件到 HDFS

将 jar 文件 Endpoint.jar 上传到 HDFS 的/Chapter06/HBaseJar 目录，命令如下。

```
$hdfs dfs -put /export/data/Endpoint.jar /Chapter06/HBaseJar
```

10．向表 user_info1 插入数据

为了便于后续测试定义的协处理器，这里在命名空间 itcast 中表 user_info1 的列 base_info:salary 插入数据，在 HBase Shell 执行下列命令。

```
>put 'itcast:user_info1','user001','base_info:salary',300
```

```
>put 'itcast:user_info1','user002','base_info:salary',600
>put 'itcast:user_info1','user003','base_info:salary',800
>put 'itcast:user_info1','user004','base_info:salary',500
>put 'itcast:user_info1','user005','base_info:salary',600
>put 'itcast:user_info1','user006','base_info:salary',700
>put 'itcast:user_info1','user007','base_info:salary',900
>put 'itcast:user_info1','user008','base_info:salary',400
>put 'itcast:user_info1','user009','base_info:salary',800
>put 'itcast:user_info1','user010','base_info:salary',700
```

11. 加载协处理器

通过 HBase Java API 将协处理器动态加载到表 user_info1。在 Java 项目 HBase_Chapter06 的包 cn.itcast.hbasedemo.coprocessor 中创建 EndpointCoprocessorLoad 类，该类用于动态加载协处理器，如文件 6-4 所示。

文件 6-4　EndpointCoprocessorLoad.java

```
1   public class EndpointCoprocessorLoad {
2     public static void main(String[] args) throws IOException {
3       TableName tableName =TableName.valueOf("itcast:user_info1");
4       String path =
5           "hdfs://192.168.121.138:9820/Chapter06/HBaseJar/Endpoint.jar";
6       String className =
7           "cn.itcast.hbasedemo.coprocessor.EndpointCoprocessorDemo";
8       Configuration config =HBaseConfiguration.create();
9       config.set("hbase.zookeeper.quorum",
10          "hbase01,hbase02,hbase03");
11      config.set("zookeeper.znode.parent","/hbase-fully");
12      Connection connection =
13          ConnectionFactory.createConnection(config);
14      Admin admin =connection.getAdmin();
15      CoprocessorDescriptor buildCoprocessor =
16          CoprocessorDescriptorBuilder
17            .newBuilder(className)
18            .setJarPath(path)
19            .build();
20      TableDescriptor tableDescriptor =
21          TableDescriptorBuilder
22            .newBuilder(tableName)
23            .setColumnFamily(
24                ColumnFamilyDescriptorBuilder
25                  .newBuilder(Bytes.toBytes("base_info"))
26                  .build()
27            )
28            .setCoprocessor(buildCoprocessor)
29            .build();
30      admin.modifyTable(tableDescriptor);
31      connection.close();
32    }
33  }
```

在文件 6-4 中，第 3 行代码用于指定加载协处理器的表为命名空间 itcast 中的表 user_info1。第 4～7 行代码分别指定协处理器的 jar 文件路径和 Java 类。第 8～13 行代码用于指定连接 HBase 的配置信息。第 15～19 行代码用于创建 CoprocessorDescriptor 对象 buildCoprocessor。

第 20～29 行代码用于创建 TableDescriptor 对象 tableDescriptor，其中第 28 行代码用于向表 user_info1 添加协处理器。第 30 行代码通过 modifyTable()方法修改表来实现加载协处理器的操作。

在 IntelliJ IDEA 运行文件 6-4 之后，在虚拟机 HBase01 中通过 HBase Shell 执行"desc 'itcast:user_info1'"命令查看表 user_info1 的信息，如图 6-6 所示。

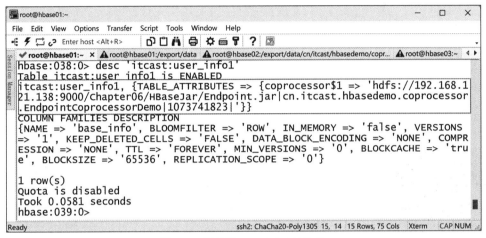

图 6-6　查看表 user_info1 的信息

从图 6-6 可以看出，表 user_info1 成功加载了协处理器，并且协处理器的名称为 coprocessor＄1。

12．测试协处理器

对 Endpoint 类型的协处理器进行测试时，需要用户定义一个 Java 类做为客户端程序。在 Java 项目 HBase_Chapter06 的包 cn.itcast.hbasedemo.coprocessor 中创建 EndpointClient 类，该类用于测试协处理器，如文件 6-5 所示。

文件 6-5　EndpointClient.java

```
1   public class EndpointClient {
2     public static void main(String[] args) throws Throwable {
3       TableName tableName = TableName.valueOf("itcast:user_info1");
4       Configuration config = HBaseConfiguration.create();
5       config.set("hbase.zookeeper.quorum",
6           "hbase01,hbase02,hbase03");
7       config.set("zookeeper.znode.parent","/hbase-fully");
8       Connection connection =
9           ConnectionFactory.createConnection(config);
10      Table table = connection.getTable(tableName);
11      final Sum.SumRequest request =
12          Sum.SumRequest.newBuilder()
13              .setFamily("base_info")
14              .setColumn("salary").build();
15      try {
```

```
16              Map<byte[], Long> results = table.coprocessorService(
17                  Sum.SumService.class,
18                  null,
19                  null,
20                  new Batch.Call<Sum.SumService, Long>() {
21                      @Override
22                      public Long call(Sum.SumService aggregate)
23                              throws IOException {
24    CoprocessorRpcUtils.BlockingRpcCallback<Sum.SumResponse> rpcCallback =
25                          new CoprocessorRpcUtils.BlockingRpcCallback<>();
26                          aggregate.getSum(null, request, rpcCallback);
27                          Sum.SumResponse response = rpcCallback.get();
28                          return response.hasSum() ? response.getSum() : 0L;
29                      }
30                  }
31              );
32              for (Long sum : results.values()) {
33                  System.out.println("Sum =" + sum);
34              }
35          } catch (ServiceException e) {
36              e.printStackTrace();
37          } catch (Throwable e) {
38              e.printStackTrace();
39          }
40      }
41  }
```

在文件 6-5 中，第 11～14 行代码用于指定发送的消息，也就是通过 setFamily() 和 setColumn() 方法给 proto 文件 sum.proto 中发送消息体定义的字段 family 和 column 赋值 base_info 和 salary，从而对命名空间 itcast 中表 user_info1 的列 base_info：salary 进行聚合运算。第 33 行代码用于将聚合运算的结果输出到控制台。

在 IntelliJ IDEA 运行文件 6-5 的效果如图 6-7 所示。

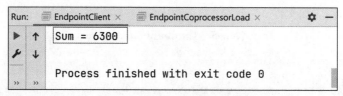

图 6-7　文件 6-5 的运行效果

从图 6-7 可以看出，表 user_info1 中列 base_info：salary 的聚合运算结果为 6300，因此说明成功定义并使用了 Endpoint 类型的协处理器。

6.2　Region 的拆分

在 HBase 创建的表默认只有一个 Region，当用户向表中插入数据时，所有数据都会写入一个 Region，随着用户不断进行插入数据的操作，Region 的数据量也会不断增长，当 Region 的数据量非常大时会影响读取表数据的效率。HBase 便会对 Region 进行拆分，从而优化读取表数据的效率。HBase 支持自动拆分和预拆分两种方式对 Region 进行拆分,本节针对这两种方式进行详细讲解。

6.2.1 自动拆分

在 HBase 2.X 版本中支持 7 种自动拆分 Region 的拆分策略,具体介绍如下。

1. ConstantSizeRegionSplitPolicy

ConstantSizeRegionSplitPolicy 拆分策略是 HBase 最原始的拆分策略,其拆分规则是当 Region 的大小达到指定阈值时,HBase 自动将 Region 拆分为两个大小相近的 Region,该阈值通过 HBase 配置文件 hbase-site.xml 中的参数 hbase.hregion.max.filesize 控制,该参数的默认值为 10737418240(10GB)。

2. BusyRegionSplitPolicy

BusyRegionSplitPolicy 拆分策略在拆分 Region 的同时考虑到热点 Region 的问题,所谓热点 Region 是指 HBase 中每个表被用户访问的频率不一样,因此每个 Region 被访问的频率也不同,某些 Region 在短时间内可能会被频繁访问,这些 Region 就是热点 Region。当 HBase 判断某些 Region 为热点 Region 时,便会将该 Region 拆分为两个大小相近的 Region,从而优化访问该 Region 的效率。

HBase 根据 blockedRequests(请求阻塞率)、minAge(最小年龄)和 aggWindow(时间窗口)3 个要素来判断某个 Region 是否为热点 Region,其判断依据是计算当前请求 Region 的时间减去上一次请求 Region 的时间是否大于或等于时间窗口,若计算结果大于或等于时间窗口,则通过请求 Region 被阻塞的数量除以请求 Region 的总数量计算请求阻塞率,若请求阻塞率大于指定的阈值,则比较 Region 的年龄是否小于最小年龄,所谓 Region 的年龄是指 Region 创建了多长时间。若 Region 的年龄大于最小年龄,则 HBase 判断该 Region 为热点 Region,此时会对其进行拆分。

上述提到的 3 个要素可以通过 hbase-site.xml 中的参数进行配置,具体内容如下。

- 参数 hbase.busy.policy.blockedRequestsdefault 用于修改 blockedRequests 的默认值,该参数的默认值为 0.2f,表示请求阻塞率为 20%,参数值的取值范围是[0.0f, 1.0f]。
- 参数 hbase.busy.policy.minAge 用于修改 minAge 的默认值,该参数的默认值为 600 000,表示最小年龄为 600 000 毫秒。
- 参数 hbase.busy.policy.aggWindow 用于修改 aggWindow 的默认值,该参数的默认值为 300 000,表示时间窗口为 300 000 毫秒。

3. DisabledRegionSplitPolicy

DisabledRegionSplitPolicy 拆分策略为禁止 HBase 对 Region 进行自动拆分,不建议用户使用该策略,除非用户使用了预分区。

4. IncreasingToUpperBoundRegionSplitPolicy

IncreasingToUpperBoundRegionSplitPolicy 是 HBase1.x 默认的拆分策略,它和 ConstantSizeRegionSplitPolicy 拆分策略相似,不同的是 Region 前几次拆分时依据的阈值不是固定的 10GB,而是需要进行计算得到。当计算结果大于参数 hbase.hregion.max.filesize 的参数值时,拆分 Region 时依据的阈值才会固定为参数 hbase.hregion.max.filesize

的参数值,其计算公式如下。

```
2 * initialSize * tableRegionsCount * tableRegionsCount * tableRegionsCount
```

上述公式中,initialSize 表示 Memstore 的大小,Memstore 的大小可以通过参数 hbase.hregion.memstore.flush.sizedefault 进行修改,该参数的默认参数值为 134217728,表示 128MB。tableRegionsCount 表示当前 RegionServer 中 Region 的数量。

假设参数 hbase.hregion.max.filesize 和 hbase.hregion.memstore.flush.sizedefault 都是默认值,此时 Region 前几次拆分时依据的阈值如下。

- 当 RegionServer 中最初只有 1 个 Region,拆分 Region 时依据的阈值为 256MB,即 2 * 128 * 1 * 1 * 1。
- 当 RegionServer 中有 2 个 Region 时,拆分 Region 时依据的阈值为 2GB,即 2 * 128 * 2 * 2 * 2。
- 当 RegionServer 中有 3 个 Region 时,拆分 Region 时依据的阈值为 6.75GB,即 2 * 128 * 3 * 3 * 3。
- 当 RegionServer 中有 4 个 Region 时,拆分 Region 时依据的阈值为 10GB,因为 2 * 128 * 4 * 4 * 4 的结果大于 10GB。也就是说默认情况下,当 RegionServer 中 Region 的数量达到 4 个时,拆分 Region 时依据的阈值便会固定为 10GB。

5. KeyPrefixRegionSplitPolicy

KeyPrefixRegionSplitPolicy 拆分策略在 IncreasingToUpperBoundRegionSplitPolicy 的基础上增加了对拆分点(SplitPoint)的定义,所谓拆分点是指拆分 Region 时行键的位置,Region 会根据行键的位置进行拆分,确保具有相同含义的行键不会被拆分到两个不同的 Region。KeyPrefixRegionSplitPolicy 拆分策略可以确保前缀相同的行键不会被分到两个不同的 Region,通过 hbase-site.xml 中的参数 KeyPrefixRegionSplitPolicy.prefix_length 来指定前缀的长度,如指定该参数的参数值为 5,那么前 5 个字符相同的行键会拆分到同一 Region。

6. DelimitedKeyPrefixRegionSplitPolicy

DelimitedKeyPrefixRegionSplitPolicy 拆分策略同样是在 IncreasingToUpperBoundRegionSplitPolicy 的基础上增加了对拆分点的定义,它可以确保指定分隔符之前相同的行键不会被分到两个不同的 Region,通过 hbase-site.xml 中的参数 DelimitedKeyPrefixRegionSplitPolicy.delimiter 来指定分隔符,如指定该参数的参数值为"_",那么行键为 host1_001 和 host12_999 的数据会拆分到不同的 Region。

7. SteppingSplitPolicy

SteppingSplitPolicy 是 HBase 2.x 默认的拆分策略,它与 ConstantSizeRegionSplitPolicy 拆分策略比较相似,不同的是,SteppingSplitPolicy 拆分策略有两个拆分 Region 时依据的阈值,分别是 256MB 和 10GB,其中第一次拆分 Region 时依据的阈值为 256MB,后续拆分 Region 时依据的阈值为 10GB。

6.2.2 使用自动拆分

在 HBase 中可以通过 HBase 配置文件、HBase Shell 和 HBase Java API 这 3 种方式使

用自动拆分的不同拆分策略,具体介绍如下。

1. HBase 配置文件

通过 HBase 配置文件使用的拆分策略为全局配置,即 HBase 中的每个表都会生效,如通过 HBase 配置文件使用 ConstantSizeRegionSplitPolicy 拆分策略的代码如下。

```xml
<property>
   <name>hbase.regionserver.region.split.policy</name>
   <value>org.apache.hadoop.hbase.regionserver.ConstantSizeRegionSplitPolicy
   </value>
</property>
```

2. HBase Shell

通过 HBase Shell 使用的拆分策略只针对 HBase 中的指定表生效。如通过 HBase Shell 使用 ConstantSizeRegionSplitPolicy 拆分策略的命令如下。

```
>create 'itcast:test', {METADATA =>{'SPLIT_POLICY' =>
 'org.apache.hadoop.hbase.regionserver.ConstantSizeRegionSplitPolicy'}}
,{NAME =>'cf1'}
```

上述命令表示在命名空间 itcast 中创建表 test 的同时指定拆分策略。

3. HBase Java API

通过 HBase Java API 使用的拆分策略同样只针对 HBase 中的指定表生效。如通过 HBase Java API 使用 ConstantSizeRegionSplitPolicy 拆分策略的示例代码如下。

```java
1   public class UseSplitPolicy {
2     public static void main(String[] args) throws IOException {
3         TableName tableName =TableName.valueOf("itcast:user_info2");
4         Configuration config =HBaseConfiguration.create();
5         config.set("hbase.zookeeper.quorum",
6             "hbase01:2181,hbase02:2181,hbase03:2181");
7         config.set("zookeeper.znode.parent","/hbase-fully");
8         Connection connection =createConnection(config);
9         Admin admin =connection.getAdmin();
10        TableDescriptor tableDescriptor =
11            TableDescriptorBuilder
12                .newBuilder(tableName)
13                .setColumnFamily(
14                    ColumnFamilyDescriptorBuilder
15                        .newBuilder(Bytes.toBytes("base_info"))
16                        .build()
17                )
18                .setRegionSplitPolicyClassName(
19                    ConstantSizeRegionSplitPolicy.class.getName())
20                .build();
21        admin.createTable(tableDescriptor);
22        connection.close();
23    }
24  }
```

上述代码中,第 18、19 行代码在创建 TableDescriptor 对象时通过 setRegionSplitPolicyClassName()方法指定拆分策略。

6.2.3 预拆分

通过本章前面内容的学习，相信读者已经了解 HBase 自动拆分 Region 的不同拆分策略，不过自动拆分是在 HBase 运行过程中发生的，此时会消耗服务器大量的 I/O 资源对 Region 进行拆分，以及数据的再分配，不仅如此，HBase 中每个表在创建之初只有一个 Region，该 Region 在拆分之前，需要达到自动拆分中指定拆分策略的条件才会触发，那么在 Region 拆分之前，单个 Region 会频繁处理请求，对于处理性能也会产生影响，为此，HBase 提供了在创建表的同时对 Region 进行预拆分（pre-splitting），也就是在创建表时为表指定多个 Region。

在进行预拆分之前，需要明确每个 Region 中行键的取值范围，即每个 Region 的 startKey（起始行键）和 endKey（结束行键）。在 HBase 中提供了两种方式进行预拆分，其中一种方式是在创建表时手动设置每个 Region 中行键的取值范围，另一种方式是在创建表时使用 HBase 提供的算法自动设置每个 Region 中行键的取值范围，具体介绍如下。

1. 手动设置

利用手动设置进行预拆分时，可以通过数组和拆分文件两种方式为每个 Region 指定行键的取值范围，具体介绍如下。

（1）通过数组为每个 Region 指定行键的取值范围。

通过数组为每个 Region 指定行键的取值范围时，Region 的数量等于数组元素数量加 1，其中第 1 个 Region 中行键的取值范围为[∞,数组的第一个元素)，第 2 个 Region 中行键的取值范围为[数组的第一个元素,数组的第二个元素)，以此类推，最后一个 Region 中行键的取值范围为[数组的最后一个元素，∞)，其语法格式如下。

```
create '[namespace:]table_name','columnfamily','columnfamily',...
SPLITS =>['element','element','element',...]
```

上述语法格式中，create 表示创建表的命令；columnfamily 用于指定列族名称；SPLITS 为通过数组为每个 Region 指定行键取值范围的固定语法；element 用于指定数组的元素。

（2）通过拆分文件为每个 Region 指定行键的取值范围。

通过拆分文件为每个 Region 指定行键的取值范围时，Region 的数量等于文件的行数加 1，其中第 1 个 Region 中行键的取值范围为[∞,文件的第一行数据)，第 2 个 Region 中行键的取值范围为[文件的第一行数据,文件的第二行数据)，以此类推，最后一个 Region 中行键的取值范围为[文件的最后一行数据，∞)，其语法格式如下。

```
create '[namespace:]table_name','columnfamily','columnfamily',...
SPLITS_FILE =>'splitsFile'
```

上述语法格式中，SPLITS_FILE 为通过拆分文件为每个 Region 指定行键取值范围的固定语法；splitsFile 用于指定拆分文件的路径。

接下来通过两个案例来演示如何在创建表时手动设置每个 Region 中行键的取值范围，具体内容如下。

【案例一】 在命名空间 itcast 中创建表 staff_info，并指定列族 person_info 和 salary_info，通过数组设置每个 Region 中行键的取值范围。在 HBase Shell 执行如下命令。

```
>create 'itcast:staff_info','person_info','salary_info',
SPLITS =>['1000','2000','3000','4000']
```

上述命令执行完成后,在本地计算机的浏览器中输入"http://hbase01：16010/table.jsp？name=itcast％3Astaff_info",在 HBase Web UI 中查看表 staff_info 的信息,如图 6-8 所示。

图 6-8　查看表 staff_info 的信息(1)

从图 6-8 可以看出,在命名空间 itcast 中创建表 staff_info 时预拆分了 5 个 Region,每个 Region 中行键的取值范围分别为[∞,1000)［1000,2000)［2000,3000)［3000,4000)［4000,∞)。

【案例二】　在命名空间 itcast 中创建表 staff_info1,并指定列族 person_info 和 salary_info,通过拆分文件设置每个 Region 中行键的取值范围。

首先,在虚拟机 HBase01 的/export/data 目录执行"vi splits.txt"命令编辑拆分文件 splits.txt,在该文件中添加如下内容。

```
10
20
30
40
50
60
```

上述内容添加完成后,保存并退出即可。

然后,在虚拟机 HBase01 的 HBase Shell 执行如下命令。

```
>create 'itcast:staff_info1','person_info','salary_info',
SPLITS_FILE =>'/export/data/splits.txt'
```

上述命令执行完成后,在本地计算机的浏览器中输入"http://hbase01：16010/table.jsp？name=itcast％3Astaff_info1",在 HBase Web UI 中查看表 staff_info1 的信息,如

图 6-9 所示。

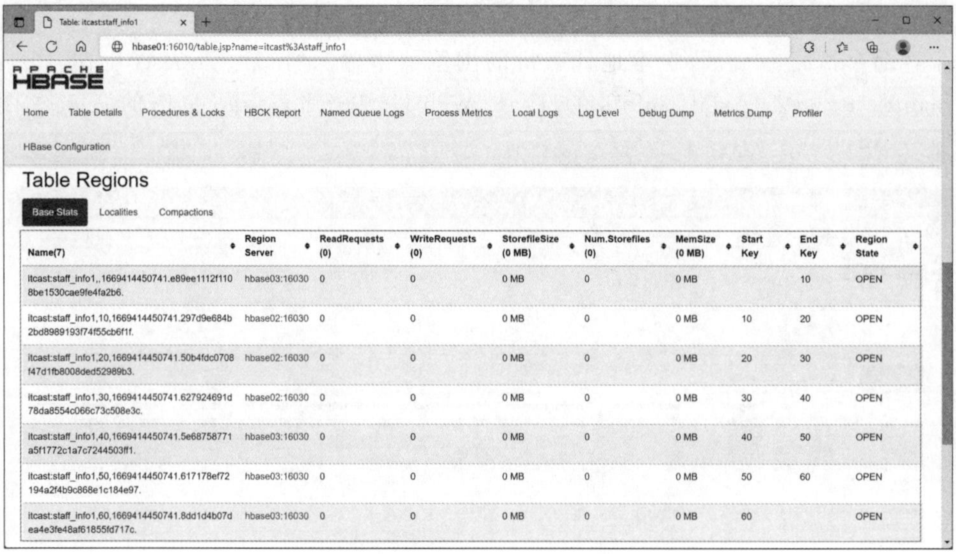

图 6-9 查看表 staff_info1 的信息

从图 6-9 可以看出,在命名空间 itcast 中创建表 staff_info1 时预拆分了 7 个 Region,每个 Region 中行键的取值范围分别为[∞,10) [10,20) [20,30) [30,40) [40,50) [50,60) [60,∞)。

2. 使用 HBase 提供的算法

使用 HBase 提供的算法进行预拆分时,可以根据 Region 的数量和特定算法,为每个 Region 指定行键取值范围。HBase 提供 3 种算法用于实现预拆分,它们分别是 HexStringSplit、DecimalStringSplit 和 UniformSplit 算法。这 3 种算法分别适用于不同的应用场景,其中 HexStringSplit 算法根据哈希值确认行键的取值范围,适用于行键前缀为字符串的表;DecimalStringSplit 算法根据数字确认行键的取值范围,适用于行键前缀为数字的表;UniformSplit 算法根据 Byte 值确认行键的取值范围,适用于行键前缀为字符串和数字混用的表。

使用 HBase 提供的算法实现预拆分的语法格式如下。

```
create '[namespace:]table_name','columnfamily','columnfamily',...
{ NUMREGIONS =>regionNums, SPLITALGO =>'algorithm' }
```

上述语法格式中,regionNums 用于指定 Region 的数量。algorithm 用于指定算法,可选值为 HexStringSplit、DecimalStringSplit 和 UniformSplit。

接下来演示如何使用 HBase 提供的算法进行预拆分,这里以算法 HexStringSplit 为例。在命名空间 itcast 中创建表 staff_info2,该表包含列族 person_info 和 salary_info,并通过 HexStringSplit 算法设置每个 Region 中行键的取值范围,以及指定 Region 的数量为 10,在 HBase Shell 执行如下命令。

```
>create 'itcast:staff_info2','person_info','salary_info',
{ NUMREGIONS =>10, SPLITALGO =>'HexStringSplit'}
```

上述命令执行完成后,在本地计算机的浏览器中输入"http://hbase01:16010/table.jsp?name=itcast%3Astaff_info2",在 HBase Web UI 中查看表 staff_info2 的信息,如图 6-10 所示。

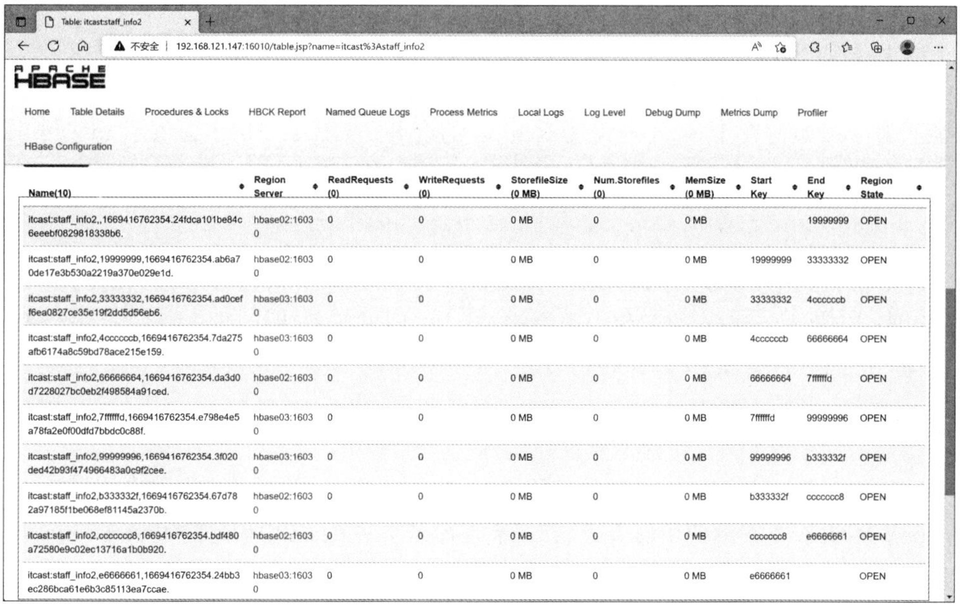

图 6-10　查看表 staff_info2 的信息

从图 6-10 可以看出,在命名空间 itcast 中创建表 staff_info2 时预拆分了 10 个 Region,每个 Region 中行键的取值范围根据 HexStringSplit 算法生成。

6.3　Region 的合并

Region 的合并主要用于减少维护成本,如 HBase 的表 itcast 存储了大量的数据,这些数据由多个 Region 来管理,如果用户对表 itcast 执行了删除数据的操作,导致表 itcast 的数据量减少,那么每个 Region 所管理的数据也会随之减少,这个时候表 itcast 通过多个 Region 来管理数据显然就有点浪费资源了,此时就可以通过 Region 的合并来减少表 itcast 的 Region 数量,从而减少表 itcast 的维护成本。同样地,在工作过程中,通过协同工作来合并不同团队的力量,这样可以加强团队的凝聚力和合作能力,提高工作效率。

默认情况下,HBase 可以对相邻的两个 Region 进行合并,所谓相邻的两个 Region 是指前一个 Region 的 endKey 和后一个 Region 的 startKey 相等,如行键取值范围分别为〔1000,2000〕和〔2000,3000〕的两个 Region 就是相邻的两个 Region。

通过前面的介绍,相信读者对 Region 的合并已经有了初步的认识,下面对 HBase 实现 Region 合并的过程进行介绍,使读者对 Region 合并的实现原理有所认知。HBase 实现 Region 合并的过程大致可以分为 7 个步骤,具体内容如下。

(1) Client 向 Master 发送合并 Region 的请求。

(2) Master 将待合并的两个 Region 移动到同一 RegionServer 上。

(3) Master 将合并 Region 的请求发送给 RegionServer。

（4）RegionServer 启动一个本地事务执行合并 Region 的操作。

（5）合并 Region 的操作将参与合并的两个 Region 的状态改为 OFFLINE（离线），并将这两个 Region 的数据文件（StoreFile）进行合并，生成新的 Region。

（6）合并 Region 的操作将参与合并的两个 Region 的元数据从 ZooKeeper 中删除，并将新生成 Region 的元数据添加到 ZooKeeper。

（7）将新生成 Region 的状态更改为 OPEN（打开）。

接下来介绍如何在 HBase 中实现 Region 的合并。HBase Shell 提供了 merge_region 命令用于实现 Region 的合并，其语法格式如下。

```
merge_region 'ENCODED_REGIONNAME','ENCODED_REGIONNAME'[,true]
```

上述语法格式中，参数 ENCODED_REGIONNAME 用于指定参与合并的两个 Region 的 Hash 值，该值是 Region 的名称中两个字符"."之间的字符串。图 6-10 中第一个 Region 的名称为"itcast:staff_info2,,1669416762354.24fdca101be84c6eeebf0829818338b6."，那么该 Region 的 Hash 值为 24fdca101be84c6eeebf0829818338b6。参数 true 为可选，用于强制合并不相邻的两个 Region，通常不建议在实际生产中使用。

为了使读者更好地掌握 Region 合并的实现，这里通过一个案例来演示如何在 HBase 中实现 Region 的合并。本案例使用的表为 6.2.3 节在命名空间 itcast 中创建的表 staff_info，该表在创建时预拆分了 5 个 Region，这里通过实现 Region 的合并，将行键取值范围分别为[1000,2000)和[2000,3000)的两个相邻 Region 进行合并，由图 6-8 可以看出这两个 Region 的 Hash 值分别为 3d033e71cdae18448c42fa4db09fc592 和 79912598159bc86796f9e0177a2016a9，在 HBase Shell 执行如下命令。

```
>merge_region '3d033e71cdae18448c42fa4db09fc592',
'79912598159bc86796f9e0177a2016a9'
```

上述命令执行完成后，在 HBase Web UI 中查看表 staff_info 的信息，如图 6-11 所示。

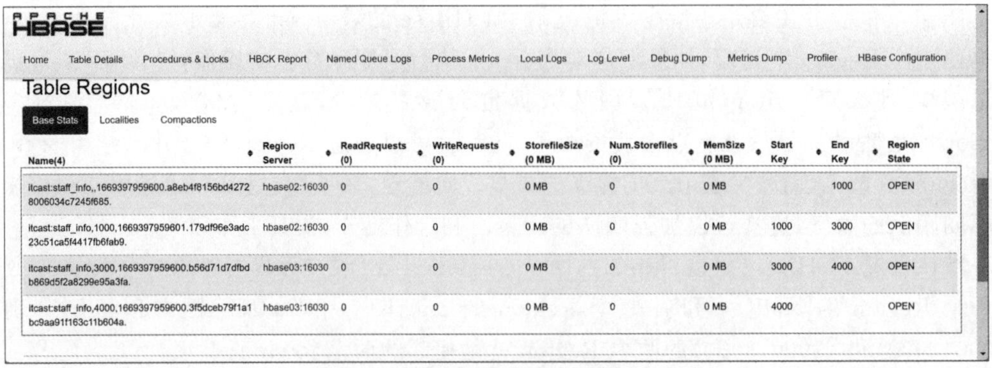

图 6-11 查看表 staff_info 的信息（2）

通过对比图 6-11 和图 6-8 可以看出，表 staff_info 中行键取值范围分别为[1000,2000)和[2000,3000)的两个相邻 Region 合并后生成了新的 Region，该 Region 中行键的取值范围为[1000,3000)，因此说明成功在 HBase 实现了 Region 的合并。

6.4 快照

成熟的数据库都有着相对完善的备份与恢复功能,通过定期对数据库中的数据进行备份,以保证数据的安全,当数据库因为某些原因造成部分或者全部数据丢失后,可以通过备份的数据来恢复数据库的数据。HBase 同样提供了备份与恢复功能——快照(Snapshot)。

快照是 HBase 在 0.98 版本时推出的备份与恢复功能,它可以记录表在某一时刻的结构和数据,通过快照可以将指定表恢复到特定时刻的结构和数据。HBase 通过快照进行备份或恢复的操作非常快,对于 HBase 集群来说几乎没有任何影响,这是因为备份或恢复的操作并不会实际地复制数据,而是针对不可变集合的操作,其中备份操作会为表创建一个不可变集合,该集合中记录了表的元数据信息以及 StoreFile 位置信息;恢复操作会根据不可变集合记录表的元数据信息和 StoreFile 列表信息,将表的结构和数据恢复到特定时刻。

通过前面的介绍,相信读者对快照的作用有了初步的认识,下面对 HBase 中快照的操作进行详细介绍。HBase 提供了两种工具用于操作快照,分别是 HBase Shell 和 ExportSnapshot 工具,其中 HBase Shell 用于对快照进行一些基本操作,如创建快照、删除快照、查看快照等;ExportSnapshot 工具用于对快照进行迁移操作。关于这两种工具操作快照的具体介绍如下。

1. 通过 HBase Shell 操作快照

HBase Shell 提供了多种命令用于对快照进行一些基本操作,具体如表 6-6 所示。

表 6-6 HBase Shell 提供用于操作快照的命令

命　令	语　法　格　式	介　绍
snapshot	snapshot '[ns:]table_name', 'snapshot_name'	为指定命名空间中的表创建快照
list_snapshots	list_snapshots	查看 HBase 的所有快照
delete_snapshot	delete_snapshot 'snapshot_name'	删除指定快照
clone_snapshot	clone_snapshot 'snapshot_name', '[ns:]table_name'	通过快照在指定命名空间中创建新的表,新表的结构和数据与快照记录的内容一致
restore_snapshot	restore_snapshot 'snapshot_name'	通过快照恢复表的数据和结构,需要提前禁用对应的表

表 6-6 展示的语法格式中,ns 为可选,用于指定命名空间,table_name 用于指定表的名称;snapshot_name 用于指定快照的名称。

接下来通过案例来演示如何使用 HBase Shell 对快照进行操作,这里使用的表为本章 6.2.3 节在命名空间 itcast 中创建的表 staff_info,具体内容如下。

(1) 案例——创建快照。

为了便于后续演示快照的其他操作,这里分步骤实现创建快照的操作,具体步骤如下。

① 向表 staff_info 添加一个单元格,该单元格的行键、列族、列标识和数据分别为 1001、person_info、username 和 zhangsan。在 HBase Shell 执行如下命令。

```
>put 'itcast:staff_info','1001','person_info:username','zhangsan'
```

② 为表 staff_info 创建快照 staff_info_first。在 HBase Shell 执行如下命令。

```
>snapshot 'itcast:staff_info','staff_info_first'
```

③ 向表 staff_info 添加两个单元格,这两个单元格的列族和列标识都是 person_info 和 username,其中第一个单元格的行键和数据分别为 1002 和 lisi,第二个单元格的行键和数据分别为 1003 和 wangwu。在 HBase Shell 执行下列命令。

```
>put 'itcast:staff_info','1002','person_info:username','lisi'
>put 'itcast:staff_info','1003','person_info:username','wangwu'
```

④ 为表 staff_info 创建快照 staff_info_second,在 HBase Shell 执行如下命令。

```
>snapshot 'itcast:staff_info','staff_info_second'
```

(2) 案例——查看 HBase 的所有快照。

查看 HBase 的所有快照,在 HBase Shell 执行如下命令。

```
>list_snapshots
```

上述命令的执行效果如图 6-12 所示。

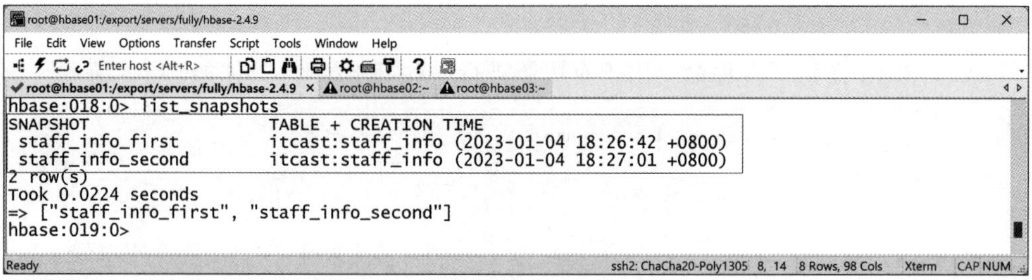

图 6-12 查看 HBase 的所有快照(1)

从图 6-12 可以看出,HBase 存在两个快照,即 staff_info_first 和 staff_info_second,并且显示了这两个快照所属表,以及快照创建的时间。

(3) 案例——删除快照。

删除 HBase 中的快照 staff_info_first,在 HBase Shell 执行如下命令。

```
>delete_snapshot 'staff_info_first'
```

上述命令执行完成后,查看 HBase 所有快照的效果,如图 6-13 所示。

从图 6-13 可以看出,此时 HBase 中仅存在快照 staff_info_second,说明成功删除了快照 staff_info_first。

(4) 案例——通过快照创建表。

通过快照 staff_info_second 在命名空间 itcast 中创建表 staff_info_clone,在 HBase Shell 执行如下命令。

```
>clone_snapshot 'staff_info_second','itcast:staff_info_clone'
```

上述命令执行完成后,查看 HBase 所有表的效果,如图 6-14 所示。

第 6 章　HBase 高级应用

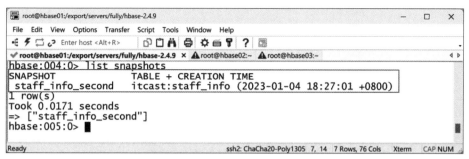

图 6-13　查看 HBase 的所有快照（2）

图 6-14　查看 HBase 的所有表

从图 6-14 可以看出，HBase 中已经存在表 staff_info_clone。

由于快照 staff_info_second 是基于表 staff_info 所创建，并且在创建快照 staff_info_second 时，已经向表 staff_info 插入了数据，所以表 staff_info_clone 应该与表 staff_info 的结构一致，并且同样存在一样的数据。

接下来分别查询和查看表 staff_info_clone 和 staff_info 的数据和信息，验证这两个表的数据和结构是否一致，如图 6-15 所示。

从图 6-15 可以看出，表 staff_info_clone 和表 staff_info 的数据和结构一致，说明通过快照新建的表，其表结构和数据与快照记录的内容一致。

（5）案例——通过快照恢复表的数据。

在创建快照 staff_info_second 时，表 staff_info 已经插入了数据，为了验证是否可以通过快照 staff_info_second 恢复表 staff_info 的数据，这里先删除表 staff_info 中列为 person_info:username 并且行键为 1001 和 1002 的单元格，在 HBase Shell 执行下列命令。

```
>delete 'itcast:staff_info','1001','person_info:username'
>delete 'itcast:staff_info','1002','person_info:username'
```

上述命令执行完成后，表 staff_info 仅剩下 1 个列为 person_info:username 并且行键为 1003 的单元格，此时可以通过快照 staff_info_second 将表 staff_info 恢复到删除数据前的内容，不过在此之前，还需要禁用表 staff_info，在 HBase Shell 执行如下命令。

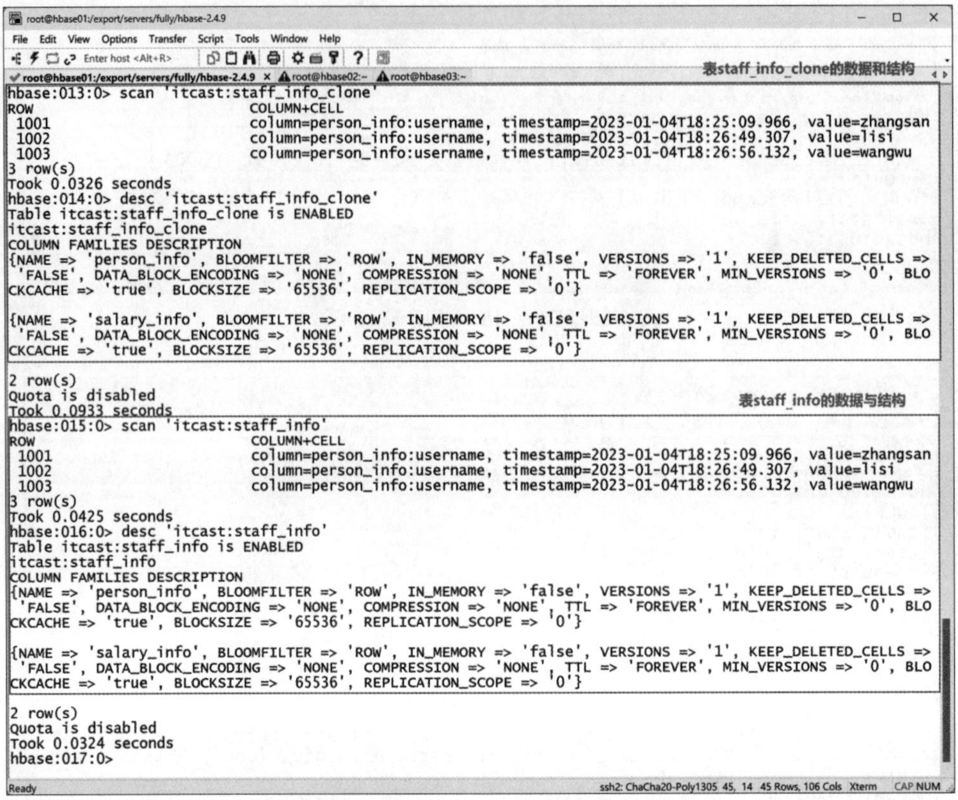

图 6-15 查询和查看表 staff_info_clone 和 staff_info 的数据和信息

```
>disable 'itcast:staff_info'
```

上述命令执行完成后,查看表 staff_info 是否处于禁用状态,避免表禁用失败造成通过快照恢复表的数据时失败,在 HBase Shell 执行如下命令。

```
>is_disabled 'itcast:staff_info'
```

上述命令执行完成的效果如图 6-16 所示。

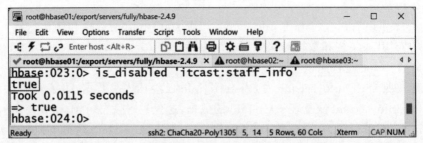

图 6-16 查看表 staff_info 是否处于禁用状态

从图 6-16 可以看出,表 staff_info 已经处于禁用状态,此时便可以通过快照 staff_info_second 恢复表 staff_info 的数据,在 HBase Shell 执行如下命令。

```
>restore_snapshot 'staff_info_second'
```

上述命令执行完成后,分别执行启用表 staff_info 和查询表 staff_info 的命令,验证是否成功恢复表 staff_info 的数据,如图 6-17 所示。

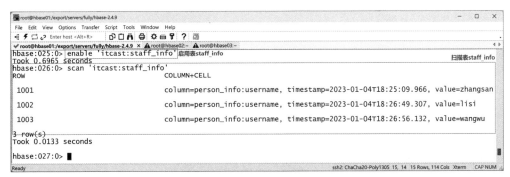

图 6-17　验证是否成功恢复表 staff_info 的数据

从图 6-17 可以看出,此时表 staff_info 中删除的 2 个单元格已经成功恢复,因此说明成功通过快照恢复表的数据。

2. 通过 ExportSnapshot 工具操作快照

默认情况下,HBase 的快照保存在当前 Hadoop 集群的 HDFS 中,ExportSnapshot 工具可以通过执行 MapReduce 程序将快照迁移至其他 Hadoop 集群的 HDFS,迁移快照时会将快照相关的所有数据都复制到 HDFS,包括表的 StoreFile、快照的元数据等。利用迁移快照的操作可以实现将快照迁移至其他 HBase 集群,以及快照的备份功能。关于通过 ExportSnapshot 工具迁移快照的语法格式如下。

```
hbase org.apache.hadoop.hbase.snapshot.ExportSnapshot
-snapshot snapshot_name
-copy-from hbase_dir
-copy-to target_hbase_dir
[-mappers map_num]
[-bandwidth bandwidth_num]
```

上述语法格式中,hbase org.apache.hadoop.hbase.snapshot.ExportSnapshot 表示使用 ExportSnapshot 工具。参数-snapshot 用于指定快照的名称 snapshot_name。参数-mappers 为可选,用于指定 Map 任务的数量 map_num,默认情况下 Map 任务的数量为 1。-bandwidth 为可选,用于限制带宽消耗,默认情况下不限制带宽消耗,如果快照记录表的数据较多,会占用大量的网络 I/O,通常建议限制带宽消耗,避免影响 Hadoop 和 HBase 集群的使用,如将带宽消耗限制为 200MB/s,则将 bandwidth_num 指定为 200 即可。需要说明的是,迁移快照时只会执行 MapReduce 程序的 Map 过程,并不会执行 Reduce 过程进行聚合操作。

参数-copy-from 和-copy-to 都用于指定 HDFS 的目录,不过在不同应用场景下,这两个参数指定 HDFS 的目录会有所不同,具体介绍如下。

(1) 将快照迁移至其他 HBase 集群。

将快照迁移至其他 HBase 集群时,参数-copy-from 用于指定快照所在 HBase 集群的 HDFS 存储数据的目录,参数-copy-to 用于指定目标 HBase 集群的 HDFS 存储数据的目录。如果是将备份的快照迁移至其他 HBase 集群,那么参数-copy-from 用于指定备份快照的 HDFS 目录。由于将快照迁移至其他 HBase 集群的操作,实际上就是将快照的相关数据复制到目标 HBase 集群的 HDFS 存储数据的目录,所以目标 HBase 集群是否启动都不会影响快照的迁移。

(2)备份快照。

备份快照时,参数-copy-from 用于指定快照所在 HBase 集群的 HDFS 存储数据的目录,参数-copy-to 用于指定备份快照的 HDFS 目录。

例如,将完全分布式模式部署 HBase 集群中的快照 staff_info_second 迁移至伪分布式模式部署 HBase 集群中,其示例代码如下。

```
hbase org.apache.hadoop.hbase.snapshot.ExportSnapshot \
-snapshot staff_info_second \
-copy-from hdfs://192.168.121.138:9820/hbase_fully \
-copy-to hdfs://192.168.121.138:9820/hbase_pseudo
```

上述命令中,参数-copy-from 指定的 HDFS 目录为基于完全分布式模式部署 HBase 集群在 HDFS 存储数据的目录;参数-copy-to 指定的 HDFS 目录为基于伪分布式模式部署 HBase 集群在 HDFS 存储数据的目录。

> 📖 **多学一招**:HBase 如何确保快照不会失效

通过前面的学习可以了解到,为指定表创建快照时,快照仅记录表的元数据信息以及 StoreFile 位置信息,不会复制表的数据,那么当表进行删除操作、表的数据进行删除操作,以及 Region 进行合并或拆分导致 StoreFile 的位置发生变化时,HBase 是如何确保快照仍然可用的呢?事实上,在进行这些操作之前,HBase 会根据快照记录的内容,将快照相关的数据复制到 HBase 数据存储目录的 archive 目录下,以确保对表进行任何操作时,其创建的快照不会失效。

6.5 本章小结

本章主要讲解了 HBase 的高级应用,首先讲解了协处理器及其相关操作,包括加载协处理器、卸载协处理器和定义协处理器。其次讲解了 Region 的拆分,包括自动拆分和预拆分。然后讲解了 Region 的合并及其相关操作。最后讲解了快照及其相关操作。希望通过本章的学习,使读者可以拥有对 HBase 进行运维操作以及处理复杂需求的能力。

6.6 课后习题

一、填空题

1. HBase 的协处理器可分为 Observer 和_____两种类型。
2. 在事件发生之前被 RegionServer 调用的回调函数以_____开头。
3. HBase 的协处理器将计算放置在_____运行。
4. 静态加载是指通过 HBase 的配置文件_____来加载协处理器。
5. 手动设置预拆分包括数组和_____两种方式。

二、判断题

1. 参数 hbase.coprocessor.region.classes 仅用于加载 Observer 类型的协处理器。
(   )

2. 在事件发生之前被 RegionServer 调用的回调函数以 after 开头。(   )

3. DisabledRegionSplitPolicy 拆分策略为禁止 HBase 对 Region 进行自动拆分。
(   )

4. HBase 2.x 默认的拆分策略为 BusyRegionSplitPolicy。(   )

5. HBase 只能对相邻的两个 Region 进行合并。(   )

三、选择题

1. 下列选项中，属于 HBase Shell 提供的用于创建快照的命令是(   )。
   A. create_snapshot   B. snap
   C. create_snap   D. snapshot

2. 下列选项中，不属于 HBase 提供的用于预拆分的算法是(   )。
   A. HexStringSplit   B. SteppingSplit
   C. DecimalStringSplit   D. UniformSplit

3. 下列选项中，属于 HBase Java API 提供的用于卸载协处理器的方法是(   )。
   A. deletedCoprocessor()   B. deleteCoprocessor()
   C. removedCoprocessor()   D. removeCoprocessor()

4. 下列选项中，属于 HBase Java API 提供的用于重写回调函数的接口包括(   )。（多选）
   A. RegionServerObserver   B. RegionObserver
   C. WALObserver   D. MasterObserver

5. 下列选项中，属于 HBase Shell 提供的用于删除快照的命令是(   )。
   A. drop_snapshot   B. delete_snapshot
   C. remove_snapshot   D. removed_snapshot

四、简答题

1. 简述 Region 拆分的作用，以及预拆分的优势。

2. 简述 Region 合并的作用。

第 7 章

HBase调优

学习目标

- 了解内存优化，能够说出 HBase 组件的内存和 GC 优化的方式。
- 熟悉操作系统优化，能够基于 CentOS Stream 9 完成 Linux 操作系统的优化。
- 掌握 HDFS 的优化，能够独立完成开启 Short Circuit Local Read 和 Hedged Reads 的操作。
- 掌握 HBase 优化，能够独立完成 BlockCache、MemStore 等 HBase 组件的优化。
- 熟悉表设计优化，能够描述优化列族、行键和预定义属性的方式。

提到数据库就不可避免地会谈到一个永恒的话题，那就是调优。通过对数据库的调优，一方面可以找出服务器的瓶颈，提高数据库整体的性能，另一方面根据实际情况合理地对数据库进行调整，不仅可以更快使用户对数据库进行读写数据的操作，还可以节约服务器资源，以便让服务器提供更大的负荷。数据库调优体现了一种追求卓越的理念。在我们的学习过程中，也应该秉持这种追求卓越的精神，不断挑战自我，超越极限，追求卓越的品质和成就。

HBase 的调优是一个系统性的工作，开发人员除了需要熟悉 HBase 的相关原理之外，还需要对 HBase 运行所依赖的操作系统、Hadoop 和 Java 有一定了解，通过不同角度对 HBase 进行优化，从而全面提升 HBase 的性能。本章介绍 HBase 一些常用的调优方法。

7.1 内存优化

HBase 利用内存实现数据的快速读写，对于 HBase 来说，内存的优化可以有效提高 HBase 性能。HBase 的内存优化主要涉及两方面，分别是设置 HBase 组件使用的内存和 GC（垃圾回收），本节针对这两方面内容介绍 HBase 内存优化的方法。

7.1.1 HBase 组件的内存优化

HBase 的 Master 和 RegionServer 都依赖于 JVM（Java Virtual Machine，Java 虚拟机）的堆内存运行，并且 RegionServer 中的 BlockCache 和 MemStore 也依赖于 JVM 的堆内存缓存数据，因此根据实际应用场景合理配置 Master、RegionServer、BlockCache 和 MemStore 占用 JVM 的堆内存，会直接影响 HBase 的性能。

接下来讲解如何配置 Master、RegionServer、BlockCache 和 MemStore 占用 JVM 的堆内存，具体内容如下。

1. Master

默认情况下，HBase 允许 Master 可使用的最大内存为 1GB，用户可以根据实际情况对其进行调整，如 Region 的数量越来越多时。HBase 在配置文件 hbase-env.sh 中提供了设置 Master 可使用最大内存的参数 HBASE_MASTER_OPTS，该参数可以分别设置 Master 启动和运行时可使用的最大内存，不过建议将这两部分内存设置为相同的值，这样可以避免 JVM 进行动态调整影响性能。

接下来通过示例演示如何设置 Master 启动和运行时可使用的最大内存为 2GB，可以在配置文件 hbase-env.sh 中添加如下内容。

```
export HBASE_MASTER_OPTS="$HBASE_MASTER_OPTS -Xms2g -Xmx2g"
```

上述内容中，-Xms2g 表示 Master 启动时可使用的最大内存为 2GB，-Xmx2g 表示 Master 运行时可使用的最大内存为 2GB。

2. RegionServer

默认情况下，HBase 允许 RegionServer 可使用的最大内存同样为 1GB，用户可以根据实际情况对其进行调整，如 HBase 需要处理的数据越来越多时。HBase 在配置文件 hbase-env.sh 中提供了设置 RegionServer 可使用最大内存的参数 HBASE_REGIONSERVER_OPTS，该参数也可以分别设置 RegionServer 启动和运行时可使用的最大内存，不过同样建议将这两部分内存设置为相同的值，这样可以避免 JVM 进行动态调整影响性能。

接下来通过示例演示如何设置 RegionServer 启动和运行时可使用的最大内存为 4GB，可以在配置文件 hbase-env.sh 中添加如下内容。

```
export HBASE_REGIONSERVER_OPTS="$HBASE_MASTER_OPTS -Xms4g -Xmx4g"
```

上述内容中，-Xms4g 表示 RegionServer 启动时可使用的最大内存为 4GB。-Xmx4g 表示 RegionServer 运行时可使用的最大内存为 4GB。

需要说明的是，由于 RegionServer 是实际处理读写请求的组件，所以相比较于 Master 来说需要更多的内存。

3. BlockCache

BlockCache 作为 HBase 集群的读缓存，对于读取数据性能的优化至关重要。默认情况下，HBase 允许 BlockCache 可使用的最大内存为 RegionServer 的 40%，用户可以根据实际情况对其进行调整，如读取数据多于写入数据的应用场景时，可以将 40% 调整为更高。HBase 在配置文件 hbase-site.xml 中提供了参数 hfile.block.cache.size 用于设置 BlockCache 可使用的最大内存。

接下来通过示例演示如何设置 BlockCache 最大可使用 RegionServer 内存的 50%，可以在配置文件 hbase-site.xml 中添加如下内容。

```
<property>
    <name>hfile.block.cache.size</name>
    <value>0.5</value>
</property>
```

需要说明的是，BlockCache 和 MemStore 可使用的最大内存为 RegionServer 的 80%，剩下的 20% 用于 RegionServer 处理其他操作。如果设置 BlockCache 可使用 RegionServer

最大内存的比例增多，那么意味着 MemStore 可使用 RegionServer 最大内存的比例会相对减少。

4．MemStore

MemStore 作为 HBase 集群的写缓存，对于写入数据性能的优化至关重要。默认情况下，HBase 允许 RegionServer 中所有 MemStore 可使用的最大内存为 RegionServer 的 40%，用户可以根据实际情况对其进行调整，如写入数据多于读取数据的应用场景时，可以将 40% 调整为更高。HBase 在配置文件 hbase-site.xml 中提供了参数 hbase.regionserver.global.memstore.size 用于设置 RegionServer 中所有 MemStore 可使用的最大内存。

接下来通过示例演示如何设置 RegionServer 中所有 MemStore 可使用的最大内存为 RegionServer 的 50%，可以在配置文件 hbase-site.xml 中添加如下内容。

```
<property>
        <name>hbase.regionserver.global.memstore.size</name>
        <value>0.5</value>
</property>
```

注意：HBase 组件内存的设置需要根据服务器硬件的实际情况进行设置。在设置 HBase 组件内存时，需要在 HBase 集群的每个服务器中修改 HBase 的配置文件，设置完成后要重新启动 HBase 集群使修改的内容生效。

> **多学一招：参数 HBASE_HEAPSIZE**

HBase 除了在配置文件 hbase-env.sh 中提供了分别设置 RegionServer 和 Master 可使用最大内存的参数之外，还提供了一个参数 HBASE_HEAPSIZE 用于同时设置 RegionServer 和 Master 可使用的最大内存，例如设置 RegionServer 和 Master 可使用的最大内存为 4GB，可以在配置文件 hbase-env.sh 中添加如下内容。

```
export HBASE_HEAPSIZE=4GB
```

需要说明的是，参数 HBASE_REGIONSERVER_OPTS 和 HBASE_MASTER_OPTS 的优先级要高于参数 HBASE_HEAPSIZE。通常情况下，建议分别设置 RegionServer 和 Master 可使用的最大内存。

7.1.2　GC 优化

GC（Garbage Collection，垃圾回收）是 JVM 对于堆内存进行管理的核心功能，它可以自动清除 JVM 堆内存中无用的对象并释放其占用的空间，从而避免出现内存溢出（out of memory）的错误。

JVM 将堆内存划分为 new generation（新生代）和 old generation（老年代）两部分，其中前者用于存放新生成的对象，后者用于存放新生代中经过多次 GC 仍然存活的对象，这里所指的多次通常是 15 次。而 HBase 中 BlockCache 和 MemStore 缓存的数据通常会存放在 old generation 的对象中，这主要因为以下两点。

（1）用户执行读取数据操作之后，对应的数据在 BlockCache 会持续存放较长时间。

（2）用户执行写入数据操作之后，对应的数据在 MemStore 会持续存放较长时间。

JVM 会通过垃圾回收器清除 old generation 的数据释放空间，这个过程称为 Full GC。

由于 HBase 主要是面向大数据的分布式数据库,占用服务器的内存会比较大,所以 BlockCache 和 MemStore 缓存的数据通常会比较多,这将导致 Full GC 会持续很长时间。在进行 Full GC 时,JVM 会停止响应任何请求,整个 JVM 就像停止了一样,这种现象称为 Stop The World(STW),因此对于 GC 的优化主要体现在选择合适的垃圾回收器,从而尽量减少 Full GC 的时间。

JDK 1.8 提供了 4 种类型的垃圾回收器,分别是串行(Serial)回收器、并行(Parallel)回收器、并发(ConcMarkSweep,CMS)回收器和 G1(Garbage First)回收器,默认使用的垃圾回收器为并行回收器。关于这些回收器的介绍这里不做详细讲解,读者可自行查阅相关资料。对于 HBase 来说,主流使用的垃圾回收器为并发回收器和 G1 回收器,其中 G1 回收器更适用于 RegionServer 的 JVM 堆内存比较大的场景,如 32GB 甚至更多。

由于 BlockCache 和 MemStore 都是 RegionServer 的组件,所以通常只需要对 RegionServer 所在服务器的 JVM 进行 GC 优化即可。HBase 在配置文件 hbase-env.sh 中提供了参数 HBASE_REGIONSERVER_OPTS 用于在设置 RegionServer 可使用最大内存的同时,选择合适的垃圾回收器优化 GC。

接下来分别通过示例演示如何设置 RegionServer 使用并发回收器或使用 G1 回收器,具体内容如下。

1. 使用并发回收器

设置 RegionServer 使用并发回收器时,在配置文件 hbase-env.sh 中添加如下内容。

```
export HBASE_REGIONSERVER_OPTS="$HBASE_MASTER_OPTS -Xms4g -Xmx4g
-XX:+UseConcMarkSweepGC"
```

上述代码在设置 RegionServer 可使用最大内存为 4GB 的同时,选择使用的垃圾回收器为并发回收器,即-XX:+UseConcMarkSweepGC。

2. 使用 G1 回收器

设置 RegionServer 使用 G1 回收器时,在配置文件 hbase-env.sh 中添加如下内容。

```
export HBASE_REGIONSERVER_OPTS="$HBASE_MASTER_OPTS -Xms4g -Xmx4g
-XX:+UseG1GC"
```

上述代码在设置 RegionServer 可使用最大内存为 4GB 的同时,选择使用的垃圾回收器为 G1 回收器,即-XX:+UseG1GC。

7.2 操作系统优化

HBase 通常基于 Linux 操作系统部署,因此针对 HBase 在操作系统方面的优化主要体现在 Linux 操作系统,本节以 Linux 操作系统的发行版 CentOS Stream 9 为例详细介绍 HBase 的操作系统优化。

7.2.1 关闭 THP

THP(Transparent Huge Pages,透明大页)是改善 Linux 操作系统进行内存管理的功能,它以动态分配的方式将内存中页(page)的大小由默认的 4KB 调整为 2MB,使内存管理页的数量减少,加快 CPU 通过虚拟地址(virtual address)访问物理地址(physical address)的时间,从而提升内存的整体性能。

虽然 THP 的引入是为了提升内存的性能,不过一些数据库厂商还是建议关闭 THP,其中就包括 HBase,否则可能会导致性能出现下降,这是因为 THP 会在数据库运行期间进行动态分配,会有一定程度的分配延迟,这对于频繁使用内存处理数据的 HBase 来说十分不利。

在 CentOS Stream 9 中默认开启了 THP。接下来以虚拟机 HBase03 为例演示如何关闭 THP,在虚拟机中执行如下命令。

```
$ echo never >/sys/kernel/mm/transparent_hugepage/enabled
$ echo never >/sys/kernel/mm/transparent_hugepage/defrag
```

上述命令执行完成后,可以通过查看 THP 的启动状态确认 THP 是否关闭成功,在虚拟机中执行如下命令。

```
$ cat /sys/kernel/mm/transparent_hugepage/enabled
$ cat /sys/kernel/mm/transparent_hugepage/defrag
```

上述命令执行完成的效果如图 7-1 所示。

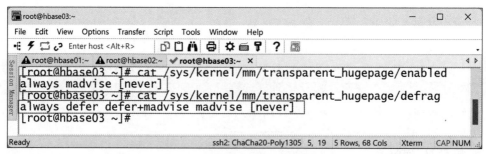

图 7-1 查看 THP 启动状态

从图 7-1 可以看出,THP 的状态信息中 never 被中括号标注,说明 THP 处于关闭状态,如果 THP 处于启动状态,那么 THP 的状态信息中 always 会被中括号标注。

需要说明的是,上述介绍关闭 THP 的操作是临时生效的,当虚拟机重新启动之后,THP 仍然会再次启动,如果想要永久关闭 THP,则需要在虚拟机执行"vi /etc/rc.local"命令编辑操作系统的启动文件 rc.local,在该文件中添加如下内容。

```
if test -f /sys/kernel/mm/transparent_hugepage/enabled; then
echo never >/sys/kernel/mm/transparent_hugepage/enabled
fi
if test -f /sys/kernel/mm/transparent_hugepage/defrag; then
echo never >/sys/kernel/mm/transparent_hugepage/defrag
fi
```

上述添加内容的作用是,当操作系统在开机时检测 THP 的运行状态,如果 THP 处于开启状态则关闭 THP。上述内容添加完成后,保存并退出 rc.local 文件。

注意:默认情况下,rc.local 文件并没有执行权限,操作系统开机时并不会执行其内部的代码,因此需要为 rc.local 文件添加可执行权限,在虚拟机执行如下命令。

```
$ chmod +x /etc/rc.local
```

上述命令执行完成后,当虚拟机重新启动时,便会自动关闭 THP。

7.2.2 系统保留内存的优化

Linux 操作系统在初始化时,会根据实际内存的大小计算系统保留内存的最低限,即 min_free_kbytes。min_free_kbytes 以下的内存属于系统保留内存,用于满足特殊使用,不允许被其他应用程序申请使用。当内存剩余空间降至 min_free_kbytes 时,会触发直接回收(direct reclaim),即直接在应用程序的进程中进行回收,再用回收上来的空闲内存满足应用程序新的内存申请,不过这样实际上会阻塞应用程序的正常运行,带来一定的响应延迟。

由于默认情况下,Linux 操作系统的 min_free_kbytes 较小,通常在 61 440(KB)左右,这对于频繁使用内存处理数据的 HBase 来说,容易触发直接回收,从而阻塞 HBase 的正常运行,带来一定的响应延迟,所以 HBase 官方建议 min_free_kbytes 不得小于 1 048 576 (KB),即 1GB,如果服务器的内存比较大,如 64GB 甚至更多,那么建议 min_free_kbytes 为 8 388 608(KB),即 8GB。

Linux 操作系统在内核中提供了参数 vm.min_free_kbytes,用于调整 min_free_kbytes。接下来以虚拟机 HBase03 为例演示如何将 min_free_kbytes 调整为 1 048 576(KB),在虚拟机中执行如下命令。

```
$ sysctl -w vm.min_free_kbytes=1048576
```

上述命令执行完成后,可以通过查看参数 vm.min_free_kbytes 的值确认 min_free_kbytes 是否调整成功,在虚拟机中执行如下命令。

```
$ cat /proc/sys/vm/min_free_kbytes
```

上述命令执行完成的效果如图 7-2 所示。

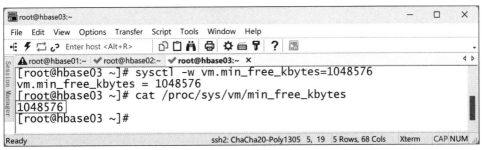

图 7-2 查看参数 vm.min_free_kbytes 的值

从图 7-2 可以看出,参数 vm.min_free_kbytes 的值已经修改为 1 048 576,说明成功调整了 min_free_kbytes。

需要说明的是,上述介绍调整 min_free_kbytes 的操作是临时生效的,当虚拟机重新启动之后,min_free_kbytes 仍然会根据实际内存的大小计算。如果想要永久调整 min_free_kbytes,那么需要在虚拟机执行"vi /etc/sysctl.conf"命令编辑 sysctl.conf 文件对 Linux 的内核进行设置。例如将 min_free_kbytes 调整为 1 048 576(KB),则需要在 sysctl.conf 中添加如下内容。

```
vm.min_free_kbytes=1048576
```

上述内容添加完成后,保存并退出 sysctl.conf 文件即可。当虚拟机重新启动时,便会自动将 min_free_kbytes 调整为 1048576(KB)。

7.2.3 Swap 优化

Swap 是指 Linux 操作系统的交换分区,它是 Linux 操作系统在磁盘中占用的部分空间,其作用是当内存不足时,Linux 操作系统通过内存回收将内存中暂时用不到的数据加载到磁盘的 Swap,反之,当 Swap 中的数据被再次使用时,Linux 操作系统会将对应的数据再次加载到内存中,以此来解决内存容量不足的问题。不过一些数据库厂商建议对 Swap 进行优化,降低 Swap 的影响,其中就包括 HBase,主要是因为当内存中的数据加载到 Swap 之后便存储在磁盘中,后续再次访问这些数据时,要先从磁盘加载数据到内存才能访问,如果需要加载的数据很多,那么对于数据库的响应会造成一定延迟。

在 CentOS Stream 9 中默认 Swap 的使用率为 60%,表示当内存占用率高于 40% 时便会将内存中暂时用不到的数据加载到磁盘的 Swap,不过 HBase 官方建议将 Swap 的使用率降至 0%。注意,这里所指的 0% 并不是禁止使用 Swap,而是只有当内存剩余空间降至 min_free_kbytes 时,才会使用 Swap。

Linux 操作系统在内核中提供了参数 vm.swappiness,用于调整 Swap 的使用率。接下来以虚拟机 HBase03 为例演示如何将 Swap 的使用率调整为 0,在虚拟机中执行如下命令。

```
$ sysctl -w vm.swappiness=0
```

上述命令执行完成后,可以通过查看参数 vm.swappiness 的值确认 Swap 的使用率是否调整成功,在虚拟机中执行如下命令。

```
$ cat /proc/sys/vm/swappiness
```

上述命令执行完成的效果如图 7-3 所示。

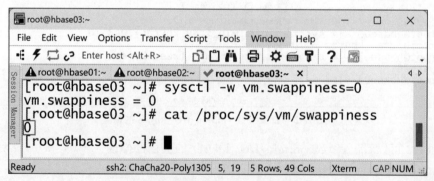

图 7-3 查看参数 vm.swappiness 的值

从图 7-3 可以看出,参数 vm.swappiness 的值已经修改为 0,说明成功将 Swap 的使用率调整为 0。

需要说明的是,上述介绍调整 Swap 使用率的操作是临时生效的,当虚拟机重新启动之后,Swap 的使用率仍然会恢复为默认的 60%。如果想要永久调整 Swap 使用率,那么需要在虚拟机执行"vi /etc/sysctl.conf"命令编辑 sysctl.conf 文件对 Linux 的内核进行设置。例如,将 Swap 的使用率调整为 0,则需要在 sysctl.conf 中添加如下内容。

```
vm.swappiness=0
```

上述内容添加完成后,保存并退出 sysctl.conf 文件即可。当虚拟机重新启动时,便会自动将 Swap 的使用率调整为 0。

7.2.4 NUMA 优化

NUMA(Non-Uniform Memory Access,非统一性内存访问)是 CPU 的设计架构,是为了解决早期 CPU 设计架构 UMA(Uniform Memory Access,统一性内存访问)存在多核心的 CPU 在读取同一块内存所遇到通道瓶颈的问题。

不过一些数据库厂商建议对 NUMA 进行优化,其中就包括 HBase,主要是因为在使用 NUMA 架构时,不同 CPU 核心使用的内存可能出现不均衡的现象,导致部分 CPU 核心使用的内存容易出现不足,频繁进行内存回收使用 Swap,系统响应延迟会严重抖动,影响数据库的稳定性,而其他部分 CPU 核心使用的内存可能会很空闲。

优化 NUMA 的核心是选择合适的内存回收策略,Linux 操作系统在内核中提供了参数 vm.zone_reclaim_mode 用于配置内存回收策略,HBase 官方建议将参数 vm.zone_reclaim_mode 的值设置为 0,即 CPU 核心使用的内存不足时,可以从其他 CPU 核心使用的内存中分配空闲内存进行使用,从而避免频繁进行内存回收使用 Swap。

在 CentOS Stream 9 中,参数 vm.zone_reclaim_mode 的默认值为 0,无须用户单独进行配置。如果用户使用的是其他版本的 Linux 操作系统,那么执行如下命令,确认参数 vm.zone_reclaim_mode 的值是否为 0。

```
$cat /proc/sys/vm/zone_reclaim_mode
```

上述命令执行完成后,如果返回结果为非 0,那么可以根据实际需求使用临时配置或永久配置的方式进行修改,具体内容如下。

1. 临时配置

使用临时配置的方式,将参数 vm.zone_reclaim_mode 的值修改为 0,具体命令如下。

```
$sysctl -w vm.zone_reclaim_mode=0
```

2. 永久配置

使用永久配置的方式,将参数 vm.zone_reclaim_mode 的值修改为 0,首先执行"vi /etc/sysctl.conf"命令编辑 sysctl.conf 文件对 Linux 的内核进行设置,然后在 sysctl.conf 文件中添加如下内容。

```
vm.zone_reclaim_mode=0
```

上述内容添加完成后,保存并退出 sysctl.conf 文件即可。当虚拟机重新启动时,便会自动使用 HBase 推荐的内存回收策略。

7.3 HDFS 优化

HBase 的数据基于 HDFS 存储，因此 HDFS 的优化对于 HBase 提升读写数据的能力起着至关重要的作用。本节详细介绍在 HBase 集群中的 HDFS 优化。

7.3.1 开启 Short Circuit Local Read

Short Circuit Local Read 是 HDFS 支持本地化读取（local reads）的功能。默认情况下，客户端从 HDFS 读取数据时都需要经过 DataNode，即客户端向 DataNode 发送读取数据的请求，DataNode 接收到请求后从服务器的本地磁盘中将数据读取出来，再通过 TCP 传输给客户端。不过当客户端和 DataNode 位于同一服务器，并且要读取的数据位于当前 DataNode 时，更有效的方式是开启 Short Circuit Local Read，允许客户端绕开 DataNode 直接从服务器的本地磁盘读取数据，从而减少网络 I/O 开销，提升数据读取的效率。

那么开启 Short Circuit Local Read 是如何做到优化 HBase 的呢？这是因为用户在查询 HBase 的数据时，RegionServer 会从 DataNode 读取需要的数据，此时从 HDFS 的角度来看，RegionServer 实际上就是它的客户端，那么当开启 Short Circuit Local Read 之后，如果 RegionServer 和 DataNode 位于同一服务器，并且需要的数据也在当前的 DataNode 中，那么 RegionServer 便可以直接从服务器的本地磁盘读取数据，从而提升用户从 HBase 查询数据的效率。

开启 Short Circuit Local Read，需要在 HBase 的配置文件 hbase-site.xml 和 Hadoop 的配置文件 hdfs-site.xml 添加如下内容。

```xml
<property>
        <name>dfs.client.read.shortcircuit</name>
        <value>true</value>
</property>
<property>
        <name>dfs.domain.socket.path</name>
        <value>/export/data/hdfs_sock</value>
</property>
```

上述代码中，参数 dfs.client.read.shortcircuit 的值为 true 表示开启 Short Circuit Local Read。参数 dfs.domain.socket.path 的值为 /export/data/hdfs_sock 表示指定 DataNode 和客户端之间进行通信的 Unix Domain Socket（Unix 域套接字）路径。Unix Domain Socket 的作用是允许同一操作系统的两个或多个进程通过文件系统进行数据交互。

注意：开启 Short Circuit Local Read 时，需要在 Hadoop 集群和 HBase 集群所有节点的配置文件 hbase-site.xml 和 hdfs-site.xml 中添加相关配置，还需要重新启动 HBase 和 Hadoop 集群，使配置文件 hbase-site.xml 和 hdfs-site.xml 添加的内容生效，为了避免重新启动 HBase 和 Hadoop 集群后影响其使用，应按照 HBase→Hadoop 的顺序关闭这两个集群，再按照 Hadoop→HBase 的顺序启动这两个集群。

7.3.2 开启 Hedged Reads

Hedged Reads 是 HDFS 支持客户端启动多个线程读取数据的功能。默认情况下，

HDFS 允许一个线程来处理客户端读取数据的请求，客户端会根据默认算法优先选择一个 DataNode 读取对应的数据，如果因为网络或磁盘等问题出现读取超时的现象，那么便会造成读取数据失败。此时更有效的方式是开启 Hedged Reads，允许客户端使用多个线程读取数据，例如，客户端没有在规定的等待时间内从第一个选择的 DataNode 读取到数据，便会发起第二个读取数据的请求，该请求指向同一份数据的另一个副本所在的 DataNode，这两个请求中任意一个先读取到数据的话，那么另一个请求便会被丢弃。

由于 Hedged Reads 是针对 HDFS 客户端的功能，而从 HDFS 的角度来看，HBase 的 RegionServer 实际上就是它的客户端，所以开启 Hedged Reads 操作，只需要对 HBase 的配置文件 hbase-site.xml 进行修改即可。在 HBase 的配置文件 hbase-site.xml 添加如下内容开启 Hedged Reads。

```
<property>
  <name>dfs.client.hedged.read.threadpool.size</name>
  <value>20</value>
</property>
<property>
  <name>dfs.client.hedged.read.threshold.millis</name>
  <value>10</value>
</property>
```

上述代码中，参数 dfs.client.hedged.read.threadpool.size 的值为 20，表示 HDFS 允许客户端最多启动 20 个线程进行读取数据的功能，该参数的默认值为 0，表示关闭 Hedged Reads；参数 dfs.client.hedged.read.threshold.millis 的值为 10，表示客户端在 10 毫秒内没有从 DataNode 读取到数据，便发起第二个读取数据的请求，以此类推。

注意：在 HBase 集群所有节点的配置文件 hbase-site.xml 中添加完上述内容后，还需要重新启动 HBase 集群，使配置文件 hbase-site.xml 添加的内容生效。

7.4 HBase 优化

HBase 优化用于提升读取数据和写入数据的性能，本节详细介绍关于 HBase 优化的相关内容。

7.4.1 BlockCache 优化

BlockCache 作为 HBase 的读缓存，对于 HBase 读取数据的性能有着直接的影响，通过 7.1.1 节的学习相信大家已经掌握了如何设置 BlockCache 可使用的最大内存，从而提升 HBase 读取数据的性能。不过除此之外，根据实际应用场景为 BlockCache 选择合适的缓存策略也很重要，BlockCache 支持 LruBlockCache 和 BucketCache 两种缓存策略，介绍如下。

1. LruBlockCache

LruBlockCache 是 BlockCache 默认的缓存策略，它采用 JVM 堆内存来缓存数据。LruBlockCache 借鉴了 LRU（Least Recently Used，最近最少使用）缓存机制，该缓存机制的核心思想是如果缓存的数据最近被访问过，那么将来被访问的概率会很高。如果缓存的数据最近没有被访问，那么将来被访问的概率会很小，当内存空间不足进行垃圾回收时，便会优先回收这部分数据。

LruBlockCache 在 LRU 缓存机制的基础上采用了缓存分层设计，将整个 BlockCache 分为 3 个区域，分别是 single-access、mutil-access 和 in-memory，关于这 3 个区域的介绍如下。

（1）single-access。single-access 称为单次访问区，该区域默认占 BlockCache 整体内存空间的 25%，从 HBase 读取的数据会首先加载到 single-access。当内存空间不足时会优先从 single-access 回收数据。

（2）mutil-access。mutil-access 称为多次访问区，该区域默认占 BlockCache 整体内存空间的 50%，single-access 内多次访问的数据会转移至 mutil-access。如果从 single-access 回收完数据之后内存空间仍然不足时，那么便会从 mutil-access 回收数据。

（3）in-memory。in-memory 称为常驻内存区，它只会存放预定义属性 IN_MEMORY 的属性值为 true 的列族中的数据。如果从 single-access 和 mutil-access 回收完数据之后内存空间仍然不足时，那么便会从 in-memory 回收数据。

LruBlockCache 的优势在于直接使用 JVM 提供的 HashMap 来管理缓存，简单有效。不过随着数据从 single-access 迁移至 mutil-access，对应 JVM 堆内存的对象也会从 New Generation 迁移至 Old Generation，最终垃圾回收器会根据 LRU 缓存机制清除 old generation 中的对象，不过 LRU 缓存机制会产生较多的内存碎片，容易导致垃圾回收失败、Full GC 停顿时间较长等问题。

2. BucketCache

BucketCache 的出现主要是用于解决 LruBlockCache 存在的问题，它支持 3 种工作模式缓存数据，分别是 heap、offheap 和 file。其中，heap 模式可以将数据缓存在 JVM 堆内存。offheap 模式可以将数据缓存在 JVM 的堆外内存，堆外内存由 DirectByteBuffer 进行管理。DirectByteBuffer 是一种非常有效的内存管理方式，在处理大型数据集时非常有效，可以减少内存分配和垃圾回收的开销，从而提高应用程序的性能和可伸缩性。file 模式可以将数据缓存在文件中，其采用类似 SSD（Solid State Drive，固态驱动器）的存储介质来缓存数据。

相对于 LruBlockCache 来说，BucketCache 的优势在于可以使用堆外内存来缓存数据，而堆外内存属于操作系统，因此可以减少 JVM 进行垃圾回收时出现的问题。在 HBase 2.x 版本中，当开启 BucketCache 之后，LruBlockCache 仍然会被使用，只不过此时 LruBlockCache 负责缓存数据的索引，而 BucketCache 负责缓存数据，当用户查询 HBase 的数据时，会先从 LruBlockCache 获取数据的索引，然后再通过索引去 BucketCache 查询对应的数据。

HBase 在配置文件 hbase-site.xml 中提供了参数 hbase.bucketcache.ioengine 用于指定 BucketCache 工作模式，除此之外还提供了参数 hbase.bucketcache.size 用于指定 BucketCache 缓存数据时占用内存的大小，默认情况下内存大小为 0，表示不开启 BucketCache。

接下来演示如何通过修改 HBase 的配置文件 hbase-site.xml 开启 BucketCache，并且使用不同模式缓存数据，具体内容如下。

（1）开启 BucketCache 并使用 heap 模式缓存数据。在 HBase 的配置文件 hbase-site.xml 添加如下内容。

```xml
<property>
  <name>hbase.bucketcache.ioengine</name>
  <value>heap</value>
</property>
<property>
  <name>hbase.bucketcache.size</name>
  <value>512</value>
</property>
```

上述内容中，参数 hbase.bucketcache.ioengine 的值为 heap，表示 BucketCache 使用的工作模式为 heap；参数 hbase.bucketcache.size 的值为 512，表示开启 BucketCache 并指定其占用的内存为 512MB。

（2）开启 BucketCache 并使用 offheap 模式缓存数据。在 HBase 的配置文件 hbase-site.xml 添加如下内容。

```xml
<property>
  <name>hbase.bucketcache.ioengine</name>
  <value>offheap</value>
</property>
<property>
  <name>hbase.bucketcache.size</name>
  <value>512</value>
</property>
```

上述内容中，参数 hbase.bucketcache.ioengine 的值为 offheap，表示 BucketCache 使用的工作模式为 offheap；参数 hbase.bucketcache.size 的值为 512，表示开启 BucketCache 并指定其占用的内存为 512MB。BucketCache 的优势是可以使用 JVM 堆外内存，因此，offheap 是推荐使用的 BucketCache 工作模式。

（3）开启 BucketCache 并使用 file 模式缓存数据。在 HBase 的配置文件 hbase-site.xml 添加如下内容。

```xml
<property>
  <name>hbase.bucketcache.ioengine</name>
  <value>file</value>
</property>
<property>
  <name>hbase.bucketcache.size</name>
  <value>512</value>
</property>
```

上述内容中，参数 hbase.bucketcache.ioengine 的值为 file，表示 BucketCache 使用的工作模式为 file；参数 hbase.bucketcache.size 的值为 512，表示开启 BucketCache 并指定其占用的内存为 512MB。

注意：在 HBase 集群所有节点的配置文件 hbase-site.xml 中添加完上述内容后，还需要重新启动 HBase 集群，使配置文件 hbase-site.xml 添加的内容生效。

7.4.2 MemStore 优化

MemStore 作为 HBase 的写缓存，对于 HBase 写入数据的性能有着直接的影响，通过

7.1.1 节的学习相信读者已经掌握了如何设置 RegionServer 中所有 MemStore 可使用的最大内存,从而提升 HBase 写入数据的性能。除此之外,根据实际应用场景优化 MemStore 的 Flush 操作也非常重要。这主要是因为 MemStore 在执行 Flush 操作的过程中,会阻塞其他线程向 MemStore 写入数据,这会对 HBase 写入数据的性能造成影响。

接下来根据 Flush 操作的触发条件来介绍对应的优化方式,具体内容如下。

1. 根据每个 MemStore 的大小

当任意 MemStore 的大小达到一定阈值时触发 Flush 操作,将当前 MemStore 缓存的数据刷写到 StoreFile,这个阈值可以通过 HBase 配置文件 hbase-site.xml 的参数 hbase.hregion.memstore.flush.size 进行调整,该参数默认的参数值为 134 217 728(B),即 128MB。也就是说,默认情况下,当任意 MemStore 的大小达到 128MB 时触发 Flush 操作。

如果需要将阈值调整为 256MB(268 435 456B),那么可以在配置文件 hbase-site.xml 添加如下内容。

```
<property>
  <name>hbase.hregion.memstore.flush.size</name>
  <value>268435456</value>
</property>
```

2. 根据每个 Region 中所有 MemStore 的大小

某个 Region 中所有 MemStore 的大小达到一定阈值时触发 Flush 操作,将当前 Region 中所有 MemStore 缓存的数据刷写到 StoreFile,这个阈值可以通过 HBase 配置文件 hbase-site.xml 的参数 hbase.hregion.memstore.flush.size 和 hbase.hregion.memstore.block.multiplier 来调整,其中参数 hbase.hregion.memstore.block.multiplier 默认的参数值为 4,通过计算这两个参数值相乘的结果来确认阈值。也就是说,默认情况下,当某个 Region 中所有 MemStore 的大小达到 512MB 时触发 Flush 操作。

如果将阈值调整为 768MB,那么可以在配置文件 hbase-site.xml 添加如下内容。

```
<property>
  <name>hbase.hregion.memstore.flush.size</name>
  <value>268435456</value>
</property>
<property>
  <name>hbase.hregion.memstore.block.multiplier</name>
  <value>3</value>
</property>
```

3. 根据每个 RegionServer 中所有 MemStore 的大小

当某个 RegionServer 中所有 MemStore 的大小达到一定阈值时触发 Flush 操作,将 RegionServer 中所有 MemStore 缓存的数据刷写到 StoreFile,这个阈值可以通过 HBase 配置文件 hbase-site.xml 的参数 hbase.regionserver.global.memstore.size.lower.limit 进行调整,该参数默认的参数值为 0.95,表示默认情况下,当某个 RegionServer 中所有 MemStore 的大小达到可使用最大内存的 95% 时触发 Flush 操作。

如果将阈值调整为 80%,那么可以在配置文件 hbase-site.xml 添加如下内容。

```
<property>
  <name>hbase.regionserver.global.memstore.size.lower.limit</name>
```

```
    <value>0.8</value>
</property>
```

需要说明的是,参数 hbase.regionserver.global.memstore.size.lower.limit 的参数值取值范围是 0.1~1.0。

4. 根据时间间隔

HBase 会定期触发 Flush 操作,即当时间间隔达到一定阈值时触发 Flush 操作,这个阈值可以通过 HBase 配置文件 hbase-site.xml 的参数 hbase.regionserver.optionalcacheflushinterval 进行调整,该参数默认的参数值为 3 600 000,表示默认情况下,当时间间隔达到 3 600 000 毫秒 (1 小时)时触发 Flush 操作。

如果将阈值调整为 1 800 000 毫秒(30 分钟),那么可以在配置文件 hbase-site.xml 添加如下内容。

```
<property>
  <name>hbase.regionserver.optionalcacheflushinterval</name>
  <value>1800000</value>
</property>
```

需要说明的是,如果想要关闭 HBase 定期触发 Flush 操作的功能,那么可以将参数 hbase.regionserver.optionalcacheflushinterval 的参数值调整为 0。

值得一提的是,在优化 MemStore 的 Flush 操作时,需要根据实际情况调整相关的参数,如在调整根据每个 MemStore 的大小触发 Flush 操作的阈值时,如果阈值过大,那么执行 Flush 操作的时间会更长,从而导致阻塞时间加长。如果阈值过小,那么会频繁执行 Flush 操作,影响 HBase 性能。

注意:在 HBase 集群所有节点的配置文件 hbase-site.xml 中添加完优化 Flush 操作的相关参数后,还需要重新启动 HBase 集群,使配置文件 hbase-site.xml 添加的内容生效。

7.4.3 StoreFile 优化

用户写入 HBase 的数据最终会被刷写到磁盘并以 StoreFile 的形式进行存储,随着数据的不断写入,StoreFile 就会越来越多,StoreFile 过多会导致读取数据时检索需要的 I/O 次数越多,影响 HBase 的查询性能,因此更有效的做法是将 StoreFile 进行合并,减少 StoreFile 的数量。

HBase 通过 Compaction 机制对 StoreFile 进行合并,按照合并 StoreFile 的规模,可以将 Compaction 机制的合并策略分为 Minor Compaction 和 Major Compaction 两种类型,具体介绍如下。

(1) Minor Compaction。Minor Compaction 是一种周期性执行的小规模合并,它主要针对 Store 中符合合并条件的部分 StoreFile 进行合并,生成一个新的 StoreFile,在合并的过程中会清除过期的数据。

Minor Compaction 周期性执行的时间受 HBase 配置文件 hbase-site.xml 中参数 hbase.server.thread.wakefrequency 和 hbase.server.compactchecker.interval.multiplier 的参数值影响,这两个参数默认的参数值分别为 10000 和 1000,分别表示 10000 毫秒和 1000 秒,这两个参数值相乘的结果会作为 Minor Compaction 周期性执行的时间,即默认情况下,

Minor Compaction 周期性执行的时间约为 2.7778 小时。

由于 Minor Compaction 执行小规模合并，所以执行速度比较快，并且不影响 Store 的读写操作。

（2）Major Compaction。Major Compaction 是一种周期性执行的大规模合并，它主要针对 Store 中所有 StoreFile 进行合并，生成一个新的 StoreFile，在合并的过程中会清除被删除的数据、过期的数据和版本号超过最大版本数的数据。

由于 Major Compaction 执行大规模合并，所以执行速度较慢，并且因为合并过程会产生大量的 I/O 操作，会影响 Store 的读写操作。

接下来针对这两种合并策略的优化方式进行讲解，具体内容如下。

1. Minor Compaction 优化

Minor Compaction 的优化主要依赖于 HBase 配置文件 hbase-site.xml 中的 4 个参数来确认执行合并的条件，具体如表 7-1 所示。

表 7-1 Minor Compaction 优化的参数

参　数	参数值	含　　义
hbase.hstore.compaction.min	3	用于指定 Minor Compaction 合并 StoreFile 的最小数量。一般情况下不建议将参数值调小，因为这会带来更频繁的合并
hbase.hstore.compaction.max	10	用于指定 Minor Compaction 合并 StoreFile 的最大数量。一般情况下不建议将参数值调大，因为这会导致合并 StoreFile 的数量过多
hbase.hstore.compaction.min.size	134 217 728	默认参数值表示 128MB，表示小于 128MB 的 StoreFile 都会被合并。该参数值可以根据实际业务进行调整
hbase.hstore.compaction.ratio	1.2	用于指定 StoreFile 的大小超过默认合并大小的比例，例如默认小于 128MB 的 StoreFile 会被合并，当 StoreFile 大小为 140.8MB 时，40.8/128 的结果等于 1.1，小于 1.2，那么即使 StoreFile 的大小超过 128MB 也不会被合并。一般情况下，建议参数值的取值范围是 1.0～1.4

接下来演示如何通过表 7-1 中展示的部分参数来优化 Minor Compaction，如将最小合并 StoreFile 的数量调整为 5，将最大合并 StoreFile 的数量调整为 8，可以在 HBase 配置文件 hbase-site.xml 中添加如下内容。

```
<property>
  <name>hbase.hstore.compaction.min</name>
  <value>5</value>
</property>
<property>
  <name>hbase.hstore.compaction.max</name>
  <value>8</value>
</property>
```

在 HBase 集群所有节点的配置文件 hbase-site.xml 中添加完上述内容后，还需要重新启动 HBase 集群，使配置文件 hbase-site.xml 添加的内容生效。

2. Major Compaction 优化

一般情况下，由于 Major Compaction 的执行过程比较长，并且会消耗大量系统资源，对上层业务有比较大的影响,所以在实际生产环境中,通常会关闭 Major Compaction 周期性执行,而是改成手动在业务低峰期触发。

　　HBase 配置文件 hbase-site.xml 中提供了参数 hbase.hregion.majorcompaction,用于控制 Major Compaction 周期性执行的时间,该参数默认的值为 604 800 000(ms),表示每 7 天执行一次 Major Compaction。如果将参数 hbase.hregion.majorcompaction 的值设置为 0,则表示关闭 Major Compaction 周期性执行,可以在 HBase 配置文件 hbase-site.xml 中添加如下内容。

```
<property>
  <name>hbase.hregion.majorcompaction</name>
  <value>0</value>
</property>
```

　　在 HBase 集群所有节点的配置文件 hbase-site.xml 中添加完上述内容后,还需要重新启动 HBase 集群,使配置文件 hbase-site.xml 添加的内容生效。

　　HBase Shell 提供了手动执行 Major Compaction 的命令 major_compact,该命令可以针对某个表的 StoreFile 进行合并,其语法格式如下。

```
major_compact '[namespace:]table'
```

　　上述语法中,namespace 为可选,用于指定命名空间。table 用于指定表的名称。需要注意的是,在执行 major_compact 命令之前需要在 HBase Shell 执行"balance_switch false"命令关闭自动负载均衡功能,避免在合并的过程中 StoreFile 的位置发生变化。当 major_compact 命令执行完成后还需要执行"balance_switch true"命令重新启动自动负载均衡功能。

7.4.4　客户端缓存优化

　　在实际业务场景中,查询数据的结果通常会返回大量数据,客户端向 HBase 发起一次查询数据的请求时,实际上并不会一次就将所有数据加载到本地进行缓存,而是分成多次 RPC 请求进行加载,每次 RPC 请求加载部分数据到本地进行缓存,这样的设计一方面是因为将大量数据加载到本地可能会导致网络 I/O 严重消耗进而影响其他业务的处理,另一方面是因为数据量太大可能导致本地客户端出现内存溢出的问题。

　　默认情况下,每次 RPC 请求加载的数据量大小为 2MB,可以根据实际情况进行调整。如果将加载的数据量大小调整得过大,那么就意味着将占用更多的内存缓存数据,同时减少 RPC 请求的次数。如果将加载的数据量大小调整的过小,那么就意味着将减少占用的内存来缓存数据,同时增加 RPC 请求的次数。不过通常情况下,当查询结果返回的数据量比较大时,建议将加载的数据量大小调整得大一些,以减少 RPC 请求的次数。

　　HBase 配置文件 hbase-site.xml 中提供了参数 hbase.client.write.buffer,用于修改每次 RPC 请求加载的数据量大小,该参数默认的值为 2 097 152(B)。如果将参数 hbase.client.write.buffer 的值设置为 6 291 456,即 6MB,可以在 HBase 的配置文件 hbase-site.xml 中添加如下内容。

```
<property>
  <name>hbase.client.write.buffer</name>
```

```
        <value>6291456</value>
    </property>
```

在 HBase 集群所有节点的配置文件 hbase-site.xml 中添加完上述内容后,还需要重新启动 HBase 集群,使配置文件 hbase-site.xml 添加的内容生效。

7.4.5 压缩优化

HBase 支持通过不同压缩格式,在列族级别上对数据进行压缩,从而提升存储空间的利用率,它们分别是 GZ、LZO、LZ4 和 SNAPPY。关于这 4 种压缩格式在同一环境下压缩率、压缩速度和解压速度的对比如表 7-2 所示。

表 7-2 压缩格式的对比

压缩格式	压缩率	压缩速度	解压速度
GZ	高	低	低
LZO	低	中	中
LZ4	低	高	中
SNAPPY	中	高	高

在表 7-2 中,压缩率是指数据压缩前后数据大小的比例,压缩率越高说明数据压缩后越小。压缩速度和解压速度会影响 HBase 写入数据和读取数据的效率。上述介绍的压缩格式各有不同的特点,需要根据实际业务需求进行选择。不过多数情况下,SNAPPY 是比较好的压缩格式选择,因为它不仅能节省存储空间,而且压缩和解压的速度非常快。

HBase 提供了用于指定压缩格式的预定义属性 COMPRESSION,可以在创建表的时候通过预定义属性 COMPRESSION 指定不同压缩格式,也可以通过修改列族的预定义属性 COMPRESSION 指定不同压缩格式。默认情况下,预定义属性 COMPRESSION 的值为 NONE,表示不对数据进行压缩。如果要使用不同的压缩格式,那么可以将预定义属性 COMPRESSION 的值修改为对应的压缩格式名称即可,如使用压缩格式 SNAPPY,那么需要将预定义属性 COMPRESSION 的值修改为 SNAPPY。

需要注意的是,除了使用压缩格式 GZ 之外,其他压缩格式在使用时都需要进行单独配置之后才可以使用。接下来以常用的压缩格式 SNAPPY 为例,演示如何对数据进行压缩,这里在命名空间 itcast 创建表 student_info 时,指定列族 base_info 的压缩格式为 SNAPPY,具体操作步骤如下。

1. 检测 Hadoop 支持的压缩格式

HBase 使用压缩格式 SNAPPY 对数据进行压缩时依赖于 Hadoop,因此需要检查 Hadoop 支持的压缩格式中是否包含 SNAPPY,在虚拟机 HBase01 执行如下命令。

```
$ hadoop checknative
```

上述命令执行完的效果如图 7-4 所示。

在图 7-4 输出的检查结果中,snappy 的后面出现 true 的提示信息,说明 Hadoop 支持压缩格式 SNAPPY。如果 Hadoop 不支持压缩格式 SNAPPY,那么可以在 Hadoop 集群的所

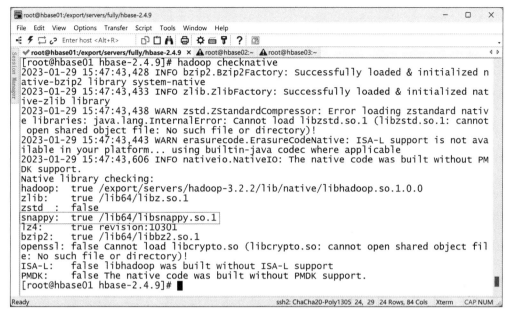

图 7-4 检查 Hadoop 支持的压缩格式

有节点执行"yum install snappy -y"命令安装 SNAPPY。

2. 修改 HBase 配置文件 hbase-env.sh

分别进入虚拟机 HBase01、HBase02 和 HBase03 的 /export/servers/full/hbase-2.4.9/conf 目录,在该目录执行"vi hbase-env.sh"命令编辑配置文件 hbase-env.sh,在文件的尾部添加如下内容。

```
export LD_LIBRARY_PATH=/export/servers/hadoop-3.2.2/lib/native
```

上述内容中,参数 LD_LIBRARY_PATH 用于指定 HBase 启动时加载的本地库,由于 HBase 依赖于 Hadoop 的压缩格式 SNAPPY 对数据进行压缩,所以需要在该参数的参数值指定本地 Hadoop 库的目录。配置文件 hbase-env.sh 修改完成后保存并退出即可。

3. 重启 HBase 集群

重启 HBase 集群,使配置文件 hbase-env.sh 修改的内容生效。在虚拟机 HBase01 执行下列命令。

```
$ stop-hbase.sh
$ start-hbase.sh
```

4. 创建表

在命名空间 itcast 创建表 student_info,并指定列族 base_info 的压缩格式为 SNAPPY。在 HBase Shell 执行如下命令。

```
> create 'itcast:student_info',{NAME =>'base_info',COMPRESSION =>'SNAPPY'}
```

上述命令执行完成后,可以在 HBase Shell 执行"desc 'itcast:student_info'"命令查看表 student_info 的信息,验证列族 base_info 的压缩格式是否指定为 SNAPPY,如图 7-5 所示。

从图 7-5 可以看出,列族 base_info 中预定义属性 COMPRESSION 的属性值为

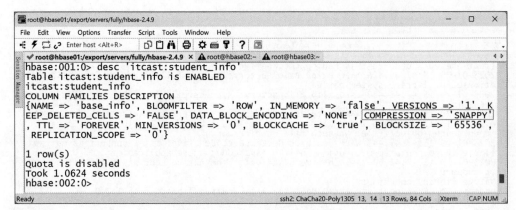

图 7-5 查看表 student_info 的信息

SNAPPY，因此说明成功在命名空间 itcast 创建表 student_info 时指定列族 base_info 的压缩格式为 SNAPPY。

注意：通过修改列族的预定义属性 COMPRESSION 来指定压缩格式时，需要先禁用对应的表。修改完压缩格式后并不会对数据立即进行压缩，必须对修改的表手动执行 Major Compaction 才可以对数据进行压缩，手动执行 Major Compaction 的命令可参照 7.4.3 节，这里不再赘述。

7.4.6 ZooKeeper 优化

ZooKeeper 通过心跳机制监听 HBase 集群中所有 RegionServer 的运行状态，并向 Master 汇报。默认情况下，当 ZooKeeper 超过 90 秒没有监听到 RegionServer 的运行状态，则认定该 RegionServer 处于宕机状态，此时会向 Master 汇报宕机的 RegionServer，Master 接到通知后，会将该 RegionServer 负责的 Region 重新进行负载均衡，让其他可用的 RegionServer 接管。

可以说 ZooKeeper 监听 RegionServer 运行状态的超时时间，决定了 Master 何时发现处于宕机状态的 RegionServer 并进行处理。用户可以根据实际业务场景对 ZooKeeper 监听 RegionServer 运行状态的超时时间进行调整。HBase 在配置文件 hbase-site.xml 中提供了参数 zookeeper.session.timeout，用于修改 ZooKeeper 监听 RegionServer 运行状态的超时时间，该参数默认的值为 90 000(ms)。如果将参数 zookeeper.session.timeout 的值设置为 100 000，即 100 秒，可以在 HBase 的配置文件 hbase-site.xml 中添加如下内容。

```
<property>
  <name>zookeeper.session.timeout</name>
  <value>100000</value>
</property>
```

在 HBase 集群所有节点的配置文件 hbase-site.xml 中添加完上述内容后，还需要重新启动 HBase 集群，使配置文件 hbase-site.xml 添加的内容生效。

7.5 表设计优化

表设计优化主要针对创建表时，对列族、行键和预定义属性的优化，提升 HBase 的读写性能，具体介绍如下。

1. 列族优化

列族优化的主要原则就是在合理范围内尽量减少表中列族的数量。就像列族优化的主要原则一样，在学习过程中，应该结合自身情况，保持清晰的目标，减少不必要的精力分散，这样做有助于我们更深入地理解所选领域的知识。

通常情况下，建议每张表的列族数量在 1～3。这主要是因为，每个列族都会单独占用一个 MemStore 来缓存数据，列族数量越多，那么内存中的 MemStore 也会越多，当 MemStore 触发刷写时，最终持久化到磁盘的 StoreFile 同样会增多。

2. 行键优化

在 HBase 中，表会被划分为 1～N 个 Region，交由不同的 RegionServer 进行管理，每个 Region 都有 startKey 与 endKey 这两个重要的属性来表示不同 Region 维护的行键范围，当客户端对 HBase 进行读取或写入数据的操作时，如果行键落在某个[startKey,endKey)的范围内，那么就会定位到目标的 Region 进行读取或写入相关的数据。因此，如何快速精确地定位到想要操作的数据，就在于行键的合理设计了。

针对行键的设计，这里总结 3 个原则分享给读者进行参考，具体介绍如下。

1) 长度原则

在合理范围内尽量控制行键的长度在 10～100 字节，建议越短越好。因为行键的长度过大，不仅会降低 StoreFile 存储数据时磁盘的利用率，而且还会降低 MemStore 缓存数据时内存的利用率。

2) 唯一原则

由于行键是 HBase 用于标记表的每一行记录，所以必须在设计上保证行键的唯一性。

3) 散列原则

尽量将数据均匀地分布在不同 Region，防止出现数据倾斜的情况。例如，按照时间戳作为行键的前缀会导致大量数据堆积在一个 Region 上导致出现热点现象，当面对大量读取数据的请求时对 Region 会造成不小的压力，从而影响性能。因此，避免 Region 出现热点现象的重要因素就是对行键进行良好的设计，让数据均匀分布在不同的 Region。通常情况下，在进行行键的设计时，会使用加盐、反转和散列这 3 种方案避免 Region 出现热点现象，具体介绍如下。

（1）加盐。加盐是指在原始行键的基础上添加固定长度的随机字符串作为前缀，这个随机字符串称为盐。例如，原始行键为 user001，随机字符串的固定长度为 3，那么原始行键进行加盐后的结果为 qwe_ user001。

（2）反转。反转是指将固定长度的行键进行反转，将行键中经常改变的部分放在最前面。如使用手机号或时间戳这类开头部分几乎都一样，但是最后一部分有随机性的数据作为行键时，采用反转的方案是不错的选择。例如，原始行键为 136xxxx7890 和 136xxxx6379，那么原始行键进行反转后的结果为 0987xxx631 和 9736xxx631。

（3）散列。散列是指将行键通过 Hash 算法生成更加随机的字符串。例如，原始行键为 user001，那么原始行键通过 Hash 算法 MD5 进行散列后的结果为 97f3c717da19b4697-ae9884e67aabce6。

上面介绍的 3 种方案，有各自不同的特点，在实际业务场景中，可以根据具体需求选择使用不同的方案设计行键，避免 RegionServer 出现热点现象。

3．预定义属性优化

预定义属性优化是指在创建表时，根据实际业务场景，合理设置 HBase 提供的预定义属性，可以有效提高 HBase 的效率。这里主要介绍列族的预定义属性 BLOOMFILTER、IN_MEMORY 和 TTL 在优化方面的建议，具体内容如下。

1）BLOOMFILTER

预定义属性 BLOOMFILTER 用于开启列族的布隆过滤器，并且指定布隆过滤器的工作模式。开启布隆过滤器的优势在于能够减少特定访问模式下读取数据的时间，如查询数据时添加行键。

布隆过滤器的工作模式分为两种，分别是 ROW 和 ROWCOL，前者表示在读取数据时添加行键作为条件时，会基于布隆过滤器读取数据。后者表示在读取数据时添加行键、列族和列标识这 3 个条件时，会基于布隆过滤器读取数据。通常情况下，建议选择布隆过滤器的工作模式为 ROW，这是因为 ROWCOL 相对于 ROW 来说更加细粒度，因此造成额外的存储开销会更多。

2）IN_MEMORY

预定义属性 IN_MEMORY 用于将指定列族读取的数据缓存在 BlockCache 的 in-memory 区域，建议将频繁访问数据所在列族的预定义属性 IN_MEMORY 的属性值设置为 true，从而提升读取数据的效率。

3）TTL

预定义属性 TTL 用于指定列族中数据的生存时间，建议为不重要的数据设置生存时间，使 HBase 自动删除过期的数据，从而提升存储和内存空间的利用率。

有关为列族设置预定义属性 BLOOMFILTER、IN_MEMORY 和 TTL 的相关操作读者可参考 3.2.3 节，这里不再赘述。

7.6　本章小结

本章主要讲解了 HBase 调优，首先讲解了内存优化的相关操作，包括 HBase 组件的内存优化和 GC 优化。接着讲解了操作系统优化的相关操作，包括关闭 THP、系统保留内存的优化、Swap 优化和 NUMA 优化。然后讲解了 HDFS 优化的相关操作，包括开启 Short Circuit Local Read 和 Hedged Reads。最后讲解了 HBase 和表设计优化的相关操作，包括 BlockCache、MemStore、StoreFile、客户端缓存、压缩和 ZooKeeper 的优化。希望通过本章的学习，读者可以熟悉 HBase 调优的相关操作，在实际工作中，根据不同的业务场景灵活通过不同方面对 HBase 进行调优，以提升性能。

7.7 课后习题

一、填空题

1. HBase 默认允许 RegionServer 可使用的最大内存为_____ GB。
2. 指定 RegionServer 可使用最大内存的参数是_____。
3. CentOS Stream 9 中默认 Swap 的使用率为_____。
4. HDFS 支持客户端启动多个线程读取数据的功能是_____。
5. BlockCache 支持 LruBlockCache 和_____两种缓存策略。

二、判断题

1. BlockCache 缓存的数据通常存放在 old generation 的对象。（   ）
2. THP 是指 Linux 操作系统的交换分区。（   ）
3. 系统保留内存不允许被其他应用程序申请使用。（   ）
4. NUMA 是内存的设计架构。（   ）
5. ZooKeeper 监听 RegionServer 运行状态的超时时间默认是 100 000 毫秒。（   ）

三、选择题

1. 下列选项中,用于开启 HDFS 本地化读取功能的参数是(   )。
   A. dfs.client.hedged.read.threadpool.size
   B. dfs.client.read.shortcircuit
   C. dfs.client.hedged.read.threshold.millis
   D. dfs.domain.socket.path
2. 下列选项中,属于参数 hbase.hregion.memstore.flush.size 默认值的是(   )。
   A. 134 217 728   B. 67 108 864   C. 268 435 456   D. 104 857 600
3. 下列选项中,属于行键优化原则的是(   )。（多选）
   A. 唯一原则   B. 长度原则   C. 散列原则   D. 随机原则
4. 下列选项中,属于 Compaction 机制中小规模合并策略的是(   )。
   A. Minor Compaction   B. Major Compaction
   C. Min Compaction   D. Less Compaction
5. 默认情况下,HBase 允许 BlockCache 可使用的最大内存为 RegionServer 的百分比是(   )。
   A. 30%   B. 40%   C. 50%   D. 60%

四、简答题

1. 简述触发 Flush 操作的 4 个条件。
2. 简述 Compaction 机制的合并策略 Minor Compaction 和 Major Compaction。

第 8 章

HBase集成MapReduce

学习目标

- 了解 MapReduce 的核心思想,能够说出 MapReduce 实现分布式计算的思想。
- 熟悉 MapReduce 的编程模型,能够描述 MapReduce 程序实现分布式计算的执行过程。
- 熟悉 MapReduce 程序的实现,能够描述 Map 过程、Reduce 过程和驱动器的作用。
- 掌握 MapReduce 读取 HBase 数据操作,能够独立完成从 HBase 读取数据的 MapReduce 程序。
- 掌握 MapReduce 写入 HBase 数据操作,能够灵活运用不同方式实现 MapReduce 程序向 HBase 写入数据。

HBase 是一个分布式的非关系数据库,相对于传统关系数据库来说,并不具备分析能力,而是需要将 HBase 的数据读取到客户端再进行分析,这样的做法不仅效率慢,还会产生大量的 I/O 开销。更有效的做法是集成 MapReduce,使 MapReduce 程序直接访问 HBase 的数据进行分布式计算,除此之外借助 MapReduce 可以实现 HBase 批量读取和写入数据的操作。本章介绍 HBase 集成 MapReduce 的相关内容。

8.1 MapReduce 概述

MapReduce 是 Hadoop 的核心组件之一,是一种分布式计算框架,用于处理大规模数据集,可以在多台计算机上进行并行计算,主要解决传统单台计算机处理大规模数据集的性能问题,本节对 MapReduce 的基础知识进行介绍。

8.1.1 MapReduce 核心思想

在工作和学习中,化繁为简的能力可以帮助人们更好地理解和解决问题,提高工作效率和学习成果,对综合素质提升起到积极作用。MapReduce 作为分布式计算框架,其底层核心思想采用的是"分而治之"。所谓"分而治之"就是把一个复杂的问题,按照一定的规则划分为若干没有依赖关系的简单问题,然后逐个解决这些简单问题,把若干简单问题的结果组成整个复杂问题的最终结果。

为了更好地理解"分而治之"的思想,先通过一个生活中的例子进行介绍。例如,某停车场管理人员要统计一个大型停车场的停车数量,在车辆停车后不再挪动的情况下,将大型停车场划分为不同的停车区域,然后针对划分的每个区域单独交由不同的人员进行统计,最后将每个区域的停车数量累加在一起。这种统计方式就是将统计整个停车场区域的停车数量的大任务分为统计不同停车区域的停车数量的小任务。

MapReduce 计算海量数据时，每个 MapReduce 程序被初始化为一个工作任务，这个工作任务在运行时会经历 Map 过程和 Reduce 过程，其中 Map 过程负责将工作任务分解为若干相互独立的子任务，这些子任务相互独立，可以单独被执行。Reduce 过程负责将 Map 过程处理完的子任务的结果进行合并，从而得到工作任务的最终结果。图 8-1 描述了 MapReduce 程序的执行过程。

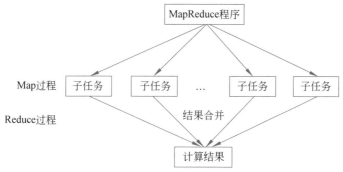

图 8-1　MapReduce 程序的执行过程

从图 8-1 可以看出，MapReduce 其实就是"任务的分解和结果的汇总"，即使用户不懂分布式计算框架的内部运行机制，但是只要能用 MapReduce 计算海量数据的思想描述清楚要处理的问题，就能轻松利用 MapReduce 进行分布式计算。

8.1.2　MapReduce 编程模型

在学习的道路上，通过借鉴他人的经验，可以避免重复犯错，并且可以从他人的成功和失败中汲取宝贵的经验和教训。然而，借鉴并不意味着盲目模仿。我们应该通过观察和学习他人的优点和方法，将其融入自己的学习中，这样有助于开拓思维，拓宽知识领域，并从不同的角度来解决问题。

MapReduce 的编程模型就是借鉴了计算机程序设计语言 LISt Processing（LISP）的设计思想，它提供了 map() 和 reduce() 这两个方法分别用于 Map 过程和 Reduce 过程，其中 map() 方法接收格式为键值对（<Key, Value>）的数据，map() 方法处理后的数据，会被映射为新的键值对作为 reduce() 方法的输入，reduce() 方法默认会将每个键值对中键相同的值进行合并，当然也可以根据实际需求调整合并规则。

接下来通过一张图描述 MapReduce 简易模型的数据处理过程，如图 8-2 所示。

图 8-2　MapReduce 简易模型的数据处理过程

对于图 8-2 描述的 MapReduce 简易模型的数据处理过程，具体介绍如下。

（1）MapReduce 通过特定的规则将原始数据解析成键值对<Key1, Value1>的形式。

（2）解析后的键值对<Key1, Value1>会作为 map() 方法的输入，map() 方法根据映射规则将<Key1,Value1>映射为新的键值对<Key2,Value2>。

(3) 新的键值对<Key2,Value2>作为 reduce()方法的输入,reduce()方法根据合并规则将具有相同键的值合并在一起,生成最终的键值对<Key3,Value3>。

在 MapReduce 中,对于一些数据的计算可能不需要 Reduce 过程,也就是说 MapReduce 的简易模型的数据处理过程可能只有 Map 过程,由 Map 过程处理后的数据直接输出到目标文件,如通过 MapReduce 读取 HBase 的数据。但是,对于大多数场景来说,都是需要 Reduce 过程的,并且当数据量越来越大时,可能需要通过多个 Reduce 过程进行处理。具有多个 Map 过程和 Reduce 过程的 MapReduce 模型如图 8-3 所示。

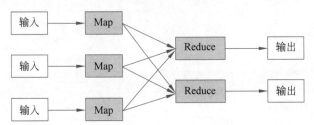

图 8-3 多个 Map 过程和 Reduce 过程的 MapReduce 模型

图 8-3 展示的是含有 3 个 Map 过程和 2 个 Reduce 过程的 MapReduce 模型,其中由 3 个 Map 过程处理后的键值对会根据分区规则输出到不同的 Reduce 过程进行处理,默认情况下,分区规则是根据 Map 过程输出的键值对中键的哈希值进行分区,每个 Reduce 过程的处理结果会单独输出。

为了帮助大家更好地理解 MapReduce 编程模型,接下来通过一个经典案例——词频统计来帮助大家加深对 MapReduce 的理解。

假设有两个文本文件 word1.txt 和文件 word2.txt,具体内容如文件 8-1 和文件 8-2 所示。

文件 8-1　word1.txt

```
Hello World
Hello Hadoop
Hello itcast
```

文件 8-2　word2.txt

```
Hadoop MapReduce
MapReduce Spark
```

使用 MapReduce 程序统计文件 word1.txt 和 word2.txt 中每个单词出现的次数,其处理过程如图 8-4 所示。

在图 8-4 中,MapReduce 程序读取文件 word1.txt 和 word2.txt 的每行数据,将每行数据解析为键值对的形式输入 Map 过程,其中键为每行数据的起始偏移量,值为每行数据,所谓起始偏移量是指每行数据的第一个字节在整个文本的位置。Map 过程将每行数据按单词拆分,并映射为新的键值对,如<0,Hello World>映射为<Hello,1>和<World,1>,其中键是单词的名称,值是单词出现的次数,标识为 1,方便后续统计单词的个数,新映射的键值对传输到 Reduce 过程后,按照相同键的值进行累加计算,最终输出每个单词出现的次

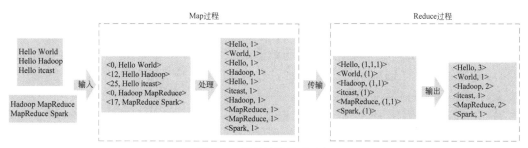

图 8-4　词频统计处理过程

数,如<Hello,3>表示单词 Hello 出现了 3 次。

8.1.3　实现 MapReduce 程序

通过前面内容的学习,读者了解到 MapReduce 程序的执行过程主要包括 Map 过程和 Reduce 过程两部分,因此实现 MapReduce 程序的核心同样是实现 Map 过程和 Reduce 过程。不过仅凭借实现的 Map 过程和 Reduce 过程,MapReduce 程序还无法正常执行,还需要在 MapReduce 程序中创建一个驱动器来配置并启动 MapReduce 程序。由此可以看出,实现 MapReduce 程序的基础主要包括 3 部分内容,分别是 Map 过程、Reduce 过程和驱动器,接下来详细介绍这 3 部分内容的实现方式。

1. 实现 Map 过程

在 MapReduce 程序中,主要是通过 MapReduce Java API 提供的 Mapper 类来实现 Map 过程。Mapper 类定义了 4 个方法,分别是 setup()、map()、cleanup()和 run(),关于这 4 个方法的介绍如下。

(1) setup()方法用于在 Map 过程执行前进行相关变量或者资源的集中初始化工作。

(2) map()方法是 Map 过程处理数据的核心,用户可以根据实际业务场景在 map()方法中定义处理数据的逻辑。

(3) cleanup()方法在 Map 过程执行结束后进行相关变量或者资源的集中清理工作。

(4) run()方法用于驱动 Map 过程的执行。

上述介绍 4 个方法的执行顺序为 run()→setup()→map()→cleanup(),其中 map()方法会多次执行,即文件的每行数据都会调用一次 map()方法进行处理。

通过编写代码实现 Map 过程时,需要实现一个继承 Mapper 类的自定义类,并且重写 Mapper 类的方法。通常情况下,仅重写 Mapper 类的 map()方法即可,其他 3 个方法已经预定义了实现逻辑,无须通过重写进行干预。有关实现 Map 过程的语法格式如下。

```java
public class MyMapper extends Mapper<KEYIN,VALUEIN,KEYOUT,VALUEOUT>{
    @Override
    protected void map(
        KEYIN key,
        VALUEIN value,
        Context context)
        throws IOException, InterruptedException {
    }
}
```

上述语法格式中，KEYIN 用于定义输入键值对中键的数据类型。VALUEIN 用于定义输入键值对中值的数据类型。KEYOUT 用于定义输出新键值对中键的数据类型。VALUEOUT 用于定义输出新键值对中值的数据类型。context 是 Map 过程的上下文对象，可以调用该对象的 write() 方法将 Map 过程的处理结果传递到 Reduce 过程。

2．实现 Reduce 过程

在 MapReduce 程序中，主要是通过 MapReduce Java API 提供的 Reducer 类来实现 Reduce 过程。Reducer 类同样定义了 4 个方法，分别是 setup()、reduce()、cleanup() 和 run()，其中 reduce() 方法是 Reduce 过程处理数据的核心，用户可以根据实际业务场景在 reduce() 方法中定义合并 Map 过程处理结果的逻辑。其他 3 个方法的含义与 Mapper 类定义的 setup()、cleanup() 和 run() 方法相似，这里不再赘述。

通过编写代码实现 Reduce 过程时，需要实现一个继承 Reducer 类的自定义类，并且重写 Reducer 类的方法。通常情况下，同样仅重写 Reducer 类的 reduce() 方法即可，其他 3 个方法已经预定义了实现逻辑，无须通过重写进行干预。有关实现 Reduce 过程的语法格式如下。

```
public class MyReducer extends Reducer<KEYIN,VALUEIN,KEYOUT,VALUEOUT>{
    @Override
    protected void reduce(
        KEYIN key,
        Iterable<VALUEIN> values,
        Context context)
        throws IOException, InterruptedException {
    }
}
```

上述语法格式中，KEYIN 用于定义输入键值对中键的数据类型，该数据类型需要与 Map 过程输出新键值对中键的数据类型一致。VALUEIN 用于定义输入键值对中值的数据类型，该数据类型需要与 Map 过程输出新键值对中值的数据类型一致。KEYOUT 用于定义输出新键值对中键的数据类型。VALUEOUT 用于定义输出新键值对中值的数据类型。context 是 Reduce 过程的上下文对象，可以调用该对象的 write() 方法输出 Reduce 过程的处理结果。

3．实现驱动器

驱动器的作用是配置并启动 MapReduce 程序，MapReduce 程序启动成功后会依赖于驱动器指定的配置运行，这里仅对驱动器的核心配置进行介绍，有关其他配置的内容读者可自行查阅相关资料，这里不做深入讲解。驱动器的核心配置如下。

（1）指定 Map 过程的实现类，用于启动 Map 过程。

（2）指定 Reduce 过程的实现类，用于启动 Reduce 过程。

（3）指定驱动器的实现类，用于读取驱动器的配置。

（4）指定 MapReduce 程序的运行模式，运行模式包括本地模式和集群模式，其中本地模式是指 MapReduce 程序在本地环境中运行。集群模式是指 MapReduce 程序在 YARN 集群环境中运行。

（5）指定 Map 过程输出键值对中键的数据类型，该数据类型需要与 map() 方法输出的键值对中键的数据类型保持一致。

（6）指定 Map 过程输出键值对中值的数据类型，该数据类型需要与 map() 方法输出的键值对中值的数据类型保持一致。

（7）指定 MapReduce 程序输出键值对中键的数据类型，该数据类型需要与 reduce() 方法输出的键值对中键的数据类型保持一致。

（8）指定 MapReduce 程序输出键值对中值的数据类型，该数据类型需要与 reduce() 方法输出的键值对中值的数据类型保持一致。

（9）指定数据输入路径，该路径可以是具体的某个文件，也可以是文件夹，如果是文件夹的话，那么会读取文件夹下的所有文件。

（10）指定处理结果输出路径，该路径必须未存在，否则 MapReduce 程序会运行失败。

通过编写代码实现驱动器时，需要实现一个包含 main() 方法的自定义类，在 main() 方法中实现上述关于驱动器的核心配置，这里通过一段示例代码展示驱动器的实现。

```
1   public class MyDriver {
2     public static void main(String[] args)
3         throws IOException, InterruptedException, ClassNotFoundException {
4       //实例化类 Configuration,用于指定 MapReduce 程序的相关配置
5       Configuration conf =new Configuration();
6       conf.set("mapreduce.framework.name","local");
7       //根据指定的相关配置初始化 MapReduce 程序
8       Job job =Job.getInstance(conf);
9       job.setMapperClass(MyMapper.class);
10      job.setReducerClass(MyReducer.class);
11      job.setJarByClass(MyDrive.class);
12      job.setMapOutputKeyClass(Text.class);
13      job.setMapOutputValueClass(IntWritable.class);
14      job.setOutputKeyClass(Text.class);
15      job.setOutputValueClass(IntWritable.class);
16      FileInputFormat.setInputPaths(job,
17              new Path("hdfs://192.168.121.138:9820/input/data.txt"));
18      FileOutputFormat.setOutputPath(job,new Path("D:\\output"));
19      System.exit(job.waitForCompletion(true) ? 0 : 1);
20    }
21  }
```

上述示例代码中，第 6 行代码用于指定 MapReduce 程序的运行模式为本地模式，如果指定运行模式为集群模式，那么可以将 local 替换为 yarn，当指定运行模式为集群模式时，集群模式运行通过 YARN 集群运行 MapReduce 程序。需要说明的是默认情况下 MapReduce 程序的运行模式为本地模式。

第 9 行代码用于指定实现 Map 过程的实现类 MyMapper。

第 10 行代码用于指定实现 Reduce 过程的实现类 MyReducer。

第 11 行代码用于指定实现驱动器的实现类 MyDriver。

第 12 行代码用于指定 Map 过程输出键值对中键的数据类型为 Text。

第 13 行代码用于指定 Map 过程输出键值对中值的数据类型为 IntWritable。

第 14 行代码用于指定 MapReduce 程序输出键值对中键的数据类型为 Text。如果没有指定 Map 过程输出键值对中键的数据类型，那么也可以用于同时指定 Map 和 MapReduce 程序输出键值对中键的数据类型，但是要确保 Map 和 MapReduce 程序输出键

值对中键的数据类型相同。

第 15 行代码用于指定 MapReduce 程序输出键值对中值的数据类型为 IntWritable。如果没有指定 Map 过程输出键值对中值的数据类型，那么也可以用于同时指定 Map 和 MapReduce 程序输出键值对中值的数据类型，但是要确保 Map 和 MapReduce 程序输出键值对中值的数据类型相同。

第 16、17 行代码用于指定数据输入路径为 HDFS 文件系统中 /input 目录下的文件 data.txt。

第 18 行代码用于指定处理结果输出路径为 D 盘的 output 文件夹。

注意：集群模式默认运行 MapReduce 程序时，为了确保每个节点都可以获取输入的数据，建议输入路径使用 HDFS 文件系统的目录。

8.1.4 案例——词频统计

为了使读者能够更好地理解 MapReduce 程序的实现，本节举一个 MapReduce 的经典案例——词频统计来演示如何通过 MapReduce 程序统计文件 word.txt 中每个单词出现的次数，关于文件 word.txt 的内容如文件 8-3 所示。

文件 8-3 word.txt

```
hadoop,spark,hadoop,flink,spark
hbase,hdfs,spark,zookeeper,hive
hive,hdfs,hadoop,spark,flink
```

接下来对本案例中 MapReduce 程序的实现思路进行讲解，具体内容如下。

在 Map 过程将读取的每行数据通过分隔符","拆分为多个单词，并将这些单词存放在数组中，然后遍历数组获取每个单词，并将每个单词与整数 1 组合成键值对形式，其中键为单词，值为整数 1，其目的是便于在 Reduce 过程统计每个单词出现的次数。

在 Reduce 过程，默认会将 Map 过程输出键值对中键相同的值合并到一个迭代器中，形成新的键值对，其中键为单词，值为多个 1 组成的迭代器，1 的数量取决于单词出现的次数。因此，在 Reduce 过程统计每个单词出现次数的做法是遍历迭代器并进行累加运算即可。

下面根据上述实现思路的讲解分步骤来实现 MapReduce 程序，具体操作步骤如下。

1. 构建 Java 项目

在 IntelliJ IDEA 中基于 Maven 构建 Java 项目 HBase_Chapter08。构建 Java 项目的相关操作可参照 4.1 节，这里不再赘述。

2. 导入项目依赖

在 Java 项目的 pom.xml 文件中添加 Hadoop 的客户端依赖，依赖添加完成的效果如文件 8-4 所示。

文件 8-4 pom.xml

```
1  <?xml version="1.0" encoding="UTF-8"?>
2  <project xmlns="http://maven.apache.org/POM/4.0.0"
3      xmlns:xsi="http://www.w3.org/2001/XMLSchema-instance"
4      xsi:schemaLocation="http://maven.apache.org/POM/4.0.0
5      http://maven.apache.org/xsd/maven-4.0.0.xsd">
```

```xml
6  <modelVersion>4.0.0</modelVersion>
7  <groupId>cn.itcast</groupId>
8  <artifactId>HBase_Chapter08</artifactId>
9  <version>1.0-SNAPSHOT</version>
10 <properties>
11     <maven.compiler.source>8</maven.compiler.source>
12     <maven.compiler.target>8</maven.compiler.target>
13 </properties>
14 <dependencies>
15     <dependency>
16         <groupId>org.apache.hadoop</groupId>
17         <artifactId>hadoop-client</artifactId>
18         <version>3.2.2</version>
19     </dependency>
20 </dependencies>
21 </project>
```

在文件 8-4 中，第 15～19 行代码为添加的 Hadoop 客户端依赖。

3. 实现 Map 过程

在 Java 项目创建包 cn.itcast.mapreduce 并且在包中创建 WordCountMapper 类，该类继承 Mapper 类并重写 map() 方法，在该方法中定义 Map 过程处理数据的逻辑，如文件 8-5 所示。

文件 8-5　WordCountMapper.java

```java
1  import org.apache.hadoop.io.IntWritable;
2  import org.apache.hadoop.io.LongWritable;
3  import org.apache.hadoop.io.Text;
4  import org.apache.hadoop.mapreduce.Mapper;
5  import java.io.IOException;
6  public class WordCountMapper
7      extends Mapper<LongWritable, Text,Text, IntWritable>{
8    @Override
9    protected void map(
10         LongWritable key,
11         Text value,
12         Context context)
13         throws IOException, InterruptedException {
14     //获取每行数据
15     String line =value.toString();
16     String[] words =line.split(",");
17     for (String word : words) {
18         context.write(new Text(word),new IntWritable(1));
19     }
20   }
21 }
```

在文件 8-5 中，第 16 行代码用于将读取的每行数据通过分隔符","拆分为多个单词，并将这些单词存放在数组 words 中。第 17～19 行代码用于遍历数组 words，将遍历出的每个单词和 1 组成新的键值对，并将新键值对传递到 Reduce 过程。

4. 实现 Reduce 过程

在 Java 项目的包 cn.itcast.mapreduce 中创建 WordCountReducer 类，该类继承 Reducer 类

并重写 reduce()方法,在该方法中定义 Reduce 过程处理数据的逻辑,如文件 8-6 所示。

文件 8-6　WordCountReducer.java

```
1   import org.apache.hadoop.io.IntWritable;
2   import org.apache.hadoop.io.Text;
3   import org.apache.hadoop.mapreduce.Reducer;
4   import java.io.IOException;
5   public class WordCountReducer
6        extends Reducer<Text, IntWritable,Text,IntWritable>{
7     @Override
8     protected void reduce(
9          Text key,
10         Iterable<IntWritable>values,
11         Context context)
12         throws IOException, InterruptedException {
13      int wordCount =0;
14      for (IntWritable count : values) {
15         wordCount +=count.get();
16      }
17      context.write(key,new IntWritable(wordCount));
18    }
19  }
```

在文件 8-6 中,第 14~16 行代码遍历迭代器并对迭代器内的元素进行累加操作,统计每个单词出现的次数。第 17 行代码将每个单词及其出现的次数组合成新的键值对,并将其作为处理结果进行输出。

5. 实现驱动器

在 Java 项目的包 cn.itcast.mapreduce 中创建 WordCountDriver 类,在该类中实现 main()方法,在该方法中定义 MapReduce 程序的核心配置,如文件 8-7 所示。

文件 8-7　WordCountDriver.java

```
1   import org.apache.hadoop.conf.Configuration;
2   import org.apache.hadoop.fs.Path;
3   import org.apache.hadoop.io.IntWritable;
4   import org.apache.hadoop.io.Text;
5   import org.apache.hadoop.mapreduce.Job;
6   import org.apache.hadoop.mapreduce.lib.input.FileInputFormat;
7   import org.apache.hadoop.mapreduce.lib.output.FileOutputFormat;
8   import java.io.IOException;
9   public class WordCountDriver {
10    public static void main(String[] args)
11       throws IOException, InterruptedException, ClassNotFoundException {
12       Configuration conf =new Configuration();
13       conf.set("mapreduce.framework.name","local");
14       Job job =Job.getInstance(conf);
15       job.setMapperClass(WordCountMapper.class);
16       job.setReducerClass(WordCountReducer.class);
17       job.setJarByClass(WordCountDriver.class);
18       job.setOutputKeyClass(Text.class);
```

```
19            job.setOutputValueClass(IntWritable.class);
20            FileInputFormat.setInputPaths(job,
21                    new Path("D:\\Data\\word.txt"));
22            FileOutputFormat.setOutputPath(job,
23                    new Path("D:\\Data\\output"));
24            System.exit(job.waitForCompletion(true) ? 0 : 1);
25     }
26 }
```

在文件 8-7 中,第 18、19 行代码指定 Map 过程和 MapReduce 程序输出键值对中键和值的数据类型分别为 Text 和 IntWritable。由于 Map 过程和 MapReduce 程序输出键值对中键和值的数据类型相同,所以无须单独指定 Map 过程输出键值对中键和值的数据类型。

6. 运行 MapReduce 程序

确保文件 word.txt 在本地文件系统的 D:\\Data 路径下。在 IntelliJ IDEA 中通过运行驱动器的实现类 WordCountDriver 来运行 MapReduce 程序,待 MapReduce 程序运行完成后,在本地文件系统的 D:\\Data\\output 路径下查看运行结果,如图 8-5 所示。

图 8-5 查看运行结果(1)

在图 8-5 中,文件 part-r-00000 存放了 MapReduce 程序处理结果的数据,通过文本编辑器查看该文件的内容,如图 8-6 所示。

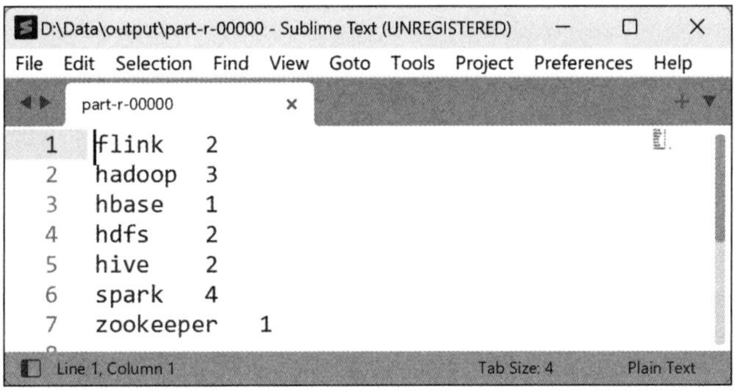

图 8-6 查看文件 part-r-00000 的内容

从图 8-6 可以看出,MapReduce 程序成功统计了文件 word.txt 中每个单词出现的次数,如单词 hadoop 出现了 3 次。

8.2 MapReduce 读取 HBase 数据

MapReduce 从 HBase 的表读取数据时,主要是通过 Map 过程来实现的,因此实现 MapReduce 程序的核心是 Map 过程的实现。如果需要对读取的数据进行合并处理或者输出到 HBase 的另一张表,那么仍然需要在 MapReduce 程序中实现 Reduce 过程。

通过 8.1.3 节的学习我们了解到,Map 过程是通过 MapReduce Java API 提供的 Mapper 类实现的,不过 Mapper 类并不支持 HBase 表的解析,因此 HBase 在 Mapper 类的基础上提供了一个抽象类 TableMapper,该类继承 Mapper 类,并且在其基础上增加了对 HBase 表的支持。

通过编写代码实现读取 HBase 表的 Map 过程时,需要实现一个继承 TableMapper 类的自定义类并且重写 map() 方法,该方法是 Map 过程处理数据的核心,用于获取表中每行数据,用户可以根据实际业务在 map() 方法中定义处理表中每行数据的逻辑。MapReduce 程序在执行时,表的每行数据都会调用一次 map() 方法。实现 Map 过程的语法格式如下。

```
public class MyMapper extends TableMapper<KEYOUT,VALUEOUT>{
    @Override
    protected void map(
        ImmutableBytesWritable row,
        Result result,
        Context context)
        throws IOException, InterruptedException {
    }
}
```

上述语法格式中,KEYOUT 和 VALUEOUT 分别用于定义 Map 过程输出键值对中键和值的数据类型。map() 方法的参数 row 用于获取表中每行数据的行键。map() 方法的参数 result 用于获取表中每行数据的查询结果。map() 方法的参数 context 用于收集 map() 方法的处理结果,并将其传递到 Reduce 过程或者直接进行输出。

实现读取 HBase 数据的 MapReduce 程序时,除了实现 Map 过程的类发生变化之外,在驱动器中指定 Map 过程实现类的方式、指定数据输入路径和指定 Map 过程输出键值对中键和值数据类型的方式也存在差异。

HBase 提供了一个集成 MapReduce 的工具类 TableMapReduceUtil,该工具类提供了 initTableMapperJob() 方法用于初始化 Map 过程的实现类,并且指定读取的表、Map 过程输出键值对中键和值的数据类型等内容,其语法格式如下。

```
TableMapReduceUtil.initTableMapperJob(
    Table,
    Scan,
    MapperClass,
    KeyOutClass,
    ValueOutClass,
    Job
);
```

从上述语法格式可以看出,在使用 initTableMapperJob() 方法时共需要传递 6 个参数,关于这6个参数的介绍如下。
- 参数 Table 用于指定读取的表。
- 参数 Scan 用于指定 Scan 类的实例,通过该实例可以指定查询数据的相关配置,由此可以看出 MapReduce 读取 HBase 的数据时,实际上是通过 MapReduce 程序进行了一次查询操作。
- 参数 MapperClass 用于指定 Map 过程的实现类。
- 参数 KeyOutClass 用于指定 Map 过程输出键值对中键的数据类型。
- 参数 ValueOutClass 用于指定 Map 过程输出键值对中值的数据类型。
- 参数 Job 用于指定 Job 类的实例,该实例用于根据配置初始化 MapReduce 程序。

接下来通过一个案例来演示如何通过 MapReduce 程序读取 HBase 中表 user_info2 的数据,该表位于命名空间 itcast 中。将读取的每行数据连同行键直接输出到 HDFS 的 /Chapter08/example01/ 目录。有关表 user_info2 的结构和数据内容如图 8-7 所示。

RowKey	base_info	
	username	age
1001	zhangsan	23
1002	lisi	25
1003	wangwu	21
1004	zhaoliu	28
1005	sunqi	19
1006	zhouba	32

图 8-7 表 user_info2 的结构和数据内容

从图 8-7 可以看出,表 user_info2 用于记录用户的姓名(username)和年龄(age),该表共包含 6 行,并且每行存在两个列 base_info:username 和 base_info:age。

下面分步骤讲解本案例的实现过程,具体内容如下。

1. 导入依赖

在已创建项目 HBase_Chapter08 的 pom.xml 文件中添加 HBase 集成 MapReduce 的依赖,该依赖的内容需要添加到 pom.xml 文件的<dependencies>标签中,具体内容如下。

```
<dependency>
    <groupId>org.apache.hbase</groupId>
    <artifactId>hbase-mapreduce</artifactId>
    <version>2.4.9</version>
</dependency>
```

2. 实现 Map 过程

在 HBase_Chapter08 项目创建包 cn.itcast.hbasedemo 并且在包中创建 ReadHBaseMapper 类,该类继承 TableMapper 类并重写 map() 方法,在该方法中定义 Map 过程处理表 user_info2 中每行数据的逻辑,如文件 8-8 所示。

文件 8-8　ReadHBaseMapper.java

```java
1   import org.apache.hadoop.hbase.Cell;
2   import org.apache.hadoop.hbase.client.Result;
3   import org.apache.hadoop.hbase.io.ImmutableBytesWritable;
4   import org.apache.hadoop.hbase.mapreduce.TableMapper;
5   import org.apache.hadoop.hbase.util.Bytes;
6   import org.apache.hadoop.io.Text;
7   import java.io.IOException;
8   import java.util.List;
9   public class ReadHBaseMapper extends TableMapper<Text, Text>{
10      @Override
11      protected void map(
12              ImmutableBytesWritable row,
13              Result result,
14              Context context)
15              throws IOException, InterruptedException {
16          String rowKey = Bytes.toString(row.get());
17          List<Cell>cells = result.listCells();
18          for (Cell cell : cells) {
19              String value = new String(
20                  cell.getValueArray(),
21                  cell.getValueOffset(),
22                  cell.getValueLength()
23              );
24              context.write(new Text(rowKey),new Text(value));
25          }
26      }
27  }
```

在文件 8-8 中，第 16 行代码用于获取每行的行键。第 17 行代码用于获取每行的所有单元格，并将这些单元格存放在集合 cells 中。第 18～25 行代码，首先遍历集合获取每个单元格，然后从当前获取的单元格中提取数据，最后调用 context 对象的 write() 方法输出由每个单元格的行键和数据组合成的键值对。

3. 实现驱动器

在 HBase_Chapter08 项目的包 cn.itcast.hbasedemo 中创建 ReadHBaseDriver 类，在该类中实现 main() 方法，在该方法中定义 MapReduce 程序的核心配置，如文件 8-9 所示。

文件 8-9　ReadHBaseDriver.java

```java
1   import org.apache.hadoop.conf.Configuration;
2   import org.apache.hadoop.fs.Path;
3   import org.apache.hadoop.hbase.HBaseConfiguration;
4   import org.apache.hadoop.hbase.client.Scan;
5   import org.apache.hadoop.hbase.mapreduce.TableMapReduceUtil;
6   import org.apache.hadoop.io.Text;
7   import org.apache.hadoop.mapreduce.Job;
8   import org.apache.hadoop.mapreduce.lib.output.FileOutputFormat;
9   import java.io.IOException;
10  public class ReadHBaseDriver {
11      public static void main(String[] args)
```

```
12              throws IOException, InterruptedException, ClassNotFoundException {
13          Configuration conf =HBaseConfiguration.create();
14          conf.set("zookeeper.znode.parent","/hbase-fully");
15          conf.set("mapreduce.framework.name","yarn");
16          Job job =Job.getInstance(conf);
17          job.setJarByClass(ReadHBaseDriver.class);
18          Scan scan =new Scan();
19          scan.setCaching(500);
20          scan.setCacheBlocks(false);
21          TableMapReduceUtil.initTableMapperJob(
22                  "itcast:user_info2",
23                  scan,
24                  ReadHBaseMapper.class,
25                  Text.class,
26                  Text.class,
27                  job
28          );
29          job.setOutputKeyClass(Text.class);
30          job.setOutputValueClass(Text.class);
31          FileOutputFormat.setOutputPath(job,new Path(args[0]));
32          System.exit(job.waitForCompletion(true) ? 0 : 1);
33      }
34  }
```

在文件 8-9 中，第 13～15 行代码用于指定 MapReduce 程序的配置，这里指定 HBase 在 ZooKeeper 存储元数据的节点为/hbase-fully，以及 MapReduce 程序的运行模式为集群模式。由于后续会将 MapReduce 程序提交到 YARN 集群运行，所以这里无须指定 ZooKeeper 服务的地址。

第 17 行代码用于指定驱动器的实现类。

第 18～20 行代码，用于定义 Scan 类的实例，并且指定查询操作的相关配置为每次 RPC 请求最大的行数为 500，以及禁用 BlockCache 缓存，这两个配置是 HBase 官方建议调整的配置。

第 21～28 行代码，分别指定读取数据的表、Scan 类的实例、Map 过程的实现类、Map 过程输出键值对中键和值的数据类型，以及 Job 类的实例。

第 29、30 行代码指定 MapReduce 程序输出键值对中键和值的数据类型。

第 31 行代码用于指定处理结果输出的路径。需要说明的是，这里并没有指定具体的路径，是为了后续通过 YARN 集群运行 MapReduce 程序时，通过参数来指定处理结果输出的路径，使 MapReduce 程序的运行更加灵活。

4. 封装 jar 文件

在 IntelliJ IDEA 的右侧单击 Maven 选项卡，在弹出的 Maven 窗口双击 Lifecycle 折叠框下的 package 选项，将 HBase_Chapter08 项目封装为 jar 文件，当 jar 文件封装完成后可以在 IntelliJ IDEA 的控制台查看 jar 文件的存储路径，如图 8-8 所示。

在图 8-8 中，当控制台出现 BUILD SUCCESS 的提示信息时，说明成功将 HBase_Chapter08 项目封装为 jar 文件，该 jar 文件的名称为 HBase_Chapter08-1.0-SNAPSHOT.jar，并且默认存放在项目的 target 文件夹下。为了便于后续使用，这里将 jar 文件重命名为 ReadHBase.jar。

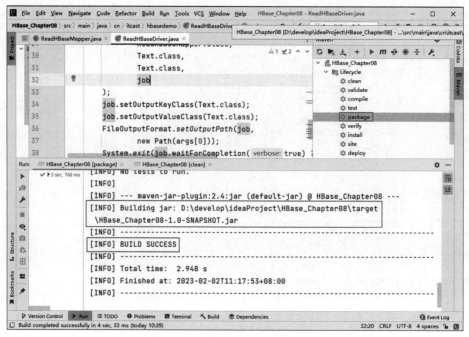

图 8-8　查看 jar 文件的存储路径

5. 上传 jar 文件

将 jar 文件 ReadHBase.jar 上传到虚拟机 HBase01 的 /export/data/ 目录。

6. 修改环境变量

由于本案例实现的 MapReduce 程序需要处理 HBase 的数据，而 Hadoop 默认并没有处理 HBase 数据的相关依赖，当 MapReduce 程序在 YARN 集群运行时，会因为无法获取 HBase 的相关依赖而报错，所以需要在环境变量中添加一个变量 HADOOP_CLASSPATH 指定 HBase 存放依赖的目录。分别在 3 台虚拟机执行"vi /etc/profile"命令编辑系统环境变量文件 profile，在该文件的尾部添加如下内容。

```
export HADOOP_CLASSPATH=$HADOOP_HOME/*:$HBASE_HOME/*:$HBASE_HOME/lib/*
```

上述内容添加完成后，为了使添加的内容生效，还需要分别在 3 台虚拟机执行"source /etc/profile"命令初始化系统环境变量。

7. 创建表

在 HBase 的命名空间 itcast 创建表 user_info2，在 HBase Shell 执行如下命令。

```
>create 'itcast:user_info2','base_info'
```

8. 向表插入数据

根据图 8-7 展示的内容向表 user_info2 插入数据，在 HBase Shell 执行下列命令。

```
>put 'itcast:user_info2','1001','base_info:username','zhangsan'
>put 'itcast:user_info2','1001','base_info:age',23
>put 'itcast:user_info2','1002','base_info:username','lisi'
>put 'itcast:user_info2','1002','base_info:age',25
```

```
>put 'itcast:user_info2','1003','base_info:username','wangwu'
>put 'itcast:user_info2','1003','base_info:age',21
>put 'itcast:user_info2','1004','base_info:username','zhaoliu'
>put 'itcast:user_info2','1004','base_info:age',28
>put 'itcast:user_info2','1005','base_info:username','sunqi'
>put 'itcast:user_info2','1005','base_info:age',19
>put 'itcast:user_info2','1006','base_info:username','zhouba'
>put 'itcast:user_info2','1006','base_info:age',32
```

9. 运行 MapReduce 程序

通过 Hadoop 提供的 hadoop jar 命令运行 jar 文件 ReadHBase.jar，在虚拟机 HBase01 执行如下命令。

```
$hadoop jar /export/data/ReadHBase.jar \
cn.itcast.hbasedemo.ReadHBaseDriver /Chapter08/example01
```

上述命令在 hadoop jar 命令中分别指定 jar 文件 ReadHBase.jar 的目录、驱动器的实现类和处理结果输出到 HDFS 的目录。上述命令执行完成后可以通过输出的信息确认 MapReduce 程序的运行状态，如图 8-9 所示。

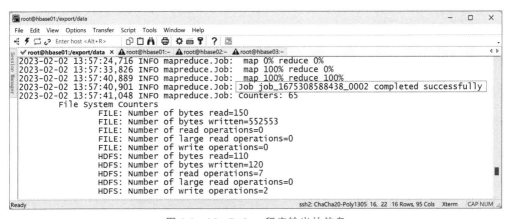

图 8-9　MapReduce 程序输出的信息

在图 8-9 中，若 MapReduce 程序运行过程中输出"…… completed successfully"的提示信息，则说明 MapReduce 程序运行成功。

10. 查看运行结果

在 HDFS 的/Chapter08/example01/目录下查看运行结果，如图 8-10 所示。

在图 8-10 中，文件 part-r-00000 存放了 MapReduce 程序处理结果的数据，可以在虚拟机 HBase01 中执行如下命令查看该文件的内容。

```
$hdfs dfs -cat /Chapter08/example01/part-r-00000
```

上述命令执行完成的效果如图 8-11 所示。

从图 8-11 可以看出，文件 part-r-00000 的内容与图 8-7 所展示的表 user_info2 的数据内容一致，因此说明成功通过 MapReduce 读取 HBase 数据。至此，便完成了本案例的实现过程。

需要说明的是，如果想要对 Map 过程从 HBase 读取的数据进行合并处理，那么需要在

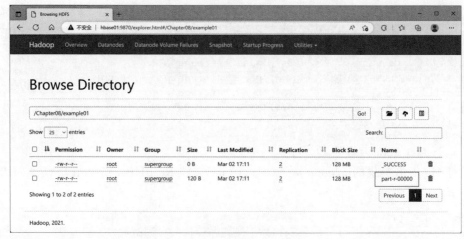

图 8-10 查看运行结果（2）

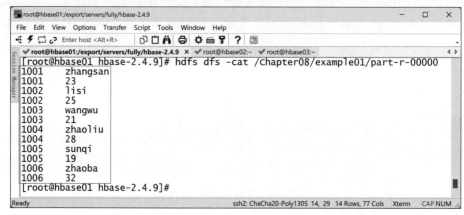

图 8-11 查看文件 part-r-00000 的内容

MapReduce 程序中实现 Reduce 过程指定处理逻辑，并且在驱动器中指定 Reduce 过程的实现类，相关内容的实现方式读者可参考 8.1.3 节，这里不再赘述。关于将 Map 过程从 HBase 读取的数据输出到 HBase 另一张表的操作会在后续的内容进行讲解。

🧨 脚下留心：程序运行报错

读者在运行 jar 文件 ReadHBase.jar 时，可能会出现"错误：找不到或无加载主类……"的错误信息，这通常是因为在运行 MapReduce 程序时，YARN 无法找到所依赖的 jar 文件所导致。此时，需要读者在 Hadoop 集群所有节点的配置文件 yarn-site.xml 中添加如下配置信息。

```
<property>
    <name>yarn.application.classpath</name>
    <value>jar_path</value>
</property>
```

需要注意的是，上述配置信息中的 jar_path 需要根据 hadoop classpath 命令的执行结果进行替换。在 Hadoop 的配置文件 yarn-site.xml 中添加完上述配置信息之后，需要重新启动 YARN 集群，即依次在虚拟机 HBase01 中执行"stop-yarn.sh"和"start-yarn.sh"命令。

8.3 MapReduce 写入 HBase 数据

HBase 提供了两种方式将数据写入 HBase，其中第一种方式是通过 Map 过程实现，该方式可以将 Map 过程从表读取的数据经过处理后输出到另一张表；另一种方式是通过 Reduce 过程实现，该方式可以将 Map 过程从文件读取的数据传递到 Reduce 过程进行合并处理后输出到表。本节详细介绍这两种方式的实现。

8.3.1 通过 Map 过程向 HBase 写入数据

通过编写代码实现向表写入数据的 Map 过程时，同样需要实现一个继承 TableMapper 类的自定义类并且重写 map() 方法，只不过在定义 Map 过程输出键值对中键和值的数据类型要固定为 ImmutableBytesWritable 和 Put，其中前者用于将 Map 过程输出键值对中的键作为行键；后者用于根据 Map 过程输出键值对中的值进行插入数据的操作。

除此之外，还需要借助 HBase 提供的工具类 TableMapReduceUtil，在驱动器中指定输出数据的表，该工具类提供了 initTableReducerJob() 方法用于初始化 Reduce 过程，并指定输出数据的 HBase 表，不过在某些特殊应用场景下，如果没有 Reduce 过程，单独指定输出数据的表也是可以的，其语法格式如下。

```
TableMapReduceUtil.initTableReducerJob(
        Table,
        ReducerClass,
        Job);
```

上述语法格式中，参数 Table 用于指定输出数据的表。参数 ReducerClass 用于指定 Reduce 过程的实现类，如果没有 Reduce 过程，那么可以指定为 null。参数 Job 用于指定 Job 类的实例，该实例用于根据配置初始化 MapReduce 程序。

接下来通过一个案例来演示如何通过 Map 过程向表写入数据。本案例的需求是将命名空间 itcast 中表 user_info2 的数据写入表 user_info3，这两个表都具有相同的列族 base_info。写入数据的条件是判断表 user_info2 的每行数据中列 base_info:age 的值，如果值大于 25，将当前行写入表 user_info3，具体操作步骤如下。

1. 实现 Map 过程

在 HBase_Chapter08 项目的包 cn.itcast.hbasedemo 中创建 MapWriteHBaseMapper 类，该类继承 TableMapper 类并重写 map() 方法，在该方法中定义 Map 过程处理表 user_info2 中每行数据的逻辑，并将处理结果输出到表 user_info3，如文件 8-10 所示。

文件 8-10 MapWriteHBaseMapper.java

```
1  import org.apache.hadoop.hbase.Cell;
2  import org.apache.hadoop.hbase.client.Put;
3  import org.apache.hadoop.hbase.client.Result;
4  import org.apache.hadoop.hbase.io.ImmutableBytesWritable;
5  import org.apache.hadoop.hbase.mapreduce.TableMapper;
6  import java.io.IOException;
7  public class MapWriteHBaseMapper
```

```
8       extends TableMapper<ImmutableBytesWritable, Put>{
9    @Override
10   protected void map(
11        ImmutableBytesWritable row,
12        Result result,
13        Context context)
14        throws IOException, InterruptedException {
15      Put put = new Put(row.get());
16      int age = Integer.parseInt(new String(
17           result.getValue(
18                "base_info".getBytes(),
19                "age".getBytes())));
20      if (age > 25){
21         for (Cell cells : result.listCells()) {
22            put.add(cells);
23            }
24         context.write(row,put);
25      }
26   }
27 }
```

在文件 8-10 中,第 15 行代码,用于指定插入数据时的行键。第 16~19 行代码用于获取当前行数据中列 base_info:age 的值,并将其转换为 Int 类型。第 20~25 行代码,首先判断 base_info:age 的值是否大于 25,若值大于 25,则遍历当前行的所有单元格,并将每个单元格添加到 Put 类的实例 put,然后调用 context 对象的 write() 方法输出由行键和 put 组合成的键值对,当 MapReduce 程序执行时,put 实例会根据当前的行键自动将单元格插入表中。

2. 实现驱动器

在 HBase_Chapter08 项目的包 cn.itcast.hbasedemo 中创建 MapWriteHBaseDriver 类,在该类中实现 main() 方法,在该方法中定义 MapReduce 程序的核心配置,如文件 8-11 所示。

文件 8-11　MapWriteHBaseDriver.java

```
1  import org.apache.hadoop.conf.Configuration;
2  import org.apache.hadoop.hbase.HBaseConfiguration;
3  import org.apache.hadoop.hbase.client.Put;
4  import org.apache.hadoop.hbase.client.Scan;
5  import org.apache.hadoop.hbase.io.ImmutableBytesWritable;
6  import org.apache.hadoop.hbase.mapreduce.TableMapReduceUtil;
7  import org.apache.hadoop.mapreduce.Job;
8  import java.io.IOException;
9  public class MapWriteHBaseDriver {
10    public static void main(String[] args)
11        throws IOException,
12        InterruptedException,
13        ClassNotFoundException {
14    Configuration conf = HBaseConfiguration.create();
15    conf.set("zookeeper.znode.parent","/hbase-fully");
16    conf.set("mapreduce.framework.name","yarn");
17    Job job = Job.getInstance(conf);
18    job.setJarByClass(MapWriteHBaseDriver.class);
19    Scan scan = new Scan();
```

```
20          scan.setCaching(500);
21          scan.setCacheBlocks(false);
22          TableMapReduceUtil.initTableMapperJob(
23                  "itcast:user_info2",
24                  scan,
25                  MapWriteHBaseMapper.class,
26                  ImmutableBytesWritable.class,
27                  Put.class,
28                  job);
29          TableMapReduceUtil.initTableReducerJob(
30                  "itcast:user_info3",
31                  null,
32                  job);
33          job.setOutputKeyClass(ImmutableBytesWritable.class);
34          job.setOutputValueClass(Put.class);
35          System.exit(job.waitForCompletion(true) ? 0 : 1);
36      }
37 }
```

在文件 8-11 中,第 29～32 行代码指定输出数据的 HBase 表为命名空间 itcast 中的表 user_info3。关于文件 8-11 中其他代码的说明读者可参考 8.2 节对于驱动器的讲解,这里不再赘述。

3. 封装 jar 文件

在 IntelliJ IDEA 将 HBase_Chapter08 项目封装为 jar 文件,并且将 jar 文件重命名为 MapWriteHBase.jar。封装 jar 文件的相关操作读者可参考 8.2 节,这里不再赘述。

4. 上传 jar 文件

将 jar 文件 MapWriteHBase.jar 上传到虚拟机 HBase01 的/export/data/目录。

5. 创建表

在 HBase 的命名空间 itcast 创建表 user_info3,在 HBase Shell 执行如下命令。

```
>create 'itcast:user_info3','base_info'
```

6. 运行 MapReduce 程序

通过 Hadoop 提供的 hadoop jar 命令运行 jar 文件 MapWriteHBase.jar,在虚拟机 HBase01 执行如下命令。

```
$hadoop jar /export/data/MapWriteHBase.jar \
cn.itcast.hbasedemo.MapWriteHBaseDriver
```

上述命令执行完成后,若 MapReduce 在程序运行过程中输出 "… completed successfully" 的提示信息,则说明 MapReduce 程序运行成功。

7. 查看运行结果

查询命名空间 itcast 的表 user_info3,在 HBase Shell 执行如下命令。

```
>scan 'itcast:user_info3'
```

上述命令执行完成后的效果如图 8-12 所示。

从图 8-12 可以看出,表 user_info3 的每行中列 base_info:age 值都大于 25,说明成功将表 user_info2 的每行数据中列 base_info:age 值大于 25 的行写入表 user_info3。

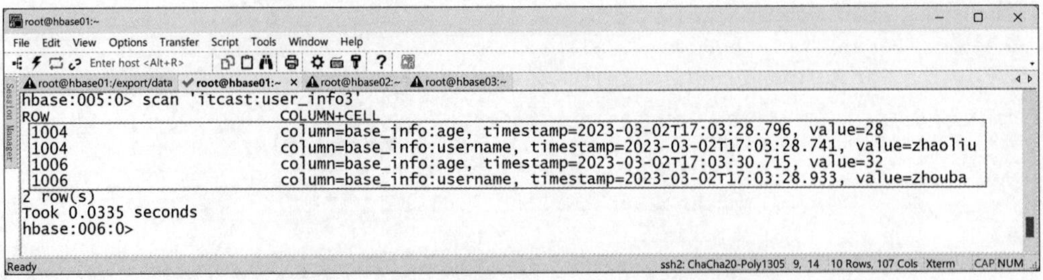

[图片：终端窗口显示 scan 'itcast:user_info3' 的结果]

图 8-12 查询命名空间 itcast 的表 user_info3

8.3.2 通过 Reduce 过程向 HBase 写入数据

通过 8.1.3 节的学习我们了解到，Reduce 过程是通过 MapReduce Java API 提供的 Reducer 类实现的，不过 Reducer 类并不支持将处理结果输出到表，因此 HBase 在 Reducer 类的基础上提供了一个抽象类 TableReducer，该类继承 Reducer 类，并且在其基础上增加了对表的支持。

通过编写代码实现向表写入数据的 Reduce 过程时，需要实现一个继承 TableReducer 类的自定义类并且重写 reduce()方法，该方法是 Reduce 过程处理数据的核心，用于获取 Map 过程输出的数据，并将数据的处理结果输出到表中。关于实现 Reduce 过程的语法格式如下。

```
public class MyReducer
    extends TableReducer<KEYIN, VALUEIN, KEYOUT>{
  @Override
  protected void reduce(
      Text key,
      Iterable<Text>values,
        Context context)
      throws IOException, InterruptedException {
  }
}
```

上述语法格式中，KEYIN 用于定义输入键值对中键的数据类型，该数据类型需要与 Map 过程输出新键值对中键的数据类型一致。VALUEIN 用于定义输入键值对中值的数据类型，该数据类型需要与 Map 过程输出新键值对中值的数据类型一致。KEYOUT 用于定义输出新键值对中键的数据类型，通常指定为 HBase 为行键提供的数据类型 ImmutableBytesWritable。关于 reduce()方法中参数的解释读者可参考 8.1.3 节，这里不再赘述。

通过上述的语法格式可以发现，实现向表写入数据的 Reduce 过程时，继承的 TableReducer 类并不需要指定输出新键值对中值的数据类型，这是因为 TableReducer 类隐性定义了输出新键值对中值的数据类型为 Put 类的实例，用于在 MapReduce 程序执行时根据行键进行插入数据的操作。

下面通过一个案例来演示如何通过 Reduce 过程向表写入数据。本案例的需求是统计文件 saleInfo 中记录的商品销售数据，将统计结果输出到命名空间 itcast 中的表 sale_info，该表包含一个列族 base_info。统计的内容为每件商品的总销售额和销售次数。有关文件 saleInfo 的部分内容如图 8-13 所示。

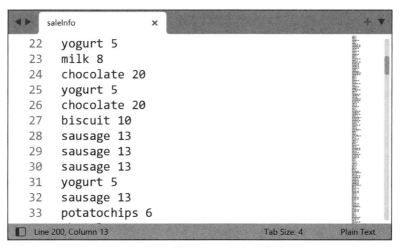

图 8-13 文件 saleInfo 的部分内容

从图 8-13 可以看出,商品每消费一次,便将该商品的名称和单价记录在文件 saleInfo 中。接下来分步骤讲解本案例的实现过程,具体操作步骤如下。

1. 实现 Map 过程

在 HBase_Chapter08 项目的包 cn.itcast.hbasedemo 中创建 ReduceWriteHBaseMapper 类,该类继承 Mapper 类并重写 map() 方法,在该方法中定义 Map 过程处理文件中每行数据的逻辑,如文件 8-12 所示。

文件 8-12　ReduceWriteHBaseMapper.java

```java
1   import org.apache.hadoop.io.IntWritable;
2   import org.apache.hadoop.io.LongWritable;
3   import org.apache.hadoop.io.Text;
4   import org.apache.hadoop.mapreduce.Mapper;
5   import java.io.IOException;
6   public class ReduceWriteHBaseMapper
7           extends Mapper<LongWritable, Text,Text, IntWritable>{
8       @Override
9       protected void map(
10              LongWritable key,
11              Text value,
12              Context context)
13              throws IOException, InterruptedException {
14          String line =value.toString();
15          String[] sales =line.split(" ");
16          String commodity =sales[0];
17          int price =new Integer(sales[1]);
18          context.write(new Text(commodity),new IntWritable(price));
19      }
20  }
```

在文件 8-12 中,指定 Map 过程处理数据的逻辑为,首先获取文件 saleInfo 的每行数据,然后将每行数据通过分隔符" "进行拆分,并将拆分后的每个元素添加到数组 sales,最后分别通过数组的第一个元素和第二个元素获取商品和单价,并组合成新的键值对形式传输到

Reduce 过程。

2．实现 Reduce 过程

在 HBase_Chapter08 项目的包 cn.itcast.hbasedemo 中创建 ReduceWriteHBaseReducer 类，该类继承 TableReducer 类并重写 reduce()方法，该方法中定义 Reduce 过程处理数据并将处理结果输出到表 sale_info 的逻辑，如文件 8-13 所示。

文件 8-13　ReduceWriteHBaseReducer.java

```
1   import org.apache.hadoop.hbase.client.Put;
2   import org.apache.hadoop.hbase.io.ImmutableBytesWritable;
3   import org.apache.hadoop.hbase.mapreduce.TableReducer;
4   import org.apache.hadoop.io.IntWritable;
5   import org.apache.hadoop.io.Text;
6   import java.io.IOException;
7   import java.nio.charset.StandardCharsets;
8   import java.security.MessageDigest;
9   import java.security.NoSuchAlgorithmException;
10  public class ReduceWriteHBaseReducer
11          extends TableReducer<Text, IntWritable, ImmutableBytesWritable>{
12      @Override
13      protected void reduce(
14              Text key,
15              Iterable<IntWritable>values,
16              Context context)
17              throws IOException, InterruptedException {
18          //获取商品名称
19          String commodity =key.toString();
20          int priceSum =0;
21          int count =0;
22          for (IntWritable price : values) {
23              //计算商品的总销售额
24              priceSum +=price.get();
25              //计算商品的销售次数
26              count +=1;
27          }
28          try {
29              //通过 getMd5()方法获取商品名称的 MD5 值作为行键
30              String rowKey =getMd5(key.toString());
31              //基于行键创建 Put 类的实例，用于向表中插入数据
32              Put put =new Put(rowKey.getBytes());
33              //向表的列 base_info:commodity 插入商品名称作为值
34              put.addColumn(
35                  "base_info".getBytes(),
36                  "commodity".getBytes(),
37                  commodity.getBytes()
38              );
39              //向表的列 base_info:count 插入商品销售次数作为值
40              put.addColumn(
41                  "base_info".getBytes(),
42                  "count".getBytes(),
43                  String.valueOf(count).getBytes()
44              );
```

```
45            //向表的列 base_info:priceSum 插入商品总销售额作为值
46            put.addColumn(
47                "base_info".getBytes(),
48                "priceSum".getBytes(),
49                String.valueOf(priceSum).getBytes()
50            );
51            context.write(new ImmutableBytesWritable(rowKey.getBytes()),put);
52        } catch (NoSuchAlgorithmException e) {
53            e.printStackTrace();
54        }
55    }
56    //获取字符串的 MD5 值
57    public static String getMd5(String text)
58            throws NoSuchAlgorithmException {
59        MessageDigest md5 =MessageDigest.getInstance("MD5");
60        byte[] bytes =md5.digest(text.getBytes(StandardCharsets.UTF_8));
61        StringBuilder builder =new StringBuilder();
62        for (byte aByte : bytes) {
63            builder.append(
64                Integer.toHexString((0x000000FF & aByte) | 0xFFFFFF00
65            ).substring(6));
66        }
67        return builder.toString();
68    }
69 }
```

在文件 8-13 中，定义 Reduce 过程处理数据的逻辑是首先通过传输到 Reduce 过程的键值对，获取商品名称，并计算商品的总销售额和销售次数。然后通过定义的 Put 类实例 put 指定向表插入的数据。最后调用 context 对象的 write() 方法输出由行键和实例 put 组合成的键值对，MapReduce 程序在执行时会根据当前的行键执行 put 中插入数据的操作。

3. 实现驱动器

在 HBase_Chapter08 项目的包 cn.itcast.hbasedemo 中创建 ReduceWriteHBaseDriver 类，在该类中实现 main() 方法，在该方法中定义 MapReduce 程序的核心配置，如文件 8-14 所示。

文件 8-14　ReduceWriteHBaseDriver.java

```
1  import org.apache.hadoop.conf.Configuration;
2  import org.apache.hadoop.fs.Path;
3  import org.apache.hadoop.hbase.HBaseConfiguration;
4  import org.apache.hadoop.hbase.client.Put;
5  import org.apache.hadoop.hbase.client.Scan;
6  import org.apache.hadoop.hbase.io.ImmutableBytesWritable;
7  import org.apache.hadoop.hbase.mapreduce.TableMapReduceUtil;
8  import org.apache.hadoop.io.IntWritable;
9  import org.apache.hadoop.io.Text;
10 import org.apache.hadoop.mapreduce.Job;
11 import org.apache.hadoop.mapreduce.lib.input.FileInputFormat;
12 import java.io.IOException;
13 public class ReduceWriteHBaseDriver {
14     public static void main(String[] args)
15         throws IOException, InterruptedException, ClassNotFoundException {
16         Configuration conf =HBaseConfiguration.create();
```

```
17          conf.set("zookeeper.znode.parent","/hbase-fully");
18          conf.set("mapreduce.framework.name","yarn");
19          Job job =Job.getInstance(conf);
20          //指定驱动器实现类
21          job.setJarByClass(ReduceWriteHBaseDriver.class);
22          //指定 Map 过程实现类
23          job.setMapperClass(ReduceWriteHBaseMapper.class);
24          Scan scan =new Scan();
25          scan.setCaching(500);
26          scan.setCacheBlocks(false);
27          //指定输出数据的表,以及 Reduce 过程的实现类
28          TableMapReduceUtil.initTableReducerJob(
29              "itcast:sale_info",
30              ReduceWriteHBaseReducer.class,
31              job);
32          //指定 Map 过程输出键值对中键的数据类型
33          job.setMapOutputKeyClass(Text.class);
34          //指定 Map 过程输出键值对中值的数据类型
35          job.setMapOutputValueClass(IntWritable.class);
36          //指定 MapReduce 程序输出键值对中键的数据类型
37          job.setOutputKeyClass(ImmutableBytesWritable.class);
38          //指定 MapReduce 程序输出键值对中值的数据类型
39          job.setOutputValueClass(Put.class);
40          FileInputFormat.setInputPaths(job,
41              new Path ( " hdfs://192.168.121.138:9820/chapter08/input/
                saleInfo"));
42          System.exit(job.waitForCompletion(true) ? 0 : 1);
43      }
44  }
```

上述代码的内容在本章前面几节中均有涉及,因此其含义这里不再赘述。

4. 封装 jar 文件

在 IntelliJ IDEA 将 HBase_Chapter08 项目封装为 jar 文件,并且将 jar 文件重命名为 ReduceWriteHBase.jar。封装 jar 文件的相关操作读者可参考 8.2 节,这里不再赘述。

5. 上传 jar 文件

将 jar 文件 ReduceWriteHBase.jar 上传到虚拟机 HBase01 的/export/data/目录。

6. 创建表

在 HBase 的命名空间 itcast 创建表 sale_info,在 HBase Shell 执行如下命令。

```
>create 'itcast:sale_info','base_info'
```

7. 上传数据文件

首先将数据文件 saleInfo 上传到虚拟机 HBase01 的/export/data 目录下,然后在 HDFS 创建目录/Chapter08/input,最后将数据文件 saleInfo 上传到 HDFS 的/Chapter08/input 目录,有关在 HDFS 创建目录和上传数据文件到 HDFS 的命令如下。

```
$hdfs dfs -mkdir /Chapter08/input
$hdfs dfs -put /export/data/saleInfo /Chapter08/input
```

8. 运行 MapReduce 程序

通过 Hadoop 提供的 hadoop jar 命令运行 jar 文件 ReduceWriteHBase.jar,在虚拟机 HBase01 执行如下命令。

```
$hadoop jar /export/data/ReduceWriteHBase.jar \
cn.itcast.hbasedemo.ReduceWriteHBaseDriver
```

上述命令执行完成后，若 MapReduce 在程序运行过程中输出"… completed successfully"的提示信息，则说明 MapReduce 程序运行成功。

9. 查看运行结果

查询命名空间 itcast 的表 sale_info，在 HBase Shell 执行如下命令。

```
>scan 'itcast:sale_info'
```

上述命令执行完成后的效果如图 8-14 所示。

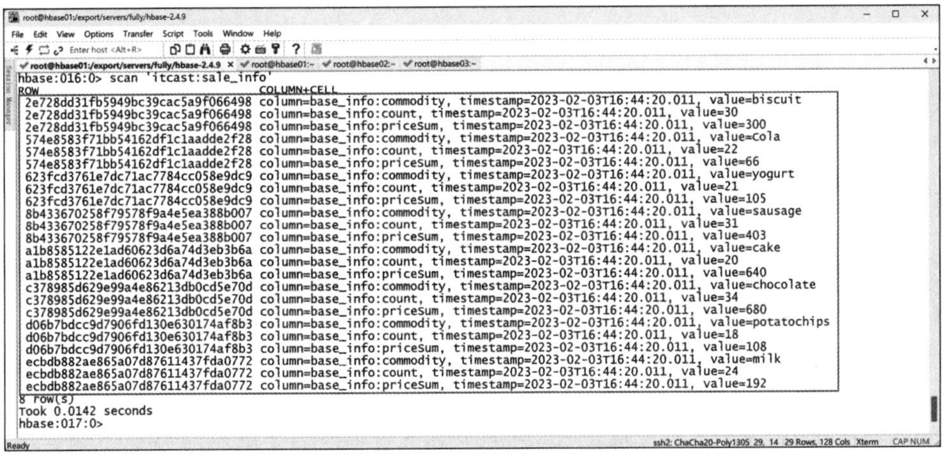

图 8-14 查看表 sale_info 的数据

从图 8-14 可以看出，表 sale_info 的每行数据存放了每个商品总销售额和总销售次数的统计结果，如商品 cola 销售的次数为 22，总销售额为 66，说明成功将文件 saleInfo 的统计结果输出到表 sale_info。

8.4 本章小结

本章主要讲解了 HBase 集成 MapReduce 的相关操作，首先讲解了 MapReduce 的相关内容及其操作，包括 MapReduce 核心思想、MapReduce 编程模型、实现 MapReduce 程序和案例——词频统计。然后讲解了 MapReduce 读取 HBase 数据的相关操作。最后讲解了 MapReduce 写入 HBase 数据的相关操作，包括通过 Map 过程向 HBase 写入数据和通过 Reduce 过程向 HBase 写入数据。希望通过本章的学习，读者可以熟悉 MapReduce 读写 HBase 数据的相关操作，在实际工作中，可以根据不同业务，灵活运用 MapReduce 程序处理 HBase 表的数据。

8.5 课后习题

一、填空题

1. MapReduce 底层核心思想采用的是_____。
2. MapReduce 是一种_____。

3. 实现 Reduce 过程的方法是_____。

4. 在 MapReduce 中用来配置并启动 MapReduce 程序的是_____。

5. HBase 在 Mapper 类的基础上提供了一个抽象类_____用于对表的支持。

二、判断题

1. MapReduce 程序可以不包含 Map 过程。（   ）

2. MapReduce 会将原始数据解析为键值对的形式。（   ）

3. Reduce 过程默认会将相同键的值合并在一起。（   ）

4. 每个 MapReduce 程序只能有一个 Reduce 过程。（   ）

5. 从 HBase 读数据是通过 Reduce 过程实现的。（   ）

三、选择题

1. 下列选项中，属于 HBase 为行键提供的数据类型的是（   ）。
   A. LongBytesWritable   B. IntBytesWritable
   C. ImmutableBytesWritable   D. TextBytesWritable

2. 通过 Map 过程向表插入数据时，指定输出值的数据类型固定为（   ）。
   A. ImmutableBytesWritable   B. Put
   C. TextBytesWritable   D. BytesWritable

3. 下列选项中，属于实现 Map 过程的方法是（   ）。
   A. mapFunction()   B. map()
   C. mapper()   D. setMap()

4. 下列选项中，用于实现读取 HBase 表的 Map 过程时需要继承的类是（   ）。
   A. TableMapper   B. ReadeMapper
   C. HBaseMapper   D. ReadeTableMapper

5. HBase 提供的工具类 TableMapReduceUtil 中，用于初始化 Reduce 过程的方法是（   ）。
   A. initReducerJob()   B. initReducer()
   C. initTableReducerJob()   D. initTableReducer()

四、简答题

简述 MapReduce 简易模型的数据处理过程。

第 9 章
综合项目——聊天工具存储系统

学习目标

- 了解项目概述,能够说出本项目的需求和表的设计思路。
- 了解开发环境的构建,能够在 IntelliJ IDEA 构建本项目的开发环境。
- 掌握表的构建,能够根据本项目表的设计思路独立完成在 HBase 创建表的操作。
- 掌握存储用户聊天消息,能够独立完成将用户聊天消息存储到 HBase 表的程序。
- 掌握数据查询服务的构建,能够根据本项目的需求灵活运用 HBase 提供的过滤器查询数据。

本章基于 HBase 数据库技术实现聊天工具存储系统项目,该项目是 HBase 数据库的综合应用,其核心是基于 HBase 实现数据的存储与查询,通过对本项目实现过程的讲解,帮助读者更加深入地理解 HBase 数据库的实际应用。

9.1 项目概述

9.1.1 项目背景介绍

创新是引领科技变革的关键要素,它驱动着科技的快速发展,深刻地改变着我们的生活方式、工作方式,甚至思维方式。创新为我们提供了方便快捷的聊天工具,如微信、QQ 等,使我们能够随时随地获取信息和知识,极大地提升了生活的便利性。随着互联网技术的进步和移动网络的普及,聊天工具已经成为人们主流的社交方式,其用户数呈现爆发式增长,每天面临为数以千万甚至上亿用户提供聊天服务的挑战。

为了便于用户通过聊天工具的"历史记录"功能查询历史聊天消息,聊天工具会存储每位用户发送和接收的消息,这些被存储的消息很少被读取,这主要是因为我们在使用聊天工具时,大多数是通过聊天工具发送和接收消息,而很少查看历史消息。HBase 作为分布式数据库,对于海量数据的存储有着不错的表现,与此同时,HBase 本身也非常适合写多读少的应用场景,因此,对于聊天工具而言,通过 HBase 来存储用户发送和接收的消息是不错的选择。

本项目结合某聊天工具的业务背景,通过 HBase 来存储用户在使用聊天工具过程中产生的海量数据,并提供用户查询历史聊天消息的功能。

9.1.2 原始数据结构

用户通过聊天工具发送消息时，聊天工具不仅会存储消息的发送者账号、接收者账号、发送时间，以及消息内容这些核心内容，还会存储发送者 IP 地址、接收者 IP 地址、发送者手机型号等附加内容，便于后续为数据分析提供数据支撑。聊天工具在存储用户发送消息的过程中，会通过不同字段标注每条消息内的特定内容，有关本项目中用户发送每条消息的内容如表 9-1 所示。

表 9-1　用户发送每条消息的内容

字 段 名	描 述	字 段 名	描 述
msg_time	发送消息的时间	receiver_ip	接收者的 IP
sender_nickyname	发送者的昵称	receiver_account	接收者的账号
sender_account	发送者的账号	receiver_os	接收者使用的手机操作系统
sender_ip	发送者的 IP 地址	receiver_phone_type	接收者使用的手机型号
sender_os	发送者使用的手机操作系统	receiver_network	接收者使用的网络制式
sender_phone_type	发送者使用的手机型号	receiver_gps	接收者的位置信息
sender_network	发送者使用的网络制式	msg_type	发送消息的类型
sender_gps	发送者的位置信息	message	发送消息的内容
receiver_nickyname	接收者的昵称		

在表 9-1 中，网络制式是指手机使用的移动通信网络为 3G、4G 或 5G。位置信息是指通过手机的 GPS 获取经纬度信息。

9.1.3 需求分析

在开始学习新知识前，通过预先剖析核心内容，合理安排学习步骤、时间、资源和设置个人期望，可以更高效地掌握所需知识，从而提升学习效果和效率。不仅如此，这样的前期准备和规划还能有力地培养责任感和自我管理能力，使我们在面对复杂或挑战性的任务时，拥有更充足的信心和准备。

在实现项目之前，我们先对项目的需求进行分析。本项目的目标是将聊天工具中用户发送的消息存储在 HBase，并根据历史记录功能查询指定的历史聊天消息，其中历史记录功能主要提供以下两方面查询。

1. 根据指定日期查询发送消息的内容

该需求主要将发送者账号、接收者账号和指定日期作为查询条件，查询某位用户与另一位用户在指定日期发送消息的内容。

2. 根据关键字查询发送消息的时间

该需求主要将发送者账号、接收者账号和关键字作为查询条件，查询某位用户与另一位用户发送的所有消息中，包括指定关键字的消息，以及该消息的发送时间。

9.1.4 表设计

本项目通过 HBase 中命名空间 MOMO_CHAT 的表 MSG 来存储用户发送的消息，下面从列族设计、数据压缩、行键设计和预拆分 4 个方面来介绍本项目中表 MSG 的设计思路，具体内容如下。

1. 列族设计

在 HBase 中列族的数量直接影响其性能，列族的数量越少对于 HBase 性能的影响越低，本项目在表 MSG 中只设计一个列族 C1。

2. 数据压缩

HBase 支持 GZ、LZO、LZ4 和 SNAPPY 这 4 种压缩格式，其中 GZ 的压缩率最高，可以最大限度地节省存储空间，而本项目的核心是海量数据的存储，对于读取和写入数据的效率并不做过多要求，因此本项目使用 GZ 作为列族 C1 的压缩格式。

3. 行键设计

本项目中表 MSG 的行键由随机字符串、发送者账号、接收者账号和发送消息的时间戳组合而成，这 4 部分内容通过分隔符"_"进行拼接，其中随机字符串会作为行键的前缀，其目的是进行加盐处理，防止 Region 出现热点现象，让数据均匀分布在不同的 Region，有关表 MSG 中行键的组合形式如下。

随机字符串_发送者账号_接收者账号_发送消息的时间戳

上述内容中，发送者账号、接收者账号和发送消息的时间戳是根据当前存储到 HBase 的消息而来。而随机字符串是通过 Hash 算法 MD5 计算指定字符串的值而来，该字符串的组合形式如下。

发送者账号_接收者账号_发送消息的时间戳

上述内容中，发送者账号、接收者账号和发送消息的时间戳，同样是根据当前存储到 HBase 的消息而来。当 Hash 算法 MD5 计算完指定字符串后，会随机生成一个新的字符串，该字符串的长度为 32 位，这里为了避免行键的长度过长，最终仅截取字符串的前 8 位作为行键的前缀。

4. 预拆分

为表 MSG 设置预拆分可以提升写入数据的效率，本项目使用 HBase 提供的预拆分算法 HexStringSplit 设置预拆分，指定 Region 的数量为 6。这里使用预拆分算法 HexStringSplit 的原因是，在行键设计时指定行键的前缀为字符串，而预拆分算法 HexStringSplit 适用于行键前缀为字符串的表。

9.2 模块开发——构建开发环境

本项目主要利用 IntelliJ IDEA 编写 Java 应用程序实现。在实现本项目之前，需要通过 IntelliJ IDEA 构建本项目的开发环境，这里主要包括创建 Java 项目和添加项目依赖，具体内容如下。

1. 创建 Java 项目

在 IntelliJ IDEA 中基于 Maven 构建 Java 项目 HBase_Chapter09,在该项目中创建包 cn.itcast.chat.storage 和 cn.itcast.chat.select,前者用于存放数据存储服务的相关程序,后者用于存放数据查询服务的相关程序,项目 HBase_Chapter09 创建完成的效果如图 9-1 所示。

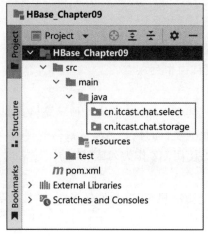

图 9-1　项目 HBase_Chapter09 创建完成的效果

2. 添加项目依赖

在 Java 项目的 pom.xml 文件中添加用于实现本项目的相关依赖,具体内容如下。

```
1  <dependencies>
2    <dependency>
3      <groupId>org.apache.hbase</groupId>
4      <artifactId>hbase-server</artifactId>
5      <version>2.4.9</version>
6    </dependency>
7    <dependency>
8      <groupId>com.alibaba.fastjson2</groupId>
9      <artifactId>fastjson2</artifactId>
10     <version>2.0.23</version>
11   </dependency>
12   <dependency>
13     <groupId>org.apache.poi</groupId>
14     <artifactId>poi</artifactId>
15     <version>4.0.1</version>
16   </dependency>
17   <dependency>
18     <groupId>org.apache.poi</groupId>
19     <artifactId>poi-ooxml</artifactId>
20     <version>4.0.1</version>
21   </dependency>
22   <dependency>
23     <groupId>org.apache.poi</groupId>
24     <artifactId>poi-ooxml-schemas</artifactId>
25     <version>4.0.1</version>
26   </dependency>
27 </dependencies>
```

上述代码中，第 2~6 行代码添加 HBase 服务依赖，主要用于实现从 HBase 读取数据和向 HBase 写入数据的相关操作。第 7~11 行代码添加 JSON 依赖，主要用于将模拟生成的用户聊天消息格式化为便于解析的 JSON 字符串。第 12~26 行代码添加 Office 依赖，主要用于从 Excel 文件读取数据模拟生成用户聊天消息。

9.3 模块开发——构建数据存储服务

构建本项目的数据存储服务，主要包括根据表设计在 HBase 中构建表，以及将模拟生成的用户聊天消息存储到 HBase 的表中，本节详细介绍这两部分内容的实现过程。

9.3.1 构建表

构建表是根据本项目中表 MSG 的设计思路，在 HBase 的命名空间 MOMO_CHAT 中创建表 MSG，具体操作步骤如下。

1. 启动集群环境

分别在虚拟机 HBase01、HBase02 和 HBase03 中，通过依次启动 ZooKeeper 集群、Hadoop 集群和 HBase 集群，启动本项目的集群环境，待集群环境启动完成后，分别在 3 台虚拟机中执行 jps 命令查看集群环境的启动状态，如图 9-2 所示。

图 9-2 查看集群环境的启动状态

若读者在查看集群环境的启动状态时，3 台虚拟机输出的进程名称与图 9-2 一致，那么说明成功启动集群环境。需要说明的是，如果读者启动的 HBase 集群不是高可用模式，那么虚拟机 HBase03 中并不存在名称为 HMaster 的进程。

2. 创建命名空间

在虚拟机 HBase01 启动 HBase Shell，在 HBase 创建命名空间 MOMO_CHAT，具体命令如下。

```
>create_namespace 'MOMO_CHAT'
```

上述命令执行完成后，可以在 HBase Shell 执行"list_namespace"命令查看命名空间 MOMO_CHAT 是否创建成功。

3. 创建表

在命名空间 MOMO_CHAT 创建表 MSG，创建表的同时指定列族名称为 C1，列族 C1 的压缩格式为 GZ，使用预拆分的算法 HexStringSplit，以及预拆分 Region 的数据为 6，在 HBase Shell 执行如下命令。

```
>create 'MOMO_CHAT:MSG', {NAME =>"C1", COMPRESSION =>"GZ"},
```

```
{ NUMREGIONS =>6, SPLITALGO =>'HexStringSplit'}
```

上述命令执行完成后，可以在浏览器中输入“http://hbase01:16010/table.jsp? name=MOMO_CHAT%3AMSG”，通过 HBase Web UI 查看表 MSG 的信息，确认表 MSG 是否成功设置预拆分，如图 9-3 所示。

Name(6)	Region Server	ReadRequests (0)	WriteRequests (0)	StorefileSize (0 MB)	Num.Storefiles (0)	MemSize (0 MB)	Start Key	End Key	Region State
MOMO_CHAT:MSG,,1677823113985.322a791abb8c2ff99f6da8c4e8209109.	hbase02:16030	0	0	0 MB	0	0 MB		2aaaaaaa	OPEN
MOMO_CHAT:MSG,2aaaaaaa,1677823113985.8f485c1f0ba0e76ca094e571198d4b11.	hbase03:16030	0	0	0 MB	0	0 MB	2aaaaaaa	55555554	OPEN
MOMO_CHAT:MSG,55555554,1677823113985.102ae6db778d6872805d00e41c0bafe1.	hbase02:16030	0	0	0 MB	0	0 MB	55555554	7ffffffe	OPEN
MOMO_CHAT:MSG,7ffffffe,1677823113985.b00e7a5c9b5ed7f76707403afd52cbc4.	hbase03:16030	0	0	0 MB	0	0 MB	7ffffffe	aaaaaaa8	OPEN
MOMO_CHAT:MSG,aaaaaaa8,1677823113985.16a32593865ca8230cded365797074f8.	hbase02:16030	0	0	0 MB	0	0 MB	aaaaaaa8	d5555552	OPEN
MOMO_CHAT:MSG,d5555552,1677823113985.8dd66b59ce80dd718cdc4abeb9e5a837.	hbase03:16030	0	0	0 MB	0	0 MB	d5555552		OPEN

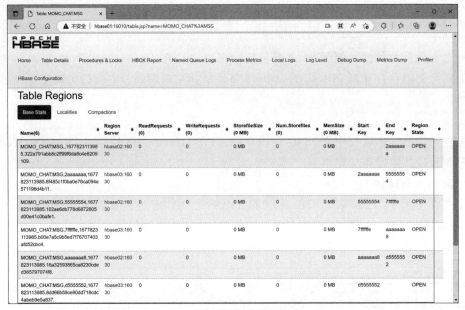

图 9-3 查看表 MSG 的信息(1)

从图 9-3 可以看出，表 MSG 包含 6 个 Region，因此说明成功为表 MSG 设置预拆分。至此，便完成了本项目构建表的相关操作。

9.3.2 模拟生成用户聊天消息

本项目基于 Excel 文件 ChatData.xlsx 模拟生成用户聊天消息，该文件由 17 列组成，它们分别对应表 9-1 中的 17 个字段。文件 ChatData.xlsx 会在本章的配套资源中提供给读者使用，这里对该文件的部分内容进行展示，如图 9-4 所示。

	A	B	C	D	E	F	G	H	I	J	K
1	msg_time	sender_nickyname	sender_account	sender_ip	sender_os	sender_phone_type	sender_network	sender_gps	receiver_nickyname	receiver_ip	receiver_accoun
2	2020/05/08 15:11:33	古博易	14747877194	48.147.134.2	Android 8.0	小米 Redmi K30	4G	94.704577,36.	莱优	97.61.25.52	17832829395
3	2020/05/09 15:11:33	闭泰然	13049393149	132.64.68.8:	IOS 9.0	Apple iPhone 11	5G	96.985842,38.	焉英耀	78.137.116.188	18874086861
4	2020/05/10 15:11:33	卯飞羽	13388666685	24.234.209.	IOS 12.0	Apple iPhone XR	4G	88.743853,39.	蹇彭泽	126.6.200.58	18261923981
5	2020/05/11 15:11:33	始莺	15969104983	129.100.252.	Android 6.0	华为 荣耀Play4T	4G	87.860782,33.	富建章	247.25.68.26	13484033301
6	2020/05/12 15:11:33	东星宇	18852697728	187.240.213.	Android 7.0	华为 荣耀9X	3G	99.487874,33.	单于孤兰	199.132.146.4	17662997828
7	2020/05/13 15:11:33	苌熙	13951582206	110.251.246.	IOS 10.0	Apple iPhone 10	5G	103.976814,34	来夏旋	187.146.240.7	15055771625
8	2020/05/14 15:11:33	茹鸿晖	15510232224	184.147.145.	Android 6.0	华为 荣耀畅玩9A	4G	101.62196,36.7	鞠良骏	59.236.22.187	13144081654
9	2020/05/15 15:11:33	帖壁	17707252719	220.26.70.1	Android 7.0	一加 OnePlus	4G	108.171398,38.	屠山蝶	41.252.164.18	17772536918
10	2020/05/16 15:11:33	辛浩大	15661332107	83.229.79.8	Android 6	VIVO U3X	5G	109.348825,33	化凝丝	196.219.200.1	18307134325
11	2020/05/17 15:11:33	赛泽雨	13874162297	14.199.18.14	Android 8.0	小辣椒 红辣椒8X	4G	109.054468,3	接凡桃	154.197.189.7	13318129118
12	2020/05/18 15:11:33	骆高翰	13830992461	148.40.161.1	IOS 9.0	Apple iPhone 8	4G	103.976814,29	生绮玉	55.194.234.9	18991973085
13	2020/05/19 15:11:33	兴虎	15571043349	54.84.188.5	IOS 12.0	Apple iPhone 10	3G	103.535279,37	边高懿	246.23.234.1	14547447847
14	2020/05/20 15:11:33	晁泰平	13621008833	195.146.79.7	Android 6.0	OPPO A11X	5G	99.267106,29.	梁丘雨琴	196.75.116.78	18573076910
15	2020/05/21 15:11:33	叶曜瑞	17845183603	211.155.183.	Android 7.0	OPPO Reno3	3G	105.595776,4	肇博超	65.199.49.186	13647128512
16	2020/05/22 15:11:33	郯乐游	13054643458	216.145.15.9	Android 5.1	华为 荣耀Play4T	5G	111.335733,40.	端木兴文	191.101.193.14	13384553048
17	2020/05/23 15:11:33	藤河	14737199310	151.37.182.2	Android 6.0	华为 荣耀9X	4G	118.915419,42.	夕司辰	2.161.227.209	13051905434
18	2020/05/24 15:11:33	文俊人	13280256412	66.93.114.12	Android 7.0	华为 荣耀畅玩9A	4G	120.313614,44.	褒晨希	127.68.178.19	18743137694
19	2020/05/25 15:11:33	宾睿聪	15213801781	47.173.66.2	Android 6	一加 OnePlus	5G	122.742057,46	车典丽	149.119.60.52	17705275624
20	2020/05/26 15:11:33	牛星海	17351912952	52.171.36.98	Android 8.0	VIVO U3X	4G	123.257181,48.	夹谷冬易	251.150.85.16	17742251415
21	2020/05/27 15:11:33	衡文瑞	15293589118	142.181.192.	IOS 9.0	Apple iPhone 10	4G	128.114068,46	潘依白	144.105.186.14	13638536155
22	2020/05/28 15:11:33	冠高爽	13192429157	105.52.0.120	IOS 12.0	Apple iPhone 11	5G	129.438673,44	邝琨瑶	71.93.55.74	15939344727
23	2020/05/29 15:11:33	答建柏	13514684105	243.242.144	Android 6.0	华为 荣耀9X	4G	121.785398,41.	蚁婉丽	22.121.74.132	13869783495
24	2020/05/30 15:11:33	武文曜	13285149192	49.20.144.2	Android 6	华为 荣耀畅玩9A	4G	118.105938,39.	咸又晴	24.116.130.24	18590807114
25	2020/05/31 15:11:33	抄成龙	18679199658	98.67.223.1	Android 8.0	一加 OnePlus	5G	114.058533,36	井采	95.237.112.44	13425341795
26	2020/06/01 15:11:33	辟雪松	18862883206	249.85.241.1	IOS 9.0	Apple iPhone 10	4G	113.911355,33.	葛忆灵	145.160.35.94	18549639061

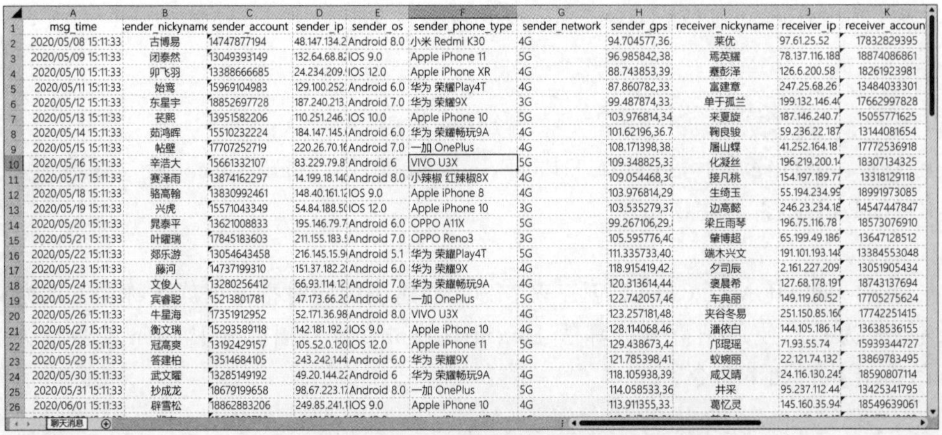

图 9-4 文件 ChatData.xlsx 的部分内容

从图 9-4 可以看出，文件 ChatData.xlsx 内的数据存放在工作区"聊天消息"中。

下面通过编写 Java 应用程序，从文件 ChatData.xlsx 的每一列随机抽取一行（除第一行）数据，组合成一条完整的用户聊天消息，具体操作步骤如下。

1. 创建实体类

在项目 HBase_Chapter09 的包 cn.itcast.chat.storage 中创建实体类 Msg，该类用于装载模拟生成的用户聊天消息，具体代码如文件 9-1 所示。

文件 9-1　Msg.java

```
1   import com.alibaba.fastjson2.JSON;
2   public class Msg {
3     private String msg_time;
4     private String sender_nickyname;
5     private String sender_account;
6     private String sender_ip;
7     private String sender_os;
8     private String sender_phone_type;
9     private String sender_network;
10    private String sender_gps;
11    private String receiver_nickyname;
12    private String receiver_ip;
13    private String receiver_account;
14    private String receiver_os;
15    private String receiver_phone_type;
16    private String receiver_network;
17    private String receiver_gps;
18    private String msg_type;
19    private String message;
20    //省略属性的 Getter()和 Setter()方法
21    ...
22    @Override
23    public String toString() {
24        return JSON.toJSONString(this);
25    }
26  }
```

在文件 9-1 中，第 3～19 行代码用于定义实体类的属性，每个属性与表 9-1 的每个字段相对应，并且含义相同。第 22～25 行代码，重写 toString()方法，将实体类装载的用户聊天消息格式化为便于解析的 JSON 字符串。

2. 创建工具类

在项目 HBase_Chapter09 的包 cn.itcast.chat.storage 创建工具类 ExcelReader，该类用于从文件 ChatData.xlsx 读取数据，具体代码如文件 9-2 所示。

文件 9-2　ExcelReader.java

```
1   import org.apache.poi.openxml4j.exceptions.InvalidFormatException;
2   import org.apache.poi.openxml4j.opc.OPCPackage;
3   import org.apache.poi.ss.usermodel.Cell;
4   import org.apache.poi.ss.usermodel.CellType;
5   import org.apache.poi.ss.usermodel.Row;
6   import org.apache.poi.xssf.usermodel.XSSFCell;
```

```java
7    import org.apache.poi.xssf.usermodel.XSSFRow;
8    import org.apache.poi.xssf.usermodel.XSSFSheet;
9    import org.apache.poi.xssf.usermodel.XSSFWorkbook;
10   import java.io.IOException;
11   import java.util.*;
12   public class ExcelReader {
13       /**
14        * readXlsx()方法用于将文件 ChatData.xlsx 内的数据读取到 Map 集合
15        * 参数 path 用于指定文件 ChatData.xlsx 的路径
16        * 参数 sheetName 用于指定文件 ChatData.xlsx 内的工作表
17        *
18        */
19       public static Map<String,List<String>>
20                       readXlsx(String path,String sheetName)
21           throws InvalidFormatException, IOException {
22           SimpleDateFormat sdf =
23                   new SimpleDateFormat("yyyy-MM-dd HH:mm:ss");
24           HashMap<String, List<String>>resultMap
25                   =new HashMap<String, List<String>>();
26           //定义 List 集合 columnList 用于存储所有列名
27           ArrayList<String>columnList = new ArrayList<>();
28           //根据指定路径解析文件 ChatData.xlsx
29           OPCPackage pkg =OPCPackage.open(path);
30           //通过流的方式读取文件 ChatData.xlsx
31           XSSFWorkbook excel =new XSSFWorkbook(pkg);
32           //读取文件 ChatData.xlsx 内指定工作区的数据
33           XSSFSheet sheet =excel.getSheet(sheetName);
34           XSSFRow columnRow =sheet.getRow(0);
35           Iterator<Cell>colIter =columnRow.iterator();
36           while (colIter.hasNext()){
37               Cell cell =colIter.next();
38               String colName =cell.getStringCellValue();
39               columnList.add(colName);
40           }
41           for(String colName : columnList) {
42               resultMap.put(colName, new ArrayList<String>());
43           }
44           //将指定工作区的每行数据转换为迭代器 iter 的每个元素
45           Iterator<Row>iter =sheet.iterator();
46           int i =0;
47           int rownum =1;
48           while(iter.hasNext()) {
49               Row row =iter.next();
50               //将每行数据内的每一列转换为迭代器 cellIter 的每个元素
51               Iterator<Cell> cellIter =row.cellIterator();
52               if(rownum <=1) {
53                   ++rownum;
54                   continue;
55               }
56               while(cellIter.hasNext()) {
57                   XSSFCell cell=(XSSFCell) cellIter.next();
58                   //判断数据的类型是否为 NUMERIC,在 Excel 中日期的类型
                       //为 NUMERIC
```

```
59                     //从Excel读取日期数据时会转换为Double,需要将Double转换为日期
60                     if(cell.getCellType() ==CellType.NUMERIC) {
61                       resultMap.get(
62                           columnList.get(i % columnList.size()))
63                           .add(
64                             sdf.format(
65                               HSSFDateUtil.getJavaDate(
66                                 Double.parseDouble(
67                                   Double.toString(
68                                     cell.getNumericCellValue()
69                                   )
70                                 )
71                               )
72                             )
73                           );
74                     }
75                     else {
76                       resultMap.get(
77                           columnList.get(i % columnList.size()))
78                           .add(cell.getStringCellValue());
79                     }
80                     ++i;
81                     ++rownum;
82                 }
83             }
84         return resultMap;
85     }
86     /* *
87      * randomColum()方法用于随机读取指定列的某一行数据
88      * 参数 resultMap用于指定存放文件 ChatData.xlsx内数据的 Map集合
89      * 参数 columnName用于指定列名
90      */
91     public static String randomColum(
92         Map<String, List<String>>resultMap,
93         String columnName
94     ){
95         //通过指定列名获取该列在集合 resultMap 存放的数据
96         List<String> valList =resultMap.get(columnName);
97         Random random =new Random();
98         int randomIndex =random.nextInt(valList.size());
99         //随机获取指定列的某一行数据作为返回值
100         return valList.get(randomIndex);
101     }
102 }
```

在文件 9-2 中,第 24、25 行代码定义 Map 集合 resultMap,该集合用于存储文件 ChatData.xlsx 的数据,其中 Map 集合的 Key 用于存储列名,Map 集合的 Value 用于存储列的数据。

第 34~40 行代码首先获取指定工作区的第一行数据并存放到对象 columnRow;然后将对象 columnRow 转换为迭代器 colIter,此时迭代器中的每个元素为第一行数据记录不同列的名称。最后遍历迭代器 colIter 获取每个元素,并将每个元素的数据类型转换为

String 之后添加到集合 columnList。

第 41～43 行代码用于初始化集合 resultMap，并通过遍历集合 columnList，将集合 columnList 的每个元素作为集合 resultMap 的 Key。

第 48～82 行代码用于遍历迭代器 iter 获取指定工作区的数据，其中第 52～55 行代码用于跳过获取第一行存储列名的数据。第 56～78 行代码用于遍历迭代器 cellIter 获取每列数据，并添加到集合 resultMap 内指定 Key 的 Value 中。

3．创建实现类

在项目 HBase_Chapter09 的包 cn.itcast.chat.storage 中创建实现类 GenerateMsg，该类用于模拟生成用户聊天数据，具体代码如文件 9-3 所示。

文件 9-3　GenerateMsg.java

```
1   import org.apache.poi.openxml4j.exceptions.InvalidFormatException;
2   import java.io.IOException;
3   import java.util.List;
4   import java.util.Map;
5   public class GenerateMsg {
6     public static void main(String[] args)
7             throws IOException, InvalidFormatException {
8         //指定文件 ChatData.xlsx 的路径
9         String xlxsPath ="D:\\Data\\ChatData.xlsx";
10        //将文件 ChatData.xlsx 中工作区"聊天消息"的数据读取到 Map 集合 resultMap
11        Map<String, List<String>>resultMap =
12                ExcelReader.readXlsx(xlxsPath, "聊天消息");
13        //模拟生成 10 条用户聊天消息
14        for (int i =0;i<10;i++){
15            System.out.println(getMsg(resultMap).toString());
16        }
17    }
18    public static Msg getMsg(Map<String, List<String>>resultMap){
19        Msg msg =new Msg();
20        //模拟生成发送消息的时间并装载到实体类 Msg
21        msg.setMsg_time(
22                ExcelReader.randomColum(resultMap,"msg_time"));
23        //模拟生成发送者的昵称并装载到实体类 Msg
24        msg.setSender_nickyname(
25                ExcelReader.randomColum(resultMap,"sender_nickyname"));
26        //模拟生成发送者的账号并装载到实体类 Msg
27        msg.setSender_account(
28                ExcelReader.randomColum(resultMap,"sender_account"));
29        //模拟生成发送者的 IP 地址并装载到实体类 Msg
30        msg.setSender_ip(
31                ExcelReader.randomColum(resultMap,"sender_ip"));
32        //模拟生成发送者使用的手机操作系统并装载到实体类 Msg
33        msg.setSender_os(
34                ExcelReader.randomColum(resultMap,"sender_os"));
35        //模拟生成发送者使用的手机型号并装载到实体类 Msg
36        msg.setSender_phone_type(
37                ExcelReader.randomColum(resultMap,"sender_phone_type"));
38        //模拟生成发送者使用的网络制式并装载到实体类 Msg
39        msg.setSender_network(
```

```
40              ExcelReader.randomColum(resultMap,"sender_network"));
41        //模拟生成发送者的位置信息并装载到实体类 Msg
42        msg.setSender_gps(
43              ExcelReader.randomColum(resultMap,"sender_gps"));
44        //模拟生成接收者的昵称并装载到实体类 Msg
45        msg.setReceiver_nickyname(
46              ExcelReader.randomColum(resultMap,"receiver_nickyname"));
47        //模拟生成接收者的账号并装载到实体类 Msg
48        msg.setReceiver_account(
49              ExcelReader.randomColum(resultMap,"receiver_account"));
50        //模拟生成接收者的 IP 地址并装载到实体类 Msg
51        msg.setReceiver_ip(
52              ExcelReader.randomColum(resultMap,"receiver_ip"));
53        //模拟生成接收者使用的手机操作系统并装载到实体类 Msg
54        msg.setReceiver_os(
55              ExcelReader.randomColum(resultMap,"receiver_os"));
56        //模拟生成接收者使用的手机型号并装载到实体类 Msg
57        msg.setReceiver_phone_type(
58              ExcelReader.randomColum(resultMap,"receiver_phone_type"));
59        //模拟生成接收者使用的网络制式并装载到实体类 Msg
60        msg.setReceiver_network(
61              ExcelReader.randomColum(resultMap,"receiver_network"));
62        //模拟生成接收者的位置信息并装载到实体类 Msg
63        msg.setReceiver_gps(
64              ExcelReader.randomColum(resultMap,"receiver_gps"));
65        //模拟生成发送消息的类型并装载到实体类 Msg
66        msg.setMsg_type(
67              ExcelReader.randomColum(resultMap,"msg_type"));
68        //模拟生成发送消息的内容并装载到实体类 Msg
69        msg.setMessage(
70              ExcelReader.randomColum(resultMap,"message"));
71        return msg;
72     }
73  }
```

在文件 9-3 中，第 18～72 行代码定义 getMsg()方法，用于模拟生成用户聊天消息，该方法的参数 resultMap 用于指定存放文件 ChatData.xlsx 数据的 Map 集合。

4. 运行实现类

确保文件 ChatData.xlsx 处于实现类中指定的路径，在 IntelliJ IDEA 运行文件 9-3，控制台的输出结果如图 9-5 所示。

图 9-5 文件 9-3 的运行结果

从图9-5可以看出，控制台输出了生成的聊天消息，并且每条聊天消息的格式为JSON字符串。

9.3.3 存储用户聊天消息

通过前面内容的学习，成功实现了模拟生成用户聊天消息的Java应用程序，不过此时该应用程序只是将生成的用户聊天消息输出到控制台，而没有进行持久化处理。接下来基于实现类GenerateMsg分步骤讲解如何将生成的用户聊天消息存储到HBase，具体操作步骤如下。

1. 获取HBase连接

在实现类GenerateMsg中定义getConn()方法用于获取HBase连接，具体代码如下。

```
1   public static Connection getConn() throws IOException {
2       Configuration conf = HBaseConfiguration.create();
3       conf.set("hbase.zookeeper.quorum",
4               "192.168.121.138,192.168.121.139,192.168.121.140");
5       conf.set("zookeeper.znode.parent","/hbase-fully");
6       Connection connection = ConnectionFactory.createConnection(conf);
7       return connection;
8   }
```

上述代码通过指定ZooKeeper集群地址，以及HBase在ZooKeeper存储元数据的ZNode获取HBase连接。

2. 生成行键

本项目的行键分别由随机字符串、发送者账号、接收者账号和发送消息的时间戳组合而成，其中发送者账号和接收者账号可以直接通过当前生成的用户聊天消息获取，而随机字符串和发送消息的时间戳则需要在当前生成用户聊天消息的基础上进行转换得到，这里在实现类GenerateMsg分别定义getTimestamp()和getMD5()方法，分别用于生成发送消息的时间戳和随机字符串，具体代码如下。

```
1   public static long getTimestamp(String dateStr) throws ParseException {
2       SimpleDateFormat format =
3               new SimpleDateFormat("yyyy-MM-dd HH:mm:ss");
4       Date date = format.parse(dateStr);
5       long timestamp = date.getTime();
6       return timestamp;
7   }
8   public static String getMD5(String str)
9           throws NoSuchAlgorithmException {
10      MessageDigest md = MessageDigest.getInstance("MD5");
11      byte[] digest = md.digest(str.getBytes());
12      StringBuilder sb = new StringBuilder();
13      for (byte b : digest) {
14          sb.append(String.format("% 02x", b & 0xff));
15      }
16      //截取MD5计算结果的前8个字符作为生成的随机字符串
17      String rowKeyMD5 = sb.toString().substring(0,8);
18      return rowKeyMD5;
19  }
```

上述代码中，第1～7行代码定义的getTimestamp()方法用于将字符串格式的日期转换为时间戳，该方法的参数dateStr用于传递字符串格式的日期。第8～19行代码定义的getMD5()方法用于通过Hash算法MD5计算指定字符串，该方法的参数str用于传递指定的字符串。

通过定义的getTimestamp()方法和getMD5()方法生成发送消息的时间戳和随机字符串之后，还需要将它们与发送者账号和接收者账号进行拼接组合成行键的形式，这里在实现类GenerateMsg定义getRowKey()方法，将随机字符串、发送者账号、接收者账号和发送消息的时间戳进行拼接，具体代码如下。

```
1   public static String getRowKey(Msg msg)
2           throws ParseException, NoSuchAlgorithmException {
3       //从用户聊天消息中获取发送消息的时间并转换为时间戳
4       long msg_time =getTimestamp(msg.getMsg_time());
5       //从用户聊天消息中获取发送者账号
6       String sender_account =msg.getSender_account();
7       //从用户聊天消息中获取接收者账号
8       String receiver_account =msg.getReceiver_account();
9       String rowKeyBase =
10              sender_account +"_"
11              +receiver_account +"_"
12              +msg_time;
13      String rowKeyFinal =
14              getMD5(rowKeyBase) +"_"
15              +sender_account +"_"
16              +receiver_account +"_"
17              +msg_time;
18      return rowKeyFinal;
19  }
```

上述代码中，第9～12行代码用于定义通过Hash算法MD5进行计算的字符串。第13～17行代码用于将随机字符串、发送者账号、接收者账号和发送消息的时间戳通过字符"_"拼接为行键的形式。

3．将用户聊天消息插入表MSG

在实现类GenerateMsg定义putMsg()方法，用于将生成的用户聊天消息插入表MSG的列族C1，具体代码如下。

```
1   public static void putMsg(
2           Msg msg,
3           String tableName
4   ) throws IOException, ParseException, NoSuchAlgorithmException {
5       Connection conn =getConn();
6       //根据指定的表获取表连接
7       Table table =conn.getTable(TableName.valueOf(tableName));
8       //根据生成的行键创建Put类的实例用于向当前行键插入数据
9       Put put =new Put(Bytes.toBytes(getRowKey(msg)));
10      //向列"C1:msg_time"插入消息发送时间
11      put.addColumn(
12              Bytes.toBytes("C1"),
13              Bytes.toBytes("msg_time"),
14              Bytes.toBytes(msg.getMsg_time()));
```

```java
15          //向列"C1:sender_nickyname"插入发送者昵称
16          put.addColumn(
17                  Bytes.toBytes("C1"),
18                  Bytes.toBytes("sender_nickyname"),
19                  Bytes.toBytes(msg.getSender_nickyname()));
20          //向列"C1:sender_account"插入发送者账号
21          put.addColumn(
22                  Bytes.toBytes("C1"),
23                  Bytes.toBytes("sender_account"),
24                  Bytes.toBytes(msg.getSender_account()));
25          //向列"C1:sender_ip"插入发送者的IP地址
26          put.addColumn(
27                  Bytes.toBytes("C1"),
28                  Bytes.toBytes("sender_ip"),
29                  Bytes.toBytes(msg.getSender_ip()));
30          //向列"C1:sender_os"插入发送者使用的手机操作系统
31          put.addColumn(
32                  Bytes.toBytes("C1"),
33                  Bytes.toBytes("sender_os"),
34                  Bytes.toBytes(msg.getSender_os()));
35          //向列"C1:sender_phone_type"插入发送者使用的手机型号
36          put.addColumn(
37                  Bytes.toBytes("C1"),
38                  Bytes.toBytes("sender_phone_type"),
39                  Bytes.toBytes(msg.getSender_phone_type()));
40          //向列"C1:sender_network"插入发送者使用的网络制式
41          put.addColumn(
42                  Bytes.toBytes("C1"),
43                  Bytes.toBytes("sender_network"),
44                  Bytes.toBytes(msg.getSender_network()));
45          //向列"C1:sender_gps"插入发送者的位置信息
46          put.addColumn(
47                  Bytes.toBytes("C1"),
48                  Bytes.toBytes("sender_gps"),
49                  Bytes.toBytes(msg.getSender_gps()));
50          //向列"C1:receiver_nickyname"插入接收者昵称
51          put.addColumn(
52                  Bytes.toBytes("C1"),
53                  Bytes.toBytes("receiver_nickyname"),
54                  Bytes.toBytes(msg.getReceiver_nickyname()));
55          //向列"C1:receiver_account"插入接收者账号
56          put.addColumn(
57                  Bytes.toBytes("C1"),
58                  Bytes.toBytes("receiver_account"),
59                  Bytes.toBytes(msg.getReceiver_account()));
60          //向列"C1:receiver_ip"插入接收者的IP地址
61          put.addColumn(
62                  Bytes.toBytes("C1"),
63                  Bytes.toBytes("receiver_ip"),
64                  Bytes.toBytes(msg.getReceiver_ip()));
65          //向列"C1:receiver_os"插入接收者使用的手机操作系统
66          put.addColumn(
67                  Bytes.toBytes("C1"),
```

```
68                  Bytes.toBytes("receiver_os"),
69                  Bytes.toBytes(msg.getReceiver_os()));
70      //向列"C1:receiver_phone_type"插入接收者使用的手机型号
71      put.addColumn(
72                  Bytes.toBytes("C1"),
73                  Bytes.toBytes("receiver_phone_type"),
74                  Bytes.toBytes(msg.getReceiver_phone_type()));
75      //向列"C1:receiver_network"插入接收者使用的网络制式
76      put.addColumn(
77                  Bytes.toBytes("C1"),
78                  Bytes.toBytes("receiver_network"),
79                  Bytes.toBytes(msg.getReceiver_network()));
80      //向列"C1:receiver_gps"插入接收者的位置信息
81      put.addColumn(
82                  Bytes.toBytes("C1"),
83                  Bytes.toBytes("receiver_gps"),
84                  Bytes.toBytes(msg.getReceiver_gps()));
85      //向列"C1:msg_type"插入发送消息的类型
86      put.addColumn(
87                  Bytes.toBytes("C1"),
88                  Bytes.toBytes("msg_type"),
89                  Bytes.toBytes(msg.getMsg_type()));
90      //向列"C1:message"插入发送消息的内容
91      put.addColumn(
92                  Bytes.toBytes("C1"),
93                  Bytes.toBytes("message"),
94                  Bytes.toBytes(msg.getMessage()));
95      table.put(put);
96  }
```

上述内容添加完成后,还需要对实现类 GenerateMsg 的 main()方法进行修改,使实现类 GenerateMsg 在运行时模拟生成一万条用户聊天消息,并将其插入命名空间 MOMO_CHAT 的表 MSG,将文件 9-3 的第 14～16 行代码修改为如下内容。

```
1  for (int i =0;i<10000;i++){
2    putMsg(getMsg(resultMap),"MOMO_CHAT:MSG");
3  }
4  //关闭 HBase 连接释放资源
5  getConn().close();
```

上述代码中,第 1～3 行代码指定 for 循环的次数为 10 000,在 for 循环中通过 putMsg()方法向命名空间 MOMO_CHAT 的表 MSG 插入模拟生成的用户聊天消息。需要说明的是,循环的次数越多,插入的数据量也会增加,因此会占用系统更多的资源,而且程序执行的时间也会越长,这里建议读者根据实际情况对循环的次数进行调整。

4. 运行实现类

在 IntelliJ IDEA 再次运行文件 9-3,将模拟生成的用户聊天消息插入命名空间 MOMO_CHAT 的表 MSG,待文件 9-3 的运行完成后,在 HBase Shell 执行如下命令查询表 MSG 的行数。

```
>count 'MOMO_CHAT:MSG'
```

上述命令执行完成的效果如图 9-6 所示。

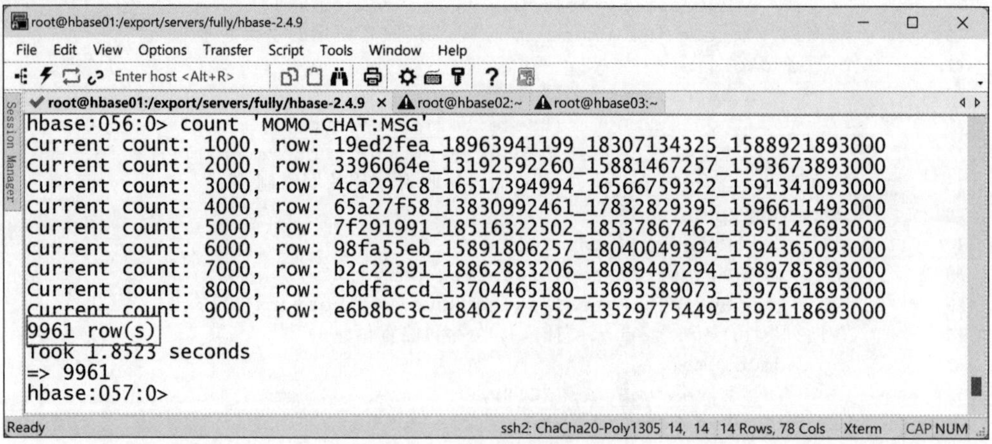

图 9-6 查询表 MSG 的行数

从图 9-6 可以看出表 MSG 共包含 9961 行数据，说明成功将模拟生成的用户聊天数据插入命名空间 MOMO_CHAT 的表 MSG。

这里读者会有疑问，为什么程序中指定生成 10 000 条数据插入表 MSG，而实际表 MSG 只存在 9961 行数据呢？这主要是因为文件 ChatData.xlsx 内的数据是有限的，在基于文件 ChatData.xlsx 生成用户聊天数据时，难免会出现某些数据重复使用的现象，如果在生成用户聊天数据时，两条用户聊天消息中发送者账号、接收者账号和发送消息的时间相同，那么生成的随机字符串和发送消息的时间戳也相同，此时将随机字符串、发送者账号、接收者账号和发送消息的时间戳拼接而成的行键也是相同的，而插入数据时相同行键的数据会被覆盖，这就导致了表 MSG 最终存储数据的行数与实际生成用户聊天消息的条数不符。

在浏览器中输入"http://hbase01:16010/table.jsp? name = MOMO _ CHAT%3AMSG"，通过 HBase Web UI 查看表 MSG 的信息，确认是否进行了 10 000 次插入数据的操作，如图 9-7 所示。

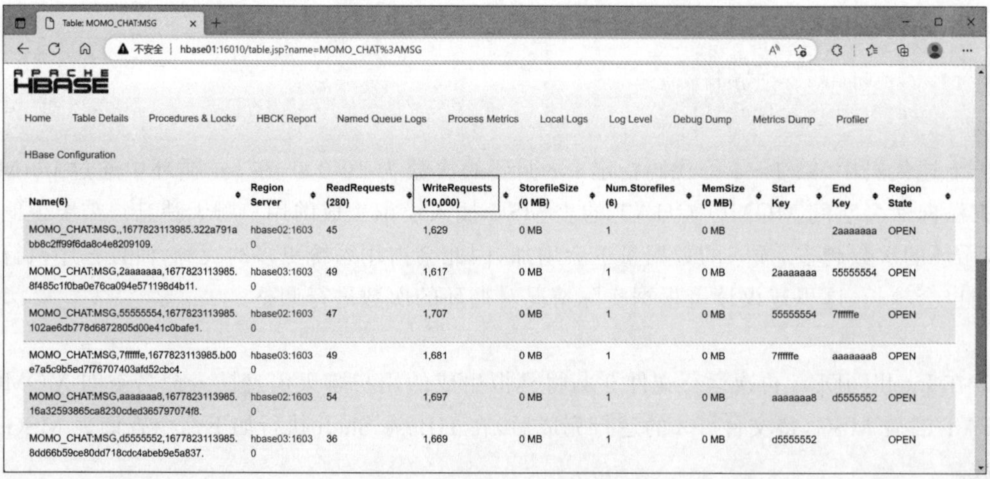

图 9-7 查看表 MSG 的信息

从图 9-7 可以看出，表 MSG 执行了 10 000 次写入数据的请求，因此说明表 MSG 进行了 10 000 次插入数据的操作。

9.4 模块开发——构建数据查询服务

构建本项目的数据查询服务，主要用于实现聊天工具的历史消息功能，通过该功能可以查看特定日期中某位用户向另一用户发送的消息，也可以查看某位用户与另一位用户发送的所有信息中，包括指定关键字的消息，以及该消息的发送时间。本节详细介绍历史消息功能的实现过程。

9.4.1 根据指定日期查询发送消息的内容

本需求主要使用日期、发送者账号和接收者账号作为查询条件，通过 HBase 提供的过滤器过滤表 MSG 的数据，从而获取指定日期某位用户向另一用户发送消息的内容。

不过由于表 MSG 存储的用户聊天消息中，发送消息的时间格式为 yyyy-MM-dd HH:mm:ss，此时单一的通过指定的日期是无法与每条用户聊天消息中发送消息的时间进行比较，从而实现过滤的，所以还需要根据指定的日期构建时间范围，如指定的日期为 2020-10-05，那么构建的时间范围是 2020-10-05 00:00:00-2020-10-05 23:59:59。接下来分步骤讲解如何实现根据指定日期查询发送消息的内容，具体操作步骤如下。

1．创建实现类

在项目 HBase_Chapter09 的包 cn.itcast.chat.select 中创建实现类 SelectDateMsg，该类用于实现根据指定日期查询发送消息的内容，具体代码如文件 9-4 所示。

文件 9-4　SelectDateMsg.java

```
1   public class SelectDateMsg {
2     private Connection connection;
3     private Table table;
4   }
```

上述代码中，第 2、3 行代码定义类的属性 connection 和 table，分别用于获取 HBase 连接和表连接。

2．定义无参数构造方法

在文件 9-4 中定义类 SelectDateMsg 的无参数构造方法 SelectDateMsg()，该方法用于在创建类的实例时，进行初始化 HBase 连接和表连接的操作，具体代码如下。

```
1   public SelectDateMsg() {
2     Configuration conf =HBaseConfiguration.create();
3     conf.set("hbase.zookeeper.quorum",
4         "192.168.121.138,192.168.121.139,192.168.121.140");
5     conf.set("zookeeper.znode.parent","/hbase-fully");
6     try {
7       connection =ConnectionFactory.createConnection(conf);
8       table =connection.getTable(TableName.valueOf("MOMO_CHAT:MSG"));
9     } catch (IOException e) {
```

```
10        System.out.println("＊＊获取 HBase 连接失败＊＊");
11        e.printStackTrace();
12    }
13 }
```

上述代码中,第 2～5 行代码用于指定 HBase 的相关配置。第 7、8 行代码分别用于初始化 HBase 和表 MSG 的连接。

3. 定义查询数据的方法

在文件 9-4 中定义 getMessage()方法用于根据指定日期查询发送消息的内容,该方法包含 date、sender 和 receiver 共 3 个参数,它们分别用于指定日期、发送者账号和接收者账号。由于 getMessage()方法的内容较长,为了更好地展示与讲解该方法的内容,接下来分步骤讲解 getMessage()方法的实现过程,具体内容如下。

(1) 在文件 9-4 中定义 getMessage()方法,具体代码如下。

```
1  public List<Msg>getMessage(
2         String date,
3         String sender,
4         String receiver
5  ) throws IOException {
6
7  }
```

(2) 创建 Scan 类的实例,用于后续根据过滤器对表 MSG 进行扫描操作,具体代码如下。

```
Scan scan =new Scan();
```

(3) 创建两个 String 类型的变量 startDate 和 endData,分别用于指定时间范围的起始时间和结束时间,具体代码如下。

```
String startDate =date +" 00:00:00";
String endDate =date +" 23:59:59";
```

(4) 创建 4 个单列值过滤器 startDateFilter、endDateFilter、senderFilter 和 receiverFilter,分别用于根据时间范围的起始时间、时间范围的结束时间、发送者账号和接收者账号过滤扫描结果,具体代码如下。

```
1   SingleColumnValueFilter startDateFilter =new SingleColumnValueFilter(
2       Bytes.toBytes("C1")
3       , Bytes.toBytes("msg_time")
4       , CompareOperator.GREATER_OR_EQUAL
5       , new BinaryComparator(Bytes.toBytes(startDate +"")));
6   SingleColumnValueFilter endDateFilter =new SingleColumnValueFilter(
7       Bytes.toBytes("C1")
8       , Bytes.toBytes("msg_time")
9       , CompareOperator.LESS_OR_EQUAL
10      , new BinaryComparator(Bytes.toBytes(endDate +"")));
11  SingleColumnValueFilter senderFilter =new SingleColumnValueFilter(
12      Bytes.toBytes("C1")
13      , Bytes.toBytes("sender_account")
14      , CompareOperator.EQUAL
```

```
15            , new BinaryComparator(Bytes.toBytes(sender)));
16  SingleColumnValueFilter receiverFilter =new SingleColumnValueFilter(
17          Bytes.toBytes("C1")
18          , Bytes.toBytes("receiver_account")
19          , CompareOperator.EQUAL
20          , new BinaryComparator(Bytes.toBytes(receiver)));
```

上述代码中，第1～5行创建的单列值过滤器startDateFilter，用于比较列"C1：msg_time"获取的发送消息时间是否大于或等于时间范围的起始时间，如果比较结果为是，那么当前获取的用户聊天消息将不会被过滤。

第6～10行代码创建的单列值过滤器endDateFilter，用于比较列"C1：msg_time"获取的发送消息时间是否小于或等于时间范围的结束时间，如果比较结果为是，那么当前获取的用户聊天消息将不会被过滤。

第11～15行代码创建的单列值过滤器senderFilter，用于比较列"C1：sender_account"获取的发送者账号是否等于指定的发送者账号，如果比较结果为是，那么当前获取的用户聊天消息将不会被过滤。

第16～20行代码创建的单列值过滤器receiverFilter，用于比较列"C1：reveiver_account"获取的接收者账号是否等于指定的接收者账号，如果比较结果为是，那么当前获取的用户聊天消息将不会被过滤。

（5）创建过滤器列表filterList，用于将已创建的4个单列值过滤器进行整合，具体代码如下。

```
1   Filter filterList =new FilterList(
2       FilterList.Operator.MUST_PASS_ALL
3       , startDateFilter
4       , endDateFilter
5       , senderFilter
6       , receiverFilter
7   );
```

上述代码中，第2行代码用于判断4个单列值过滤器的比较结果是否都为是，如果判断结果为是，那么当前获取的用户聊天消息才不会被过滤。

（6）根据过滤器列表filterList扫描表MSG，并将扫描结果转换为迭代器，具体代码如下。

```
1   scan.setFilter(filterList);
2   ResultScanner scanner =table.getScanner(scan);
3   Iterator<Result> iter =scanner.iterator();
```

上述代码中，第1、2行代码用于将过滤器列表filterList添加到扫描操作，并且对表MSG执行扫描操作获取扫描结果。第3行代码用于将扫描结果转换为迭代器iter。

（7）创建List集合用于存储根据指定日期查询发送每条消息的内容，具体代码如下。

```
List<Msg> msgList =new ArrayList<>();
```

（8）遍历迭代器iter获取扫描结果的每行数据，并根据每行数据中每个单元格的列标识，将不同单元格的数据装载到实体类Msg对应的属性中，具体代码如下。

```
1    //遍历迭代器获取每行数据
2    while (iter.hasNext()){
3        Result result =iter.next();
4        Msg msg =new Msg();
5        //通过遍历每行数据获取其中的每个单元格
6        while (result.advance()){
7            Cell cell =result.current();
8            //获取单元格的列标识
9            String columnName =Bytes.toString(
10                   cell.getQualifierArray(),
11                   cell.getQualifierOffset(),
12                   cell.getQualifierLength());
13           /**
14            * 如果单元格的列标识为 msg_time
15            * 那么将该单元格的数据装载到实体类 Msg 属性 msg_time
16            */
17           if(columnName.equalsIgnoreCase("msg_time")){
18               msg.setMsg_time(Bytes.toString(
19                   cell.getValueArray(),
20                   cell.getValueOffset(),
21                   cell.getValueLength())
22               );
23           }
24           /**
25            * 如果单元格的列标识为 sender_nickyname
26            * 那么将该单元格的数据装载到实体类 Msg 属性 sender_nickyname
27            */
28           if(columnName.equalsIgnoreCase("sender_nickyname")) {
29               msg.setSender_nickyname(Bytes.toString(
30                   cell.getValueArray(),
31                   cell.getValueOffset(),
32                   cell.getValueLength())
33               );
34           }
35           /**
36            * 如果单元格的列标识为 sender_account
37            * 那么将该单元格的数据装载到实体类 Msg 属性 sender_account
38            */
39           if(columnName.equalsIgnoreCase("sender_account")){
40               msg.setSender_account(Bytes.toString(
41                   cell.getValueArray(),
42                   cell.getValueOffset(),
43                   cell.getValueLength())
44               );
45           }
46           /**
47            * 如果单元格的列标识为 sender_ip
48            * 那么将该单元格的数据装载到实体类 Msg 属性 sender_ip
49            */
50           if(columnName.equalsIgnoreCase("sender_ip")){
51               msg.setSender_ip(Bytes.toString(
52                   cell.getValueArray(),
53                   cell.getValueOffset(),
```

```
54                        cell.getValueLength())
55                    );
56                }
57                /**
58                 * 如果单元格的列标识为 sender_os
59                 * 那么将该单元格的数据装载到实体类 Msg 属性 sender_os
60                 */
61                if(columnName.equalsIgnoreCase("sender_os")){
62                    msg.setSender_os(Bytes.toString(
63                        cell.getValueArray(),
64                        cell.getValueOffset(),
65                        cell.getValueLength())
66                    );
67                }
68                /**
69                 * 如果单元格的列标识为 sender_phone_type
70                 * 那么将该单元格的数据装载到实体类 Msg 属性 sender_phone_type
71                 */
72                if(columnName.equalsIgnoreCase("sender_phone_type")){
73                    msg.setSender_phone_type(Bytes.toString(
74                        cell.getValueArray(),
75                        cell.getValueOffset(),
76                        cell.getValueLength())
77                    );
78                }
79                /**
80                 * 如果单元格的列标识为 sender_network
81                 * 那么将该单元格的数据装载到实体类 Msg 属性 sender_network
82                 */
83                if(columnName.equalsIgnoreCase("sender_network")){
84                    msg.setSender_network(Bytes.toString(
85                        cell.getValueArray(),
86                        cell.getValueOffset(),
87                        cell.getValueLength())
88                    );
89                }
90                /**
91                 * 如果单元格的列标识为 sender_gps
92                 * 那么将该单元格的数据装载到实体类 Msg 属性 sender_gps
93                 */
94                if(columnName.equalsIgnoreCase("sender_gps")){
95                    msg.setSender_gps(Bytes.toString(
96                        cell.getValueArray(),
97                        cell.getValueOffset(),
98                        cell.getValueLength())
99                    );
100               }
101               /**
102                * 如果单元格的列标识为 receiver_nickyname
103                * 那么将该单元格的数据装载到实体类 Msg 属性 receiver_nickyname
104                */
105               if(columnName.equalsIgnoreCase("receiver_nickyname")){
106                   msg.setReceiver_nickyname(Bytes.toString(
```

```java
107                    cell.getValueArray(),
108                    cell.getValueOffset(),
109                    cell.getValueLength())
110            );
111        }
112        /**
113         * 如果单元格的列标识为receiver_account
114         * 那么将该单元格的数据装载到实体类Msg属性receiver_account
115         */
116        if(columnName.equalsIgnoreCase("receiver_account")){
117            msg.setReceiver_account(Bytes.toString(
118                    cell.getValueArray(),
119                    cell.getValueOffset(),
120                    cell.getValueLength())
121            );
122        }
123        /**
124         * 如果单元格的列标识为receiver_ip
125         * 那么将该单元格的数据装载到实体类Msg属性receiver_ip
126         */
127        if(columnName.equalsIgnoreCase("receiver_ip")){
128            msg.setReceiver_ip(Bytes.toString(
129                    cell.getValueArray(),
130                    cell.getValueOffset(),
131                    cell.getValueLength())
132            );
133        }
134        /**
135         * 如果单元格的列标识为receiver_os
136         * 那么将该单元格的数据装载到实体类Msg属性receiver_os
137         */
138        if(columnName.equalsIgnoreCase("receiver_os")){
139            msg.setReceiver_os(Bytes.toString(
140                    cell.getValueArray(),
141                    cell.getValueOffset(),
142                    cell.getValueLength())
143            );
144        }
145        /**
146         * 如果单元格的列标识为receiver_phone_type
147         * 那么将该单元格的数据装载到实体类Msg属性receiver_phone_type
148         */
149        if(columnName.equalsIgnoreCase("receiver_phone_type")){
150            msg.setReceiver_phone_type(Bytes.toString(
151                    cell.getValueArray(),
152                    cell.getValueOffset(),
153                    cell.getValueLength())
154            );
155        }
156        /**
157         * 如果单元格的列标识为receiver_network
158         * 那么将该单元格的数据装载到实体类Msg属性receiver_network
159         */
```

```
160          if(columnName.equalsIgnoreCase("receiver_network")){
161              msg.setReceiver_network(Bytes.toString(
162                      cell.getValueArray(),
163                      cell.getValueOffset(),
164                      cell.getValueLength())
165              );
166          }
167          /**
168           * 如果单元格的列标识为 receiver_gps
169           * 那么将该单元格的数据装载到实体类 Msg 属性 receiver_gps
170           */
171          if(columnName.equalsIgnoreCase("receiver_gps")){
172              msg.setReceiver_gps(Bytes.toString(
173                      cell.getValueArray(),
174                      cell.getValueOffset(),
175                      cell.getValueLength())
176              );
177          }
178          /**
179           * 如果单元格的列标识为 msg_type
180           * 那么将该单元格的数据装载到实体类 Msg 属性 msg_type
181           */
182          if(columnName.equalsIgnoreCase("msg_type")){
183              msg.setMsg_type(Bytes.toString(
184                      cell.getValueArray(),
185                      cell.getValueOffset(),
186                      cell.getValueLength())
187              );
188          }
189          /**
190           * 如果单元格的列标识为 message
191           * 那么将该单元格的数据装载到实体类 Msg 属性 message
192           */
193          if(columnName.equalsIgnoreCase("message")){
194              msg.setMessage(Bytes.toString(
195                      cell.getValueArray(),
196                      cell.getValueOffset(),
197                      cell.getValueLength())
198              );
199          }
200      }
201      msgList.add(msg);
202 }
```

上述代码中，第 201 行代码用于将当前实体类 Msg 装载的消息添加到集合 msgList。

（9）将集合 msgList 作为方法 getMessage() 的返回值，具体代码如下。

```
return msgList;
```

至此便实现了用于根据指定日期查询发送消息的 getMessage() 方法，关于该方法的完整代码读者可参考本书提供的配套资源。

4. 定义关闭连接的方法

在文件 9-4 中定义 close() 方法，该方法用于关闭 HBase 连接和表连接释放资源，具体代码如下。

```
1  public void close() {
2    try {
3        connection.close();
4        table.close();
5    } catch (IOException e) {
6        e.printStackTrace();
7    }
8  }
```

上述代码中,第 3、4 行代码分别用于关闭 HBase 连接和表连接。

5. 定义测试方法

在文件 9-4 中定义 main()方法,该方法用于测试 getMessage()方法是否可以根据指定日期、发送者账号和接收者账号,查询某位用户向另一用户发送消息的内容,具体代码如下。

```
1   public static void main(String[] args) throws IOException {
2       SelectDateMsg selectDateMsg = new SelectDateMsg();
3       List<Msg> message = selectDateMsg.getMessage(
4           "2020-06-22",
5           "14737199310",
6           "15939344727"
7       );
8       for (Msg msg : message) {
9           System.out.println(msg);
10      }
11      selectDateMsg.close();
12  }
```

上述代码中,第 4~6 行代码分别用于指定日期、发送者账号和接收者账号为 2020-06-22、14737199310 和 15939344727。第 8~10 行代码用于遍历查询结果并输出到控制台。

6. 运行实现类

在 IntelliJ IDEA 运行文件 9-4,查询 2020 年 06 月 22 日,账号为 14737199310 的用户向账号为 15939344727 的用户发送的所有消息,控制台的输出结果如图 9-8 所示。

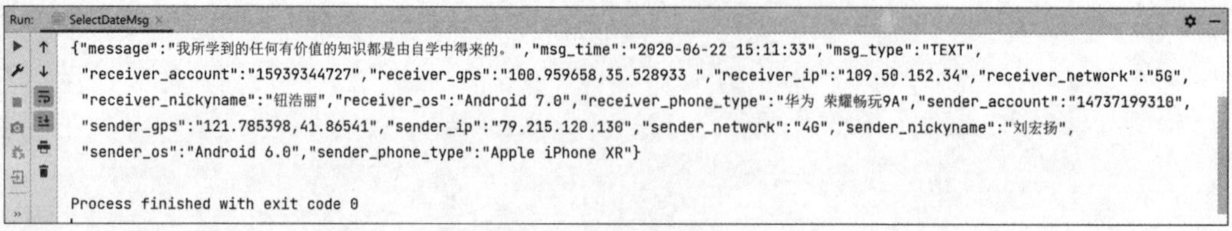

图 9-8 文件 9-4 的运行结果

从图 9-8 可以看出,在 2020 年 06 月 22 日,账号为 14737199310 的用户向账号为 15939344727 的用户共发送了一条消息,其内容为"我所学到的任何有价值的知识都是由自学中得来的"。

脚下留心:指定日期、发送者账号和接收者账号

在测试 getMessage()方法时,指定的日期、发送者账号和接收者账号依赖于文件 ChatData.xlsx 中列 msg_time、sender_account 和 receiver_account 的数据。出于测试的考虑,避免模拟生成的用户聊天消息中,不存在指定日期、发送者账号和接收者账号组合而成的用户聊天消息，可以先通过 HBase Shell 查询表 MSG 的第一行数据，从该数据中获取日期、发送者账号和接收者账号的相关信息，具体命令如下。

```
>scan 'MOMO_CHAT:MSG',{LIMIT =>1,FORMATTER =>'toString'}
```

上述命令中，预定义属性 FORMATTER 用于格式化查询结果的输出格式，这里将输出结果格式化为字符串。上述命令执行完成的效果如图 9-9 所示。

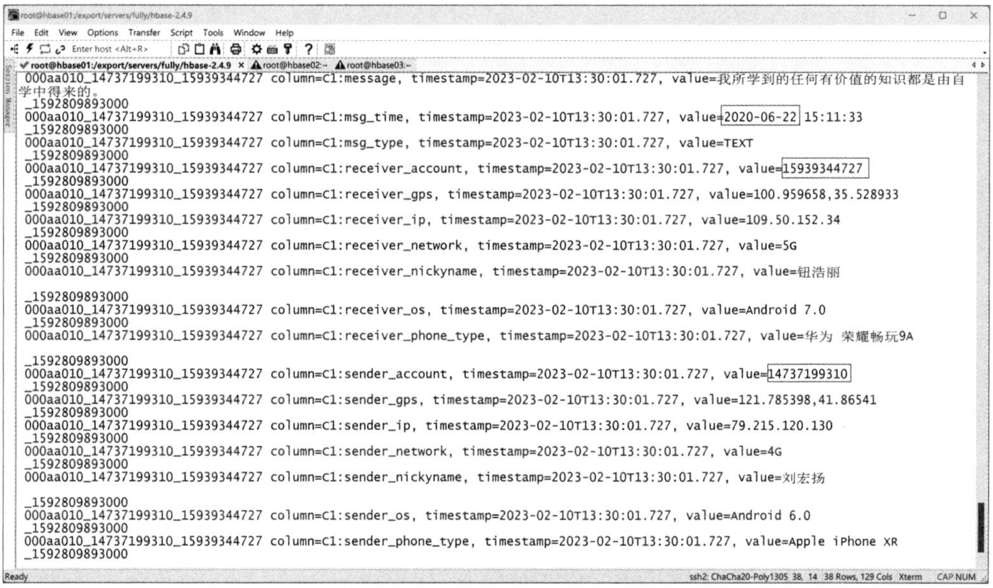

图 9-9 查询表 MSG 的第一行数据

从图 9-9 可以看出，表 MSG 第一行数据记录的用户聊天消息中，发送消息的日期为 2020-06-22，接收者账号为 15939344727，发送者账号为 14737199310。

9.4.2 根据指定关键字查询发送消息的日期

本需求主要使用关键字、发送者账号和接收者账号作为查询条件，通过 HBase 提供的过滤器过滤表 MSG 的数据，从而获取某位用户与另一位用户发送的所有信息中，包括指定关键字的消息，以及该消息的发送时间。在项目 HBase_Chapter09 的包 cn.itcast.chat.select 中创建实现类 SelectKeywordsMsg，该类用于实现根据指定关键字查询发送消息的日期，具体代码如文件 9-5 所示。

文件 9-5 SelectKeywordsMsg.java

```
1  public class SelectKeywordsMsg {
2    private Connection connection;
3    private Table table;
4    public SelectKeywordsMsg() {
5      Configuration conf =HBaseConfiguration.create();
6      conf.set("hbase.zookeeper.quorum",
7          "192.168.121.138,192.168.121.139,192.168.121.140");
8      conf.set("hbase.zookeeper.property.clientPort", "2181");
9      conf.set("zookeeper.znode.parent","/hbase-fully");
10     try {
```

```
11            connection = ConnectionFactory.createConnection(conf);
12            table = connection.getTable(
13                    TableName.valueOf("MOMO_CHAT:MSG"));
14        } catch (IOException e) {
15            System.out.println("**获取HBase连接失败**");
16            e.printStackTrace();
17        }
18    }
19    public List<String> getMessage(
20        String keyWord,
21        String sender,
22        String receiver
23    ) throws IOException {
24        Scan scan = new Scan();
25        List<String> resultList = new ArrayList<>();
26        SingleColumnValueFilter keyWordFilter =
27            new SingleColumnValueFilter(
28                Bytes.toBytes("C1")
29                , Bytes.toBytes("message")
30                , CompareOperator.EQUAL
31                , new RegexStringComparator("^.*"+keyWord+".*$"));
32        SingleColumnValueFilter senderFilter = new SingleColumnValueFilter(
33                Bytes.toBytes("C1")
34                , Bytes.toBytes("sender_account")
35                , CompareOperator.EQUAL
36                , new BinaryComparator(Bytes.toBytes(sender)));
37        SingleColumnValueFilter receiverFilter =
38            new SingleColumnValueFilter(
39                Bytes.toBytes("C1")
40                , Bytes.toBytes("receiver_account")
41                , CompareOperator.EQUAL
42                , new BinaryComparator(Bytes.toBytes(receiver)));
43        FilterList filterList = new FilterList(
44                FilterList.Operator.MUST_PASS_ALL,
45                keyWordFilter,
46                senderFilter,
47                receiverFilter);
48        scan.setFilter(filterList);
49        ResultScanner scanner = table.getScanner(scan);
50        Iterator<Result> iterator = scanner.iterator();
51        while (iterator.hasNext()){
52            Result result = iterator.next();
53            StringBuffer stringBuffer = new StringBuffer();
54            while (result.advance()){
55                Cell cell = result.current();
56                String columnName = Bytes.toString(
57                    cell.getQualifierArray(),
58                    cell.getQualifierOffset(),
59                    cell.getQualifierLength()
60                );
61                if(columnName.equalsIgnoreCase("msg_time")){
62                    stringBuffer.append("msg_time:");
63                    stringBuffer.append(
```

```java
                    Bytes.toString(
                            cell.getValueArray(),
                            cell.getValueOffset(),
                            cell.getValueLength())
                    );
                    stringBuffer.append("\t");
                }
                if(columnName.equalsIgnoreCase("sender_account")){
                    stringBuffer.append("sender_account:");
                    stringBuffer.append(
                            Bytes.toString(
                                    cell.getValueArray(),
                                    cell.getValueOffset(),
                                    cell.getValueLength())
                    );
                    stringBuffer.append("\t");
                }
                if(columnName.equalsIgnoreCase("receiver_account")){
                    stringBuffer.append("receiver_account:");
                    stringBuffer.append(
                            Bytes.toString(
                                    cell.getValueArray(),
                                    cell.getValueOffset(),
                                    cell.getValueLength())
                    );
                    stringBuffer.append("\t");
                }
                if(columnName.equalsIgnoreCase("message")){
                    stringBuffer.append("message:");
                    stringBuffer.append(
                            Bytes.toString(
                                    cell.getValueArray(),
                                    cell.getValueOffset(),
                                    cell.getValueLength())
                    );
                    stringBuffer.append("\t");
                }
            }
            resultList.add(stringBuffer.toString());
        }
        return resultList;
    }
    public void close() {
        try {
            connection.close();
            table.close();
        } catch (IOException e) {
            e.printStackTrace();
        }
    }
    public static void main(String[] args)
            throws IOException {
        SelectKeywordsMsg selectKeywordsMsg =
```

```
117                    new SelectKeywordsMsg();
118        List<String>message =selectKeywordsMsg.getMessage(
119                    "知识",
120                    "14737199310",
121                    "15939344727"
122        );
123        for (String msg : message) {
124            System.out.println(msg);
125        }
126        selectKeywordsMsg.close();
127    }
128 }
```

文件 9-5 的代码内容与文件 9-4 的完整代码相似，因此这里只针对存在差异的部分进行重点讲解。在文件 9-5 中，第 26～31 行代码创建的单列值过滤器 keyWordFilter，用于通过正则表达式匹配列"C1：message"获取发送消息的内容是否包含指定关键字，如果比较结果为是，那么当前获取的用户聊天消息将不会被过滤。

第 53～101 行代码首先通过 StringBuffer 类创建字符串缓冲区，然后遍历获取扫描结果的每行数据中列标识为 msg_time、sender_account 和 receiver_account 的数据，将获取的每个数据连同对应的列标识一并添加到字符串缓冲区，并以转义字符"\t"进行分隔。

第 118～122 行代码调用 getMessage()方法实现根据指定关键字查询发送消息的日期，这里指定的关键字为"知识"，指定发送者账号为 14737199310，指定接收者账号为 15939344727。

在 IntelliJ IDEA 运行文件 9-5，查询账号为 14737199310 的用户向账号为 15939344727 的用户发送的所有消息中，包含关键字"知识"的消息，并显示该消息发送的日期，控制台的输出结果如图 9-10 所示。

图 9-10　文件 9-5 的运行结果（1）

从图 9-10 可以看出，账号为 14737199310 的用户在 2020-06-22 15：11：33 的时间向账号为 15939344727 的用户发送的消息中包含关键字"知识"。

接下来，可以通过查询账号为 14737199310 的用户向账号为 15939344727 的用户发送的所有消息，来确认上述运行的实现类 SelectKeywordsMsg 是否成功查询包含关键字"知识"的消息，这里注释文件 9-5 的第 45 行代码，表示不使用单列值过滤器 keyWordFilter，然后再次运行文件 9-5，控制台的输出结果如图 9-11 所示。

从图 9-11 可以看出，账号为 14737199310 的用户总共向账号为 15939344727 的用户发送了 4 条消息，其中只有第一条消息的内容包含关键字"知识"。因此说明，在实现类 SelectKeywordsMsg 中创建的单列值过滤器 keyWordFilter 成功匹配关键字"知识"的聊天消息。

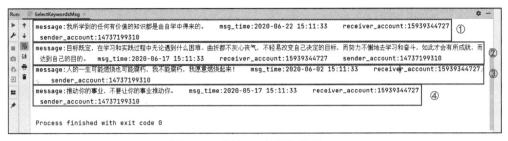

图 9-11　文件 9-5 的运行结果（2）

9.5　本章小结

本章主要讲解了一个综合项目——聊天工具存储系统，首先讲解了本项目的概述，包含项目背景介绍、原始数据结构、需求分析和表设计。接着讲解了本项目的模块开发——构建开发环境，包括在 IntelliJ IDEA 构建 Java 项目和添加项目依赖。然后讲解了本项目的模块开发——构建数据存储服务，包括构建表、模拟生成用户聊天消息和存储用户聊天消息。最后讲解了本项目的模块开发—构建数据查询服务，包括根据指定日期查询发送消息的内容，以及根据指定关键字查询发送消息的日期。希望通过本章的学习，读者可以熟悉 HBase 在实际业务场景的应用。